高职高专环境教材
编审委员会

教育部高职高专规划教材

环境影响评价

第二版

田子贵　顾　玲　主编

化学工业出版社

·北京·

本书在第一版的基础上根据最新的环境影响评价导则对相关章节进行了修订，系统地介绍了环境影响评价的基本概念、原理、法规标准以及环境影响评价的程序和方法，对大气、水、噪声、土壤等环境要素的评价做了详细介绍。此外，对区域环境、社会经济环境、环境风险评价等也做了介绍。章后附案例分析、本章小结和思考题与习题，便于学习掌握。

　　本书为高职高专环境类、土建类、化工类专业以及生态学等专业的教材，也可供环境保护科技人员和管理人员参考。

图书在版编目（CIP）数据

　　环境影响评价/田子贵，顾玲主编．—2版．—北京：化学工业出版社，2011.8（2024.1重印）

　　教育部高职高专规划教材

　　ISBN 978-7-122-11511-9

　　Ⅰ．环…　Ⅱ．①田…②顾…　Ⅲ．环境影响-评价-高等职业教育-教材　Ⅳ．X820.3

　　中国版本图书馆 CIP 数据核字（2011）第 107551 号

责任编辑：王文峡	文字编辑：刘莉珺
责任校对：边　涛	装帧设计：尹琳琳

出版发行：化学工业出版社（北京市东城区青年湖南街13号　邮政编码100011）
印　　装：三河市延风印装有限公司
787mm×1092mm　1/16　印张16½　字数405千字　2024年1月北京第2版第16次印刷

购书咨询：010-64518888　　　　　　售后服务：010-64518899
网　　址：http://www.cip.com.cn
凡购买本书，如有缺损质量问题，本社销售中心负责调换。

定　　价：49.00元

前　言

自 1964 年在加拿大召开的国际环境质量评价学术会议上提出环境影响评价概念后，至今不过短短的 40 余年，各国环境影响评价技术飞速发展，环境影响评价成为环境科学体系中一门基础性学科。

1973 年第一次全国环境保护会议后，环境影响评价的概念引入中国，有关部门开始进行环境质量调查与评价方面的研究工作；1979 年 9 月全国人大常委会通过了《中华人民共和国环境保护法〈试行〉》，把环境影响评价制度以法律的形式确定下来，这标志着环境影响评价制度已列入建设项目管理程序；2002 年 10 月颁布的《中华人民共和国环境影响评价法》，则以法律的形式将环境影响评价的范围从建设项目扩大到有关规划，使中国环境影响评价制度更趋完善。建设项目环境影响评价已成为建设项目环境影响审批前的一个重要环节，并为其提供了必要的技术支持和决策参考，是建设项目环境管理的重要措施，对贯彻以预防为主的环境保护方针，防止或减轻新的污染和生态破坏，并带动老污染治理，发挥了十分重要的作用。

本书自 2004 年第一版出版以来，国家环境环保部为了加强环境管理，实现调结构、促减排目标，相继出台了一些新环境政策和新的环境管理制度，对相关标准、技术规范、环评技术导则作了相应修改，本教材在修改过程中力求紧扣国家相关政策、制度，以新标准、新技术规范、导则为基础对教材进行了全面修改，如 2004 年后，先后出台了环境影响评价公众参与管理暂行办法、规划环境影响评价技术导则、环境风险评价技术导则、地下水环境影响评价技术导则等新政策及新技术规范，并对大气、噪声环境影响评价技术导则、危险化学品管理条例等进行了修订，本版教材对相应章节重新进行了编写，并增补了公众参与章节；此外，在第一版的基础上，对其他章节进行了内容调整和结构优化。

本书内容全面、结构清晰，语言流畅，可读性强。全书主要探讨环境影响评价的研究对象、法律依据、标准、目标、程序，阐述环境影响评价各个领域导则所规定的等级范围，一般的技术措施和治理原则等内容。编制时重点突出高职高专职业教育的特色，重视能力培养，在详细介绍环境影响评价技术方法的基础上，特别考虑了加入典型的工程实例，强化理论与技术相结合，理论与实际相结合，提高学生分析、解决实际问题的能力。取材力求紧扣中国环境影响评价最新的政策、法律、标准、方法和环境影响评价技术导则，突出教材内容的新颖性、准确性和实用性，并充分体现可持续发展、清洁生产等环保理念。同时，本书加强政策性和环保法规教学，把中国环境影响评价法规、政策放在重要位置，全书以《中华人民共和国环境影响评价法》为指导，以环境影响评价技术导则为主线，突出了"达标排放"、"总量控制"、"清洁生产"等相关法律政策，加强了信息技术及软件在环境影响评价中的应用。

本书由田子贵和顾玲任主编。第二版各章由田子贵、虞泳执笔完成修订。

由于编者水平有限，时间仓促，不妥之处在所难免，望同行、读者批评指正。

编者

2011 年 6 月

第一版前言

自 1964 年在加拿大召开的国际环境质量评价学术会议上提出环境影响评价概念后，至今不过短短的 40 余年，各国环境影响评价技术飞速发展，环境影响评价成为环境科学体系中一门基础性学科。

1973 年第一次全国环境保护会议后，环境影响评价的概念引入中国，有关部门开始进行环境质量调查与评价方面的研究工作；1979 年 9 月全国人大常委会通过了《中华人民共和国环境保护法〈试行〉》，把环境影响评价制度以法律的形式确定下来，这标志着环境影响评价制度已列入建设项目管理程序；2002 年 10 月颁布的《中华人民共和国环境影响评价法》，则以法律的形式将环境影响评价的范围从建设项目扩大到有关规划，使中国环境影响评价制度更趋完善。建设项目环境影响评价已成为建设项目环境影响审批前的一个重要环节，并为其提供了必要的技术支持和决策参考，是建设项目环境管理的重要措施，对贯彻以预防为主的环境保护方针，防止或减轻新的污染和生态破坏，并带动老污染治理，发挥了十分重要的作用。

本书在编写过程中主要遵循以下四个原则。一是体现高职高专职业技术教育特色，突出能力培养。编制时重点介绍环境影响评价技术和方法，特别考虑加入工程实例，强化理论与技术相结合，理论与实际相结合，提高学生分析、解决实际问题的能力。二是突出教材内容的新颖性、实用性和系统性。取材力求紧扣中国环境影响评价最新的政策、法律、标准、方法和环境影响评价技术导则，并充分体现可持续发展、清洁生产等新的环保概念，使内容具有新颖性；取材参阅了国家环保总局组织编写的《环境影响评价持证上岗培训教材》，引用并突出了环境影响评价典型实例，具有较强的实用性；编写时注意到了内容的完整性和知识的系统性，以便于学习。三是加强政策性和环保法规教学，本书把中国环境影响评价法规、政策放在重要位置，全书以《中华人民共和国环境影响评价法》为指导，以环境影响评价技术导则为主线，突出了"达标排放"、"总量控制"、"清洁生产"等相关法律政策，在附录中摘录了环境影响评价常用标准。四是加强了信息技术在环境影响评价中的应用。

本书由田子贵（主编）编写第 2 章、第 3 章、第 4 章、第 5 章，并负责全书统稿工作，顾玲（副主编）编写第 1 章、第 7 章、第 10 章，智恒平编写第 9 章、第 11 章、第 12 章，何际泽编写第 6 章、第 8 章、第 13 章。

本书由湖南省环保局原总工程师、湖南大学曾北危教授主审，长沙环保职业技术学院李倦生、胡洪定同志对本书的内容提出了许多宝贵的意见，化学工业出版社为本书的出版做了大量的工作，付出了辛勤的劳动，在此一并表示感谢。

由于编者水平有限，时间仓促，疏漏和错误在所难免，望同行、读者批评指正。

编　者
2003 年 10 月

目　录

1 绪 论

随着社会经济的发展，生活水平的提高，人们越来越关心人类生存环境质量。自工业革命以来，特别是 20 世纪以后，随着人口的快速增长，科学技术水平的显著提高，人类的开发行为对环境造成了极大的冲击，环境问题日益突出。人类的开发行为对环境的影响成为环境保护领域亟待研究的课题，环境影响评价工作应运而生。1979 年中国正式建立环境影响评价制度。

1.1 环境

1.1.1 环境概念

环境是一个相对的概念，是指与某一中心事物有关的周围事物，它因中心事物的不同而不同。在环境科学中，是指以人类为中心的一切自然因素的总体。

各国对环境都有自己的法律规定。《中华人民共和国环境保护法》规定："本法所称环境是指影响人类生存和发展的各种天然的和经过人工改造的自然因素的总体，包括大气、水、海洋、土地、矿藏、森林、草原、野生生物、自然遗迹、人文遗迹、自然保护区、风景游览区、城市和乡村等。"这一定义是从环境保护工作的角度，将环境中应当保护的对象界定为环境。它是从实际工作的需要出发，对环境一词的法律适用对象或适用范围作出法律规定，其目的是保证法律的准确实施。

环境可以分为自然环境和社会环境。自然环境是直接或间接影响人类生存、发展的一切自然形成的物质和能量的总和，如阳光、空气、水、动植物、微生物、土壤、岩石等。

社会环境则是人类在自然环境的基础上通过有意识的劳动创造的人工环境，并且是随着人类社会的发展而不断丰富和演变的。人类今天生存的环境极少是单一的原生环境，多数是经过人类智能或技术对自然环境进行过改造的环境。

1.1.2 环境特征

与环境影响评价密切相关的环境特性可以归纳为以下几点。

（1）环境的整体性与区域性 地球环境是一个整体，地球的任何一个部分或任何一个要素，都是环境的组成部分，各组成部分之间紧密联系，相互制约。由于地理上的共轭性和生态环境上的共同性与相似性，局部地区的环境污染或破坏会对其他地区造成影响和危害，所以人类的生存环境及其保护，从整体上看是没有地区界限和国界的；同时，地理区位的分异规律和生态环境的异化现象使环境特性存在着区域的差异，具体来讲就是不同区域的环境有不同的特性，因此环境的整体性和区域性是同一环境特性在两个不同层面上的表现。

环境的整体性指环境是由若干个具有独立功能环境要素或组成部分组成的具有特定功能与结构的整体系统。环境系统的总体功能和特性建立在各环境要素或组成部分的功能和特性综合的基础上，一般应大于各要素功能之和；各环境要素或组成部分之间存在着物质、能量以及信息等的流动；由于环境缓冲力有限，当系统中任一组成部分的变化超过一定范围时，将会导致整个系统结构和功能发生变化，严重者可发生不可逆变化。

环境的区域性是指环境特性的区域差异，是由区域分异规律所引起的，即环境因地理位置上的不同或空间范围的差异，会有不同的特性。例如海滨环境与内陆环境，局地环境与区域环境等，明显表现出环境特性的差异。

（2）环境的变动性与稳定性　环境的变动性是指在自然因素和人类社会行为的作用下，环境的内部结构和外在形态始终处于不断的变化之中。"世界上没有不运动的物质，也没有物质不是运动的"，环境是自然的历史的演化发展的产物。世间万物皆处于不断的变化中，环境结构与状态的不断变化也就不难理解了。

环境的稳定性是指环境系统具有一定自我调节功能的特性，即人类社会行为所导致的环境结构与状态变化不超过一定的限度时，环境可以通过自身的调节功能使这些变化逐渐消失，使环境结构和状态得以恢复。例如环境对污染物的自净能力。

环境在未受到人类干扰的情况下，环境中化学元素及物质和能量分布的正常值称为环境本底值。环境对于进入其内部的污染物质或污染因素，具有一定的迁移、扩散、同化、转化的能力。在人类生存和自然环境不致受害的前提下，环境可能容纳污染物质的最大负荷量，称为环境容量。环境容量的大小，与其组成要素和结构，污染物的数量及其理化特性与生态特征有关。任何污染物质对特定的环境及其功能要求，都有其确定的环境容量。污染物质或污染因素进入环境后，将引起一系列的物理的、化学的和生物的变化，通过迁移转化而有一定归处，从而使环境自我净化和生态自我修复，环境的这种作用，称为环境自净。

环境的稳定性和变动性是共存的，变动是绝对的，稳定是相对的。环境的稳定程度是由环境的自净能力决定的。

（3）环境的资源性与价值性　环境为人类生存和发展提供了必需的物质和能量，人类如果离开环境就无法生存，更谈不上发展。即环境是人类社会赖以生存发展的一切因素和条件的总和，是创造文明与财富的源泉，是人类活动必不可少的投入，因此环境就是资源。

环境的资源性包括两方面的含义，即物质性（以及以物质为载体的能量性）方面和非物质性。物质性方面，比如生物资源、地面的土地、淡水资源、地下的矿产资源等；非物质性方面，也就是环境的形态及其生态服务功能。不同的环境形态，对人类社会的生存发展将会提供不同的条件以及不可替代的全方位的生态服务功能。这里所说的不同，取决于地理区位之分异规律和生态环境特征，既有所处方位上的不同，也有范围大小的不同。例如：同样是海滨地区，有的环境状态有利于发展港口码头，有的则有利于发展滩涂养殖。总之，环境状态影响着人类的生存方式和发展方向的选择，并对人类社会发展提供不同的条件和不同的生态服务功能。

环境的价值性源于环境的资源性和服务功能性。人类的生存繁衍、社会的发展都是因环境为其不断提供物质和能量的结果，从这个意义上讲，环境对人类具有不可估量的价值。

1.2　环境影响及其评价

自 1973 年第一次全国环境保护会议后，环境影响评价概念开始引入中国，1979 年环境影响评价制度正式建立，至今环境影响评价覆盖面越来越大，环境也因实施环境影响评价制度而获益。

1.2.1　环境影响

1.2.1.1　环境影响概念

环境影响是指人类活动对环境的作用和导致的环境变化以及由此引起的对人类社会和经济的效应。这一概念既强调人类活动对环境的作用所引起的变化，又强调这种变化对人类的反作用。

人类活动按活动的内容可分为三类：政治活动、经济活动、社会活动。政治活动对环境的影响主要通过公共政策的制定；经济活动主要是区域开发和工程建设项目的建设等。

1.2.1.2　环境影响分类

环境影响可分为有害影响和有利影响；长期影响和短期影响；潜在影响和现实影响；地方、区域影响和全球影响等。常把环境影响从以下的几个主要方面来分类。

（1）按影响的来源可以分为直接影响、间接影响和累积影响。直接影响是人类活动的直接结果；间接影响是由直接影响诱发的结果。如农田变为工业用地，使原来的农作物和绿色植被消失，这是直接影响；而植被破坏所引起的水土流失是间接影响。累积影响是指一项活动的过去、现在和可以预见的未来的影响，具有累积性质；或多项活动对同一地区可能叠加的影响。当建设项目的环境影响在时间上过于频繁和在空间上过于密集时就可能引起累积效应。

（2）按影响的效果可以分为有利影响和有害影响。有利影响是指对人体健康、社会经济发展或其他环境状态和功能有积极促进作用的影响；有害影响是指对人体健康、社会经济发展或其他环境状况有消极阻碍或破坏作用的影响。需指出的是，环境影响的利与害，是由人的价值观念、利益、需要等多方面因素决定的，是环境影响评价工作中需要认真调研和权衡的问题。

（3）按影响的性质可以分为可恢复影响和不可恢复影响。可恢复影响是指人类活动造成环境某种特性改变或某价值丧失后可以恢复到原貌的影响，如油轮的泄油事件，污染海域经一段时间的人为努力和环境的自净作用可以恢复原貌。不可恢复影响是指某种特性的改变或某价值丧失后不能再恢复的影响。一般情况下，环境影响在环境承载力范围以内的为可恢复影响；超过环境承载力的为不可恢复影响。

（4）按影响方式可分为污染影响和非污染影响。污染影响是指人类活动以不同形式排入环境的污染物，对环境产生物理性或化学性的污染。例如电厂的建设会产生烟尘、SO_2 等污染物。非污染影响是指人类活动对环境的影响不以污染为主，而是以改变土地利用方式、生态结构、土壤性状等为主的环境影响，例如水利水电工程的建设，大量农田变为水库淹没区，水库截流后对下游地区生态的影响。

1.2.2　环境影响评价

1.2.2.1　环境影响评价概念

环境影响评价（Environmental Impact Assessment，EIA）是一项技术与经济的综合性评估工作，在一项人类活动尚未开始之前，对其将来在各个不同时期可能出现的环境影响（环境质量变化）进行科学的预测与评估，以利于有效保护资源环境和景观生态，促进可持续发展。环境影响评价的主要内容包括：分析该活动环境影响的来源；调查该活动涉及地区的环境状况；定量、半定量或定性的预测其实施各过程的环境影响；在此基础上作全面评估与结论；提出减少或预防环境影响的措施；对该项目的方案选择提出建议；有条件时可提出环境经济损益分析。简言之，即对拟建中的建设项目、区域开发计划和人类重要决策在实施后可能对环境产生的影响进行识别、预测和评估，并制定出减轻不利影响的对策和措施。

环境影响评价又是一种过程，这种过程的重点是在决策和开发建设活动开始前体现出环境影响评价的预防功能；决策后或开发建设活动开始后，通过实施环境监测计划和持续性研究，环境影响评价还在延续，不断验证其评价结论，并反馈给决策者和开发者，进一步修改和完善其决策和开发建设活动。一种理想的环境影响评价过程，应该满足以下条件：基本上适应所有可能对环境造成显著影响的项目，并能够对所有可能的显著影响作出识别和比较；对各种替代方案（包括项目不建设或地区不开发的方案）、管理技术、减缓措施进行比较；编写出清楚的环境影响评价报告书，以使专家和非专家都能了解可能产生的影响的特征及其重要性；进行广泛的公众参与和严格的行政审查；能够及时为决策者提供有效的信息。

环境影响评价是对未来环境影响的一种预测分析，是属于预测科学范畴，其主要作用有：可以明确开发建设者的环境责任及规定应采取的行动；可为建设项目的工程设计提出环保要求和建议；可为环境管理部门提供对建设项目实施管理的科学依据。

环境影响评价工作的执行者是具备环境评价能力的法人单位，包括从事环境科学研究与管理的研究院所、大专院校、规划设计部门、咨询机构及企业公司。

1.2.2.2　环境影响评价分类

根据目前人类活动的类型及其对环境的影响程度，可以将环境影响评价分为：单个建设项目的环境影响评价、区域环境影响评价、生态环境影响评价、规划环境影响评价和社会经济环境影响评价等。

1.2.2.3　环境影响评价的基本功能

环境影响评价作为一项有效的管理工具，其具有四种最为有效的功能，即判断功能、预测功能、选择功能和导向功能。

在人类生活中，评价最为重要的、处于核心地位的功能是导向功能。人类理想的活动是使目的与规律达到统一，而人类活动目的的确立应基于评价，只有通过评价，才能建立合理的和合乎规律的目的，才能对实践活动进行导向和调控。

评价是人或人类社会对价值的一种能动的反映，评价具有判断、预测、选择和导向四种基本功能，这就是环境影响评价的哲学依据。在环境影响评价的实际工作中，环境影响评价的概念、内容、方法、程序以及决策等都体现出上述依据。同时，人们也在不断地运用环境影响评价的哲学依据，发现环境评价中的不足，解决面临的问题，不断地充实和发展环境影响评价，使这一领域的工作顺应社会的要求，实现可持续发展。

1.3 环境影响评价制度

1.3.1 国外环境影响评价制度的发展及特点

环境影响评价作为一项正式的法律制度，在 1969 年美国国会通过的《国家环境政策法》（National Environment Protection Agency）中首次出现。此后，瑞典、澳大利亚、法国、加拿大、俄罗斯等国家也相继建立了环境影响评价制度。经过二十多年的发展，到 1996 年全世界已有 85 个国家制定了有关环境影响评价的立法。同时，环境影响评价工作也受到越来越多国家的重视，《生物多样性公约》、《气候变化框架公约》等多项国际环境条约中均对环境影响评价制度做出了规定，环境影响评价制度正逐步成为一项各国以及国际社会通用的环境管理制度和措施。环境影响评价的内涵也随之不断发展，其对象从最初单纯的工程建设项目，发展到区域开发环境影响评价和战略环境评价；其技术方法从开始的静态分析发展为动态分析，并不断得以完善。

1.3.2 环境影响评价制度及其发展

1973 年第一次全国环境保护会议后，环境影响评价的概念引入中国，有关部门开始进行环境质量调查与评价方面的研究工作；1979 年 9 月全国人大常委会通过了《中华人民共和国环境保护法（试行）》，把环境影响评价制度和建设项目"三同时"制度以法律制度的形式确定下来，这标志着环境影响评价已列入建设项目管理程序，中国的环境影响评价制度正式建立起来。

中国的环境影响评价制度建立后大致经历了三个阶段。

（1）第一阶段：规范建设阶段（1979～1989 年） 1979 年《环境保护法（试行）》确立了环境影响评价制度，在以后颁布的各种环境保护法律、法规中，不断对环境影响评价进行规范，通过行政规章，逐步规范环境影响评价的内容、范围、程序，环境影响评价的技术方法也不断完善。

这个阶段，在环境影响评价技术方法上也进行了广泛研究和探讨，取得了明显进展。环境影响评价覆盖面越来越大，"六五"期间（1980～1985 年），全国完成大中型建设项目环境影响报告书 445 项，其中有 4 项否定了原选址方案。"七五"期间（1986～1990 年），全国共完成大中型项目环境影响评价 2592 个，其中有 84 个项目的环境影响评价指导和优化了项目选址。1979～1989 年的十年是环境影响评价制度在中国形成规范和建设发展的阶段。

（2）第二阶段：强化和完善阶段（1990～1998 年） 从 1989 年 12 月 26 日通过《中华人民共和国环境保护法》到 1998 年 11 月 29 日国务院发布《建设项目环境保护管理条例》，是建设项目环境影响评价强化和完善的阶段。

"八五"期间，由于加强了环境影响评价制度的执行力度，全国环境评评执行率从 1992 年的 61% 提高到 1995 年的 81%。国家加大了对评价队伍的管理，进行了环境影响评价人员的持证上岗培训。全国有甲级评价证书单位 264 个，乙级评价证书单位 455 个，评价队伍达 11000 余人，至 1998 年底共培训了 7100 余人，提高了环境影响评价人员的业务素质。这期间加强了环境影响评价的技术规范的制定工作，在已有工作的基础上，1993年原国家环保局发布了《环境影响评价技术导则（总纲、大气环境、地面水环境）》；1996年发布《辐射环境保护管理导则、电磁辐射环境影响评价方法与标准》，《环境影响评价技术导则（声环境）》；1998年发布《环境影响评价技术导则（非污染生态影响）》；1996年原国家环保局、电力部还联合发布《火电厂建设项目环境影响报告书编制规范》。此外，地下水、环境工程分析及固体废物的环境影响评价技术导则正在编制。1990～1998年，是中国环境影响评价制度不断强化和完善的阶段。

（3）第三阶段：提高发展阶段（1999年至今）1998年11月29日国务院253号令发布实施《建设项目环境保护管理条例》。2002年《中华人民共和国环境影响评价法》的颁布实施，从法律上对环境影响评价予以肯定和保障。环境影响评价工程师职业资格制度的确立、环境影响评价相关技术导则的出台及修订，使环境影响评价工作的开展及报告书的编制走向规范化。

1999年1月20～22日，在北京召开了第三次全国建设项目环境保护管理工作会议，认真研究贯彻《条例》，把中国的环境影响评价制度推向了一个新的时期。

1999年4月和6月，又分别下发《关于重新申领〈建设项目环境影响评价资格证书（甲级）〉的通知》（环办［1999］41号）和《关于重新申领〈建设项目环境影响评价资格证书（乙级）〉的通知》（环办［1999］59号），对原持证单位重新考核。1999年7月，国家环保总局第一批《建设项目环境影响评价资格证书（甲级）持证单位的公告》（环发［1999］168号）中公布了122个单位的甲级评价证书资格，10月又公布了第二批68个单位的甲级评价证书资格（环发［1999］236号），并对全国环境影响评价人员开展了大规模持证上岗培训。仅1999年9月，全国就培训800余人，促进了环境影响评价队伍的健康发展。

2002年10月28日，第九届全国人大常委会第十三次会议通过了《中华人民共和国环境影响评价法》，并于2003年9月1日起实施。该法的颁布实施，标志着我国的环境影响评价工作正式进入法制完善的阶段。该法还增加了规划环评的内容，对评价单位的资质、评价的审批以及法律责任的相关内容做了详细的规定，是环境影响评价工作纲领性的文件。

2004年2月，人事部、原国家环保总局联合发布《环境影响评价工程师资质管理暂行办法》，在全国环境影响评价行业建立环境影响评价工程师职业资格制度，对从事环境影响评价工作的人员提出了更高的要求。

2003年原国家环保总局分别颁布了《开发区区域环境影响评价技术导则》和《规划环境影响评价技术导则》，2004年原国家环保总局颁布了《建设项目环境风险评价技术导则》，2008年、2009年国家环境保护部相继对《环境影响评价技术导则——大气环境》、《环境影响评价技术导则——声环境》进行了修订。2010年国家环境保护部颁布了《突发环境事件应急监测技术规范》。相关技术导则与环境标准的完善，规范了环境影响评价报告书（表）的编制工作，环境影响评价制度得到了提高与发展。

1.3.3 环境影响评价的法规依据

中国环境影响评价的法规依据是《中华人民共和国宪法》、《中华人民共和国环境保护法》、《中华人民共和国水污染防治法》、《中华人民共和国大气污染防治法》、《中华人民共和国海洋环境保护法》、《中华人民共和国野生动物保护法》、《中华人民共和国环境噪声污染防治条例》、《中华人民共和国城市规划法》、《中华人民共和国环境影响评价法》等法律条例中的有关环境影响评价方面的明文规定以及《建设项目环境保护管理办法》、《建设项目环境影响评价资质管理办法》等部门行政规章中关于环境影响评价的相关条例和规定。

1.3.4　中国环境影响评价制度的特征

中国环境影响评价制度是借鉴国外经验并结合中国的实际情况逐渐形成的。中国环境影响评价制度主要的特点表现在以下几个方面。

1.3.4.1　具有法制性和规范性

中国的环境影响评价制度是国家环境保护法明令规定的一项法律制度，具有严肃的法制性和严格的规范性，它以法律形式约束人们必须遵照执行，具有严密的约束性，要求自觉遵守，所有建设项目（包括新、改、扩建项目）都必须执行这一制度。

1.3.4.2　纳入基本建设程序

中国多年实行计划经济体制，改革开放以来，虽然实行社会主义市场经济，但在固定资产投资上，国家仍有较多的审批环节和产业政策控制，强调基建程序。多年来，建设项目的环境管理一直纳入到基本建设程序管理中。1998 年《建设项目环境保护管理条例》规定，对各种投资类型的项目都要求在可行性研究阶段或开工建设之前，完成其环境影响评价的报批；对未经批准环境影响报告书或环境影响报告表的建设项目，计划部门不办理设计任务书的审批手续，土地部门不办理征地手续，银行不予贷款。在市场经济条件下，政府的主要职能是：保卫国家安全和社会稳定；弥补市场经济的缺陷；维护司法的公正；切实保护社会公众特别是社会弱势群体的权益。生态环境是公共资源资产，它是为公共服务的，它同政府的四大职能息息相关。因此，在市场经济条件下，环境保护更要加强，有关社会经济活动的环境影响评价更要要求严格，更要纳入法治范畴，实行规范程序。

1.3.4.3　评价对象偏重于工程项目建设

现行法律法规中都规定建设项目必须执行环境影响评价制度，包括区域、流域开发，工业基地的发展规划，开发区建设等。而对环境有影响的决策行为，还没有开展环境影响评价。2002 年 10 月全国人大常委会颁布的《中华人民共和国环境影响评价法》则以法律的形式将环境影响评价范围从建设项目扩展到有关规划，确定了对有关规划进行环境影响评价的法定制度，使中国的环境影响评价制度更趋完善。

1.3.4.4　分类、分级管理

《建设项目环境影响评价分类管理名录》（环境保护部令　第 2 号）对建设项目的环境影响评价分类情况进行了详细的规定，建设单位需按照该名录的规定，分别组织编制环境影响报告书、环境影响报告表或者填报环境影响登记表。

1.3.4.5　评价资格实行审核认定制

为确保环境影响评价工作的质量，自 1986 年起，中国建立了评价单位的资格审查制度，强调评价机构必须具有法人资格，具有与评价内容相适应的固定在编的各专业人员和测试手段，能够对评价结果负起法律责任。评价机构需按照《建设项目环境影响评价资质管理办法》（国家环保总局令　第 26 号）中的规定，申请建设项目环境影响评价资质，经国家环保部审查合格，取得《建设项目环境影响评价资质证书》后，方可在资质证书规定的资质等级和评价范围内从事环境影响评价技术服务。评价资质分为甲、乙两个等级，由环境保护部统一印制并颁发，资质在全国范围内使用，有效期为 4 年。

目前，环境影响评价已从建设项目扩展到区域、流域开发和工业基地经济发展计划的环境影响评价。下一步应对政策执行、经济和社会发展规划等重大决策进行环境影响评价，真

正做到经济、社会、环境三个效益的统一，实现可持续发展战略。

　　本章主要介绍与环境影响评价有关的基本概念和知识，通过学习应该理解环境、环境影响和环境影响评价的概念，了解国内外环境影响评价制度的发展，我国的环境影响评价制度及其特点。

思考题与习题

1. 环境系统有何特点？
2. 简述中国环境影响评价制度的特征。
3. 如何理解环境的稳定性？

2

环境保护标准和环境目标

2.1 环境保护标准

2.1.1 环境保护标准的概念

环境保护标准（以下简称环境标准）是为保护人群健康、社会物质财富和维护生态平衡，对大气、水、土壤等环境质量，污染源，监测方法以及其他需要所制定的标准。环境标准是一系列用于度量、测定环境质量水平和污染物排放浓度或有害能量释放强度并具有法律效力的控制量，标准源于基准，以基准为依据，基准是剂量-效应关系的科学表征，讲求科学性与真实性。标准是基准-效益关系的最优理性选择，考虑的是技术-经济的可行性、科学的合理性、实施中的可靠性和有效性，是基于利益最大化的明智而理性选择。一般是以生态基准、人体健康基准为基础，由政府有关部门根据实现一定时期环境目标的需要，按各类环境的不同功能要求和技术-经济上的可行性来制订。按标准功能可分为环境质量标准和污染物排放标准两大类。

环境保护标准是由政府（环保管理部门）所制定的强制性的环境保护技术法规。它是环境保护立法的一部分，是环境保护政策的决策结果。

由于环境要素有多种，环境标准制定的目的不同，使环境标准有多种。许许多多的环境标准组成了环境标准体系。

环境标准体系，是为保护和改善环境质量，有效控制污染源排放，为获得最佳的经济和环境效益，由环境保护权力机构全面规划、统一协调、组织制定的一系列环境标准的总体。它是环境标准的集合。按照环境要素可把环境标准体系分为几个子体系，如大气环境标准体系，水环境（地面水、地下水和海洋）保护标准体系，土壤环境标准体系等。按照环境标准的内容，环境标准体系或子体系都应包括这些标准：如环境质量标准、污染物排放标准、环保基础标准、环境方法标准等、在国外还包括污染警报标准。

2.1.2 中国环境保护标准体系

2.1.2.1 环境质量标准

环境质量标准是为保护人群健康、社会物质财富和维护生态平衡，对一定空间和时间范围内的环境中的有害物质或因素的容许浓度所做的规定。环境质量标准是基准-效益的函数，它是环境政策的目标，是制定污染物排放标准的依据，是评价中国各地环境质量的标尺和准绳。它也为环境污染综合防治和环境管理提供了依据。

中国已颁布的环境质量标准有《环境空气质量标准》（GB 3095—1996）、《地表水环境质量标准》（GB 3838—2002）、《海水水质标准》（GB 3097—1997）、《声环境质量标准》（GB 3096—2008）、《土壤环境质量标准》（GB 15618—1995）等。

2.1.2.2 污染物排放标准

污染物排放标准是国家（地方、部门）为实现环境质量标准，结合技术经济条件和环境特点，对污染源排入环境的污染物浓度和数量所做的限量规定。污染物排放标准是实现环境质量标准的手段，其作用在于直接控制污染源，限制其排放的污染物，从而达到防止环境污染的目的。制定污染物排放标准是一项相当复杂的工作，它涉及生产工艺、污染控制技术、经济条件、污染物在环境中的迁移变化规律以及环境质量标准等。因此，各国的污染物排放标准各不相同。

我国已颁布的污染物排放标准有《污水综合排放标准》（GB 8978—1996）、《大气污染物综合排放标准》（GB 16297—1996）、《恶臭污染物排放标准》（GB 14554—93），行业污染物排放标准有《水泥工业大气污染物排放标准》（GB 4915—2004）、《锅炉大气污染物排放标准》（GB 13271—2001）、《工业炉窑大气污染物排放标准》（GB 9078—1996）、《火电厂大气污染物排放标准》（GB 13223—2003）、《炼焦炉大气污染物排放标准》（GB 16171—1996）、《城镇污水处理厂污染物排放标准》（GB 18918—2002）等。

2.1.2.3 环境基础标准

环境基础标准是在环境保护工作范围内，对有指导意义的符号、指南、名词术语、代号、标记方法、标准编排方法、导则等所做的规定。它为各种标准提供了统一的语言，是制定其他环境标准的基础。例如《环境污染类别代码》（GB/T 16705—1996）、《制订地方水污染物排放标准的技术原则与方法》（GB 3839—83）。

2.1.2.4 环境方法标准

环境方法标准是在环境保护工作范围内，以抽样、分析、试验操作规程、误差分析、模拟公式等方法为对象而制定的标准。例如水质采样技术指导、水质分析方法标准、环境空气总悬浮颗粒物的测定（重量法）、锅炉烟尘测试方法、城市区域环境噪声测量方法等，都属于这一类。

2.1.2.5 环境标准样品标准

环境标准样品标准是对环境标准样品必须达到的要求所做的规定，它是环境保护工作中用来标定仪器、验证测量方法、进行量值传递或质量控制的标准材料或物质，是环境监测体系中质量保证系统必不可少的量值传递的物质基础，如《土壤 ESS—1 标准样品》（GSBZ 50011—87）、《水质 COD 标准样品》（GSBZ 50001—87）等。

2.1.2.6 环境保护其他标准

除以上标准之外，还有环保行业标准（HJ），它是对在环保工作中还需统一协调的如仪器设备、技术规范、管理办法等所做的统一规定。例如《空气质量词汇》（HJ 492—2009）、《环境影响评价技术导则—声环境》（HJ 2.4—2009）。

2.1.3 中国环境标准现状

目前中国的环境标准已具有相当完整的体系，主要表现在下列 5 个方面。

2.1.3.1　环境标准的种类比较齐全

根据我国《环境标准管理办法》的规定，环境标准分为国家环境标准、地方环境标准和国家环境保护总局标准三类，国家环境标准和国家环境保护总局标准在全国范围内执行，地方环境标准在颁布该标准的省、自治区、直辖市辖区范围内执行。国家环境标准包括国家环境质量标准、国家污染物排放标准（或控制标准）、国家环境监测方法标准、国家环境标准样品标准和国家环境基础标准五种；地方环境标准包括地方环境质量标准和地方污染物排放标准（或控制标准）两种。

环境质量标准比较全面，有环境空气、水环境、噪声、振动、电磁辐射、放射性辐射以及土壤等各个方面。排放标准门类也比较齐全，除了综合排放标准外，对重点排污行业，国家还制定了行业排放标准；对噪声、振动、放射性、电磁辐射都制定了防护规定。但各种排放标准的兼容、协调，还要进一步优化整合。

我国环境标准分为强制性环境标准和推荐性环境标准。环境质量标准、污染物排放标准和法律、行政法规规定必须执行的其他环境标准属于强制性环境标准，强制性环境标准必须执行。强制性环境标准以外的环境标准属于推荐性环境标准。国家鼓励采用推荐性环境标准，推荐性环境标准被强制性环境标准引用，也必须强制执行。

2.1.3.2　对不同的功能区域制定不同的环境标准

地面水环境质量标准按水域功能和保护目标分成五类。环境空气质量标准根据全国环境空气质量功能区划分为三级；城市区域环境噪声标准则分为五类，以适应不同的区域功能。

2.1.3.3　对各种环境资源均有相应的环境标准予以保护

如《中华人民共和国野生动物保护法》对各级生态系统、自然环境、渔业资源和珍稀动物均有明确规定予以保护。又如《污水综合排放标准》规定，排污口所在水域形成的混合区，不得影响鱼类洄游通道及邻近功能区水质。其他如渔业水域，由各级渔政部门按《渔业水质标准》监督管理；生活饮用水取水点，由各级卫生防疫部门按《饮用水卫生标准》监督管理；农作物保护执行《农田灌溉水质标准》、《城镇垃圾农用控制标准》、《农用粉煤灰中污染物控制标准》和《保护农作物大气污染最高允许浓度》等。

2.1.3.4　各级立法和执法部门责权清楚

中国的环保立法主要有：全国人民代表大会发布的环境法律，如《中华人民共和国环境保护法》、《中华人民共和国野生动物保护法》、《中华人民共和国海洋环境保护法》等；国家环境保护部以及其他部、委、局、办颁发的环保法规；省、自治区、直辖市人民政府颁发的地方环保法规。它们都包括环境标准内容。国家环境保护部还设有标准司，负责环境标准的制订、解释、监督和管理。

环境标准由各级环保部门和有关的资源保护部门负责监督与实施。

2.1.3.5　标准的更新和完善

环境标准一经发布便要坚决贯彻和执行，并在一定阶段内保持一致，不得随意变更。但从长远来看，它又是不断发展的。环境标准的发展主要受到两种因素的制约：一是国家经济实力，即社会承受力；二是污染物处理技术水平。把污水处理到纯净水的水平，按技术水平是可能的，但成本太高，社会承受不起，也无此必要。因此只能选用最佳实用或优化可行的处理方法，允许排放的污水中留有一定的环境可接受的污染物，这就是排放标准。随着社会经济发展水平的提高以及财富的积累，特别是技术进步使处理成本的降低或新技术的开发，使标准逐步提高成为可能。世界现代发展史表明，发达国家也都有一个逐步提高标准值的过程。中国的地面水水质标准在 1983 年第一次发布，1988 年修订后重新发布，1999 年进行第二次修订，2002 年进行第三次修订并发布；空气环境质量标准 1982 年第一次发布，1996 年修订后重新发布；海水水质标准 1982 年第一次发布，1997 年修订后重新发布。因此，环境标准可作为一个国家经济和技术综合力量的阶段性反映，并随着两者的发展而逐步完善。

2.1.4　环境标准在环境影响评价中的应用

国家级标准是指导标准，地方标准是直接执行标准。国家标准的执法作用是通过地方标准来实现的，国家标准适用于全国范围。在环境影响评价中，标准选用是至关重要的，其选用原则如下。①有行业标准的执行行业标准。②凡颁布了地方污染物排放标准的地区，执行地方污染物排放标准，地方标准未作出规定的，应执行国家标准。地方污染物排放标准一般严于国家排放标准。③根据评价区域环境功能区划选用相应标准。④国内标准中未包含的污染因子可参考国外标准，特别是环境质量标准应该优先参考 WHO、FAO、UNEP、ISO 等国际组织的标准，可具有实质等同意义，但必须征得环保主管部门同意。

2.2　环境目标

2.2.1　环境目标

环境目标包括环境质量目标和污染控制目标。其中环境质量目标是指能基本满足区域社会经济活动和人群健康要求的环境目标，也是各级政府为改善辖区（或流域）内环境质量而规定的在一定时间内必须达到的各种环境质量指标值的总称。每一个环境质量指标值就是一个具体的目标值。污染控制目标是指是对一定时、空范围内各主要污染物容许排放量所作的限定。它是以一定的环境质量目标为依据，以环境现状调查和污染物排放量预测结果为基础，根据排污量与环境质量之间的定量关系，通过计算而得出来并可以进而落实到具体的污染源上，确定各污染源所排放的各污染物应削减的数量。

环境规划所确定的目标通常包括两个主要方面，即环境质量目标和污染物总量控制目标。规划目标的确定是一项综合性极强的工作，也是环境规划的关键环节。各级政府在确定辖区环境目标前，往往先开展环境规划工作，因此他们提出的环境目标，实际是环境规划目标。当然，在环境规划中还包含管理工作目标、措施目标等，但这些都是保证质量目标实现而拟定的保证条件。

2.2.1.1　环境质量目标

环境质量目标中主要有大气质量目标、水环境质量目标、噪声控制目标、景观和环境美学目标等。

环境质量目标根据区域功能分异原则，可因不同地域或功能区而不同。环境质量目标由一系列表征环境质量的指标来表达。

2.2.1.2　污染物总量控制目标

污染物总量控制目标主要由工业或行业污染控制目标以及区域或城市的污染控制目标构

成。它规定了一个区域或一个城市中各种污染物允许排放的总量。

环境目标的确定，一般是依据本地环境现状或环境规划区功能要求，选择相应等级（或类别）的环境标准值。在污染严重的地区，作为改善环境质量的起步，可以先拟定比环境标准低的要求，在短期内达到后，再在下阶段达到环境质量标准的目标。

在环境质量好的区域，在保证功能目标不降低的前提下，污染源只要达标排放就可使区域的环境质量达到标准要求时，可以实行浓度控制标准；在环境污染较重或污染源已达到排放浓度标准，而环境质量仍达不到标准的区域，则必须实行总量控制，并执行排污许可证制度。

2.2.2 环境容量

环境容量指区域自然环境或环境要素（如水体、空气、土壤和生物等）对某污染物的容许承受量或负荷量。它由静态容量和动态容量组成。静态容量指在一定环境质量目标下，一个区域内各环境要素所能容纳某种污染物的静态最大量（最大负荷量）；动态容量是指区域内各要素在确定时段内对该种污染物的动态自净能力。由于自然环境本身和各种影响因素（包括社会经济发展条件等）的变化及其相互作用非常复杂，确切判定环境容量非常困难，但作为概念表达，却易为人们理解。

区域环境容量是一段时间内平均的概念，可粗略地认为具有线性的加和性，它由单个环境要素的平均容量组成，可表述如下。

$$EC_t = EC_a + EC_w + EC_s + EC_b \tag{2-1}$$

式中　EC_t——一个区域在一段时间内的平均环境容量；

　　　EC_a——该区域空气在一段时间内的平均环境容量；

　　　EC_w——该区域水体在一段时间内的平均环境容量；

　　　EC_s——该区域土壤在一段时间内的平均环境容量；

　　　EC_b——该区域生物在一段时间内的平均环境容量。

（1）区域空气平均环境容量的估算是将区域空间看成一个大箱子，设其体积为 V_a，空气中污染物 i 的背景浓度为 C_{oia}，环境标准的浓度为 C_{sia}，箱体中的空气在一段时间内通过自净作用后保持环境目标所去除 i 污染物的总量为 G_{ai}，则有式(2-2)的关系。

$$EC_a = (C_{sia} - C_{oia}) \cdot V_a + G_{ai} \tag{2-2}$$

（2）区域水体平均环境容量

$$EC_w = (C_{siw} - C_{oiw}) \cdot V_w + G_{wi} \tag{2-3}$$

式中　$C_{siw} - C_{oiw}$——水体中 i 污染物的标准浓度和背景浓度；

　　　　V_w——水体的体积；

　　　　G_{wi}——水体在一段时间内通过自净作用减少 i 污染物的量。

土壤和生物的环境容量的概念表达式类似于空气和水体。

实质上环境容量是属于灰色或黑色系统的范畴，具有很大的不确定性与模糊性，显现非线性和混沌特征，难于确定性表征。

本章主要介绍环境标准、环境目标概念、环境标准分类、中国环境标准现状以及环境容

量、污染物总量控制的内容，并简单介绍了在环境影响评价中选用环境标准的原则。

思考题与习题

1. 简述环境质量标准与污染物排放标准之间的关系。
2. 简述中国环境标准现状。
3. 中国大气环境质量标准为何要分级？主要分几级？各级主要适用地区？
4. 查阅资料简述中国地表水环境质量标准几次修订过程，并说明其变化趋势。

3 环境影响评价程序

环境影响评价的程序是由环境影响评价的制度所决定的。由于世界多极化和生态环境多样化，当前在世界范围内还没有也不可能有统一的环境影响评价制度，因此就不可能有统一的环境影响评价程序。经济全球化时代，WTO 在经贸方面有统一的"游戏规则"；但全球生态环境具有分异性、多样性及复杂性，特别是不确定性与混沌性，对其评估难度极大，程序的异化现象是自然的。故而世界各国的环境影响评价只能求同存异，兼容并行。当然，一致的环境影响评价目的可望规定环境影响评价程序所遵循的共同原则。本章在论述环境影响评价程序所遵循的共同原则的基础上，重点介绍中国环境影响评价的管理程序和工作程序。

3.1 环境影响评价遵循的原则

环境影响评价的根本目的是鼓励在规划和决策中考虑环境因素，最终达到更具环境可容性和友善性的人类活动。因此，在进行环境影响评价时，必须遵循如下的一些基本原则。

3.1.1 目的性原则

从可持续发展战略和生态环境服务功能永续利用出发，区域环境有其特定的结构和功能，特定的功能要求其有特定的环境目标，因此进行任何形式的环境影响评价都必须有明确的目的性，并根据其目的性确定环境影响评价的内容和任务。

3.1.2 整体性原则

社会经济的发展和生态环境的演化是一个不可分割的宏大系统，应高度重视系统的整体性、层次性、综合性、价值性、策略性、过程性，尤其是在环境影响评价中应该注意各种政策及项目建设对区域人类-生态系统的整体综合影响。在分别进行了对各环境要素的影响预测之后，应该着重分析其综合效应与公共价值及其全过程的变化影响，只有这样，才能正确、全面地估算整个区域环境可能受到的整体影响，以便从全局上提出策略性的各种建议或替代方案，并从综合价值和全过程上进行战略比较和优化选择。整体性原则中要强调综合概念开发的意义，综合是思维再创造的过程，是哲学、战略、战术三大方面理念的统一与综合思维再创造过程。

3.1.3 相关性原则

在环境影响评价中应考虑到人类-生态系统中各子系统之间的联系，研究同一层次子系统间的关系及不同层次各子系统之间的关系。研究各子系统间关联的性质、联系的方式及联系紧密的程度，从而判别环境影响传递性。环境影响的传递是个宏大的人类-生态网络系统，应根据其相关性，研究其逐层、逐级传递的方式，速度及强度。条件许可时可时重点识别和判断其演化过程中的失稳状态、临界效应、涨落因子、奇异点、相变阈值、有序无序转化、混沌态趋势等，从而提出明智而合理的对策措施。

3.1.4 主导性原则

在环境影响评价中必须抓住各种政策或项目建设可能引起的主要环境问题。针对不同的评价对象，环境影响评价表现出千差万别的性质和特征，但根据协同学原理，当一个开放的系统形成有序结构时，各子系统之间会通过非线性作用，产生协同现象和相干效应，使整个系统形成具有一定功能的组织结构，可用模式对该系统进行描述，但必须首先找出支配环境影响评价系统主要行为变量——序参量，然后建立序参量所满足的方程，根据"伺服原理"或"支配原则"，子系统伺服于序参量而协同形成宏观结构的同一性，使临界点的变化可以支配系统与外界的物能交换能实现由非平衡无序结构向耗散结构转变，或者是由无序经过混沌转向有序。混沌并非简单的无序，而更似不具备周期性和其他明显对称特征的有序态，具有无穷的内部结构，混沌现象广泛存在于环境中。

3.1.5 等衡性原则

环境系统的各子系统和各要素之间既相互联系又相互独立，各自表现出独特的属性。根据风险评估原则，可以应用系统论中著名的"木桶原理"——一只木桶的容量是由组成木桶壁的最短木片来决定的，因此，在环境影响评价中重视整体效应和相关性的同时，还要充分注意各子系统和要素之间的协调和均衡，并且要特别关注某些具有"阈值效应"的要素，因为如果此类要素所受的影响超过其固有的阈值或遭到毁灭，很可能会导致整个系统的衰落或瓦解。所以在环境影响评价中，要高度重视不确定性可能带来或诱发的风险，把环境安全或风险危机放在优先位置予以高度关注，尤其是环境影响的预测和综合评价不应该掩盖或忽视某些关键环境要素所受到的压力。

3.1.6 动态性原则

各种政策、规划、项目建设的环境影响是一个不断变化的动态过程，在环境影响评价中必须研究其历史过程，研究在不同层次、不同时段、不同阶段的环境影响特征，并分析和区分直接和间接影响、短期和长期影响、可逆和不可逆影响，同时注意复合因素所引起突变性、随机性、混沌性影响以及其综合叠加性和累积性的特点。特别是要认真分析不确定性因素可能引起的潜在性、突发性风险与危机。

3.1.7 随机性原则

环境影响评价是个涉及多因素、复杂多变的随机系统。而生态环境系统往往又是开放的、非平衡的、非线性的宏大系统，可能处于临界的混沌状态。各种政策、规划、项目建设在实施过程中可能引起各种随机事件，特别是不确定性因素可引发突变事件，可能会带来严重的环境后果，为了避免严重公害事件的形成和产生，必须根据实际情况，随时增加必要的研究内容，特别是应增加环境风险评价的研究。

3.1.8　社会经济性原则

在可持续发展思想指导下，环境影响评价应该从环境的系统性和整体方面对环境的价值做出评价。任何生态环境都有其一定的生态服务功能，这种服务功能就是价值的体现。任何生态环境都是有限的资源，因而也是稀缺的，其现实价值与潜在价值同稀缺性有密切关系。生态环境的本征价值是客观存在的，应很好的揭示和阐释。并以社会、经济和环境可持续发展理论为基础对环境开发行为作出合理的判断。而且，对于环境信息的处理和表达除了要使用物理数据（如浓度和数量）之外，更主要的是应该解释和说明这些数据的社会经济含义，以此来实现环境、经济、社会三者之间的比较和权衡，使环境影响评价能够真正促进综合决策，发挥正常的功能。

3.1.9　公众参与原则

环境是公共资源资产，为人类提供公共服务品，环境质量关系着人们的健康和发展，关系着人类社会持续发展与文明进步，公众有权关心与自身息息相关的环境。另一方面，环境影响评价中吸收公众参与可以集思广益，协助项目方和环境影响评价工作小组更全面地确认对环境资源潜在的或长期的影响，以弥补环境影响评价中可能存在的遗漏和疏忽，有助于确认环境保护措施的可行性，从而增强决策的科学性和环境合理性。公共参与实行公开、平等、广泛和便利的原则。

上述原则在环境影响评价的管理中具有普遍的指导意义。

3.2　环境影响评价的管理程序

3.2.1　环境影响评价的分类管理

根据《建设项目环境保护管理条例》（中华人民共和国国务院令第 253 号）的有关规定，国家根据建设项目对环境的影响程度，对建设项目的环境影响评价实行分类管理。

① 可能对环境造成重大影响的，应当编制环境影响报告书，对建设项目产生的污染和对环境的影响进行全面、详细的评价。涉及水土保持的建设项目，还必须有经水行政主管部门审查同意的水土保持方案。

② 可能对环境造成轻度影响的，应当编制环境影响报告表，对建设项目产生的污染和对环境的影响进行分析或者专项评价。

③ 对环境影响很小，不需要进行环境影响评价的，应当填报环境影响登记表。

建设单位应当按照《建设项目环境影响评价分类管理名录》（国家环境保护部令 第 2 号）中的相关规定，确定建设项目环境影响评价类别，委托具有相应资质的环境影响评价单位编制环境影响报告书、环境影响报告表或者填报环境影响登记表。若为名录中未作规定的建设项目，其环境影响评价类别由省级环境保护行政主管部门根据建设项目的污染因子、生态影响因子特征及其所处环境的敏感性质和敏感程度提出建议，报国务院环境保护行政主管部门认定。国务院有关部门、设区的市级以上地方人民政府及其有关部门，在组织编制土地利用的有关规划，区域、流域、海域的建设、开发利用规划时，应当在规划编制过程中组织进行环境影响评价，编写该规划有关环境影响的篇章或者说明。

对环境影响评价实施分类管理，体现了管理的科学性，确保了规划的制定能够充分考虑环境因素。既保证批准建设的新项目不对环境产生重大不利影响，又加快了项目前期工作进度，简化了手续，促进经济建设。

3.2.2 环境影响评价的监督管理

3.2.2.1 环境影响评价机构资质管理

承担建设项目环境影响评价工作的单位，应当申请建设项目环境影响评价资质，由国家环境保护部负责审查。评价资质分为甲、乙两个级别。在确定评价资质等级的同时，根据评价机构专业特长和工作能力，确定相应的评价范围。评价范围分为环境影响报告书的 11 个小类和环境影响报告表的 2 个小类，《建设项目环境影响评价资质管理办法》附件中对评价范围有详细规定。取得《建设项目环境影响评价资质证书》后，方可在资质证书规定的资质等级和评价范围内从事环境影响评价技术服务，并对评价结论负责。评价资质有效期为 4 年，质证书有效期届满，评价机构需要继续从事环境影响评价技术服务的，应当于有效期届满 90 日前申请延续。

国家环境保护部对评价机构实施统一监督管理，组织或委托省级环境保护行政主管部门组织对评价机构进行抽查，各级环境保护行政主管部门对评价机构的环境影响评价工作质量进行日常考核，省级环境保护行政主管部门组织对本辖区内评价机构进行定期考核。对抽查、考核不合格或违反有关规定的评价单位执行相应的处罚。

3.2.2.2 环境影响评价工程师职业资格管理

我国自 1990 年起规定环境影响评价从业人员应持有环评上岗证方能开展环评工作。2004 年人事部和原国家环保总局联合发文《环境影响评价工程师职业资格制度暂行规定》、《环境影响评价工程师职业资格考试实施办法》和《环境影响评价工程师职业资格考核认定办法》，确立了国家对从事环境影响评价工作的专业技术人员实行职业资格制度，纳入国家专业技术人员职业资格证书制度统一管理。人事部和原国家环保总局共同负责环境影响评价工程师职业资格制度的实施工作。2005 年原国家环保总局发布了《环境影响评价工程师职业资格登记管理暂行办法》，按照规定，环评工程师职业资格实行定期登记制度，登记有效期 3 年，有效期满前，应按规定再次登记。环境保护部或其委托机构为环评工程师职业资格登记管理机构。

3.2.2.3 环境影响评价的质量管理

环境影响评价项目一经确定，承担单位要安排有经验的项目负责人组织有关人员编写评价大纲，明确其目标和任务，同时还要编制其监测分析、参数测定、野外实验、室内模拟、模式验证、数据处理、仪器刻度校验等在内的质保大纲。承担单位的质量保证部门要对质保大纲进行审查，对其具体内容与执行情况进行检查，把好各环节和环境影响报告书质量关。然而对于符合 2004 年原国家环保总局办公厅发文《关于简化建设项目环境影响评价报批程序的通知》的有关规定，对于已进行了环境影响评价的开发区建设、城市新区建设和旧区改建规划所包含的具体相关建设项目、污染物排放总量显著减少的技术改造项目、工业集中区近五年内进行过比较全面的环境影响评价，现状资料丰富的改扩建或一次规划、分期实施的建设项目或环境影响因素相对简单、环境保护技术成熟后、环境影响评价技术体系完善的行业项目，可不需编制环评大纲，直接编制环境影响报告书，报送到有审批权的环保行政主管部门审批。为获得满意的环境影响报告书，按照环境影响评价管理程序和工作程序进行有组织、有计划的活动是确保环境影响评价质量的重要措施。质量保证工作应贯穿于环境影响评价的全过程。在环境影响评价工作中，请有经验的专家咨询是做好环境评价的重要条件，最后请专家审评报告是质量把关的重要环节。

3.2.2.4　环境影响报告书的审批

建设项目环境影响评价报告书的审批按照环境保护部第 5 号令《建设项目环境影响评价文件分级审批规定》实行分级审批制度。对于核设施、绝密工程等特殊性质的建设项目、跨行政区域的建设项目及由国务院审批或核准、国务院授权有关部门审批或核准、由国务院有关部门备案的对环境可能造成重大影响的特殊性建设项目，由环境保护部负责审批。其他项目的环境影响文件由省级环境保护部门提出分级审批建议，报省级人民政府批准后实施。环境保护部 2009 年第 7 号公告发布了《环境保护部直接审批环境影响评价文件的建设项目目录》及《环境保护部委托省级环境保护部门审批环境影响评价文件的建设项目目录》的公告，对于分级审批的项目进行了详细的划定。

各级主管部门和环保部门在审批环境影响评价报告书时应贯彻下述原则：

① 审查项目是否符合环境保护相关法律法规。涉及依法划定的自然保护区、风景名胜区、生活饮用水源保护区及其他需要特别保护的区域的，是否征得相应一级人民政府或主管部门的同意；

② 审查项目选址、选线、布局是否符合区域、流域和城市总体规划，是否符合环境和生态功能区划；

③ 审查项目是否符合国家产业政策和清洁生产要求；

④ 审查项目所在区域环境质量能否满足相应环境功能区划标准；

⑤ 审查项目拟采取的污染防治措施能否确保污染物排放达到国家和地方规定的排放标准，满足总量控制要求；

⑥ 审查项目拟采取的生态保护措施能否有效预防和控制生态破坏。

3.2.2.5　"三同时"验收

《中华人民共和国环境保护法》第 26 条规定："建设项目中防治污染的措施，必须与主体工程同时设计、同时施工、同时投产使用。防治污染的设施必须经原审批环境影响报告书的环保部门验收合格后，该建设项目方可投入生产或者使用。"这一规定在我国环境立法中通称为"三同时"制度。

建设项目竣工环境保护验收管理办法根据国家建设项目环境保护分类管理的规定，对建设项目竣工环境保护验收实施分类管理。县级以上地方人民政府环境保护行政主管部门按照环境影响报告书（表）或环境影响登记表的审批权限负责建设项目竣工环境保护验收。

① 对编制环境影响报告书的建设项目，建设单位要向有审批权的环境保护行政主管部门提交建设项目竣工环境保护验收申请报告，并附环境保护验收监测报告或调查报告，作为验收材料。

② 对编制环境影响报告表的建设项目，建设单位要向有审批权的环境保护行政主管部门提交建设项目竣工环境保护验收申请表，并附环境保护验收监测表或调查表，作为验收

材料。

③ 对填报环境影响登记表的建设项目，建设单位要向有审批权的环境保护行政主管部门提交建设项目竣工环境保护验收登记卡，作为验收材料。

3.3 环境影响评价的工作程序

环境影响评价工作大体分为三个阶段。

第一阶段为准备阶段，主要工作为研究有关文件，进行初步的工程分析和环境现状调查，筛选重点评价项目，确定各单项环境影响评价的工作等级，编制评价工作大纲。关键是充分掌握资料，认真勘察现场，敏锐发现问题，形成概念框架，明了目标要点。

第二阶段为正式工作阶段，其主要工作为工程分析和环境现状调查，并进行环境影响预测和评价环境影响；工作的关键是认真综合分析，判别敏感风险，抓住要素关键，科学预测评估，优化对策措施。

第三阶段为报告书编制阶段，其主要工作为汇总、分析第二阶段工作所得到的各种资料、数据，得出结论，完成环境影响报告书的编制；工作要点是：综合思维创造，环境演化论证，生态演替评价，敏感风险估测，预测结论科学，建议方案优良。

如通过环境影响评价对原选厂址给出否定结论时，对新选厂址的评价应重新进行；如需进行多个厂址的优选，则应对各个厂址分别进行预测和评价。

3.3.1 环境影响评价工作等级的确定

环境影响评价工作的等级是指环境影响评价和各专题工作深度的划分，各单项环境影响评价划分为三个工作等级，环境风险评价仅划分为两级。一级评价最详细，二级次之，三级较简略。各单项影响评价工作等级划分的详细规定，可参阅相应导则。工作等级的划分依据如下：

① 建设项目的工程特点（工程性质、工程规模、能源及资源的使用量及类型、源项等）；

② 项目的所在地区的环境特征（自然环境特点、环境敏感程度、环境质量现状及社会经济状况等）；

③ 国家或地方政府所颁布的有关法规（包括环境质量标准和污染物排放标准）。

对于某一具体建设项目，在划分各评价项目的工作等级时，根据建设项目对环境影响、所在地区的环境特征或当地对环境的特殊要求情况可作适当调整。

3.3.2 环境影响评价大纲的编写

环境影响评价大纲是环境影响评价工作的总体设计和行动指南。评价大纲应在开展评价工作之前编制，它是具体指导环境影响评价的技术文件，也是检查报告书内容和质量的主要依据。该大纲应在充分研读有关文件、进行初步的工程分析和环境现状调查后形成。

评价大纲一般包括以下内容：

（1）总则　评价任务的由来，编制依据，控制污染和保护环境的目标，采用的评价标准，评价项目及其工作等级和重点等；

（2）建设项目概况；

（3）拟建项目地区环境简况；

（4）建设项目工程分析的内容与方法；

（5）环境现状调查　已确定的各评价项目工作等级、环境特点和环境影响预测的需要，尽量详细地说明调查参数、调查范围及调查的方法、时期、地点、次数等；

（6）环境影响预测与评价建设项目的环境影响　包括预测方法、内容、范围、时段及有关参数的估值方法，对于环境影响综合评价，应说明拟采用的评价方法；

（7）评价工作成果清单　包括拟提出的结论和建议的内容；

（8）评价工作组织、计划安排；

（9）经费概算。

3.3.3　环境影响报告书的编制

环境影响报告书是环境影响评价工作成果的集中体现，是环境影响评价承担单位向其委托单位——工程建设单位或其主管单位提交的工作文件。

经环境保护主管部门审查批准的环境影响报告书，是计划部门和建设项目主管部门审批建设项目可行性研究报告或设计任务书的重要依据，是领导部门对建设项目作出正确决策的主要依据的技术文件之一，是对设计单位进行环境保护设计的重要参考文件，并具有一定的指导意义。它对于建设单位在工程竣工后进行环境管理有重要的指导作用。因此，必须认真编写环境影响报告书。

3.3.3.1　环境影响报告书的编写原则

环境影响报告书是环境影响评价程序和内容的书面表现形式之一，是环境影响评价项目的重要技术文件。在编写时应遵循下述原则。

（1）环境影响报告书应该全面、科学、客观、公正，概括地反映环境影响评价的全部工作，评价内容较多的报告书，其重点评价项目另编制分项报告书，主要的技术问题另编制专题报告书。

（2）文字应简洁、准确，图表要清晰，论点要明确。大（复杂）项目应有总报告和分报告（或附件），总报告应简明扼要，分报告要把专题报告、计算依据列入。环境影响报告书应根据环境和工程特点及评价工作等级进行编制。详细编制要求和内容参见后续章节。

3.3.3.2　环境影响报告书编制的基本要求

环境影响报告书的编写要满足以下基本要求。

（1）环境影响报告书总体编排结构　应符合《建设项目环境保护管理条例》（1998年11月29日颁布）及相关环境影响评价技术导则的要求，科学客观，内容全面，重点突出，实用性强。

（2）基础数据可靠　基础数据是评价的基础。基础数据有错误，特别是污染源排放量有错误，不管选用的计算模式多么正确，计算得多么精确，其计算结果都是错误的。因此，基础数据必须可靠而有效，对不同来源的同一参数数据出现不同时应进行核实。

（3）预测模式及参数选择合理　环境影响评价预测模式都有一定的适用条件，参数也因污染物和环境条件的不同而不同。因此，预测模式和参数选择应科学合理和"因地制宜"。应选择模式的推导（总结）条件和评价环境条件相近（相同）的模式。选择总结参数时的环境条件和评价环境条件相近（相同）的参数。

（4）结论观点明确、客观可信　结论中必须对建设项目的可行性、选址的合理性作出明确回答，不能模棱两可。结论必须以报告书中客观的论证为依据，不能带感情色彩。

（5）语句通顺、条理清楚、文字简练、篇幅不宜过长　凡带有综合性、结论性的图表应放到报告书的正文中，对有参考价值的图表应放到报告书的附件中，以减少篇幅。

（6）环境影响报告书应附评价单位资质证书和主持该项目的环境影响评价工程师登记证复印件，两个证书中的评价机构名称应当一致。列出主持该项目及各章节、各专题的环境影响评价专职技术人员的姓名、环境影响评价工程师登记证或环境影响评价岗位证书编号。编制人员应当在名单表中签字，并承担相应责任。

3.3.3.3　环境影响报告书的编制要点

建设项目的类型不同，对环境的影响差别很大，环境影响报告书的编制内容也就不同。虽然如此，但其基本格式、基本内容相差不大。环境影响报告书的编写提纲，在《建设项目环境保护管理条例》中已有规定，以下是典型的报告书编排格式。

（1）总则

① 结合评价项目的特点阐述环境影响报告书编制的目的。

② 编制依据。项目建议书、评价委托书等工程文件；国家法律法规及相关技术规范；地方法律法规及有关文件。

③ 采用标准。包括国家标准、地方标准或拟参考的外国有关标准。

④ 控制污染与环境保护目标。

（2）建设项目概况

① 建设项目的名称、地点及建设性质。

② 建设规模（改、扩建项目应说明原规模）、占地面积及厂区平面布置（应附平面图）。

③ 项目建设内容（包括具体工程、公用工程及环保工程）。

④ 土地利用情况和发展规划。

⑤ 产品方案及主要工艺方法。

⑥ 建设项目采取的环保措施。

（3）工程分析　工程分析以工艺过程分析为重点，找出工艺产排污节点，确定主要污染物产排放情况及污染防治措施，论证污染物防治措施的技术可行性、经济合理性、达标排放可靠性，并提出优化建议。工程分析的数据一定要准确、可信，满足一定的精度要求，并尽量给出定量的结果。

① 主要原料、燃料及其来源和储运（必要时给出主要原辅料的理化性质及危害）。

② 工艺过程分析（附工艺流程图及污染流程图）。

③ 污染物源强的确定。明确主要污染物种类、排放方式及排放强度。

④ 污染防治措施及资源综合回收利用方案。

⑤ 污染物防治措施的可行性论证及优化建议。

（4）环境现状调查与评价

① 自然现状调查（包括气候与气象、地形地貌、地质环境、水文等）。

② 社会环境调查（包括行政区划、经济状况）。

③ 生态环境调查与评价。

④ 环境空气质量现状调查与评价。

⑤ 水环境现状调查与评价。

⑥ 环境噪声现状调查与评价。

根据项目具体情况，可适当增加土壤、农作物等相关要素的调查与评价。

（5）环境影响预测与评价

① 社会环境影响预测与评价。

② 生态环境影响预测与评价。

③ 大气环境影响预测与评价。

④ 水环境影响预测与评价。

⑤ 噪声环境影响预测与评价。

根据项目具体情况，可适当增加土壤、农作物等相关要素的环境影响评价内容。

（6）环境风险分析与评价

① 风险识别及源项分析。

② 环境风险计算及评价。

③ 风险管理措施及风险应急计划。

（7）环保措施的可行性分析及建议　遵循"污染者承担"和"环境成本内部化"的基本原则并考虑产业生态与循环经济的可行条件，提出相应的建议与措施方案。

① 大气污染防治措施的可行性分析及建议。

② 水污染防治措施的可行性分析及建议。

③ 噪声污染防治措施的可行性分析及建议。

④ 对生态环境污染防治措施的可行性分析及建议。

⑤ 对绿化措施的评价与建议。

（8）环境影响经济损益分析　从社会效益、经济效益和环境效益统一的角度论述建设项目的可行性。由于这三个效益的估算难度较大，特别是环境效益中的环境代价估算难度更大，目前还没有较好的方法。

① 建设项目的经济效益

② 建设项目的环境效益。

③ 建设项目的社会效益。

④ 环保投资估算。

（9）公众参与

① 公众参与的目的和意义。

② 环境信息公告的发布情况。

③ 公开征求意见。

（10）环境可行性论证

① 与产业政策相符的分析。

② 项目选址、平面布局的合理性分析。

③ 清洁生产评述。

④ 达标排放与总量控制。

（11）环境管理及监测计划

① 环境管理计划。

② 环境监测计划。

③ 三同时验收内容及进度计划。

（12）结论

① 项目基本情况。

② 评价区的环境质量现状。

③ 工程分析的主要结论。

④ 建设项目对评价区环境的影响。

⑤ 风险分析结论。

⑥ 公众参与的主要结论。

⑦ 环保措施可行性分析的主要结论与建议。

⑧ 综合结论。

（13）附件及附图

本章讲述了环境影响评价程序的基本概念及其管理程序和工作程序，中国对环境影响评价程序已有了一套较为合理的规定，在实践中一般都严格地遵循环境影响评价的管理程序和工作程序，对环境影响报告书编制也有较明确的格式规定。

思考题与习题

1. 试论述环境影响评价程序所遵循的原则。

2. 根据环境影响分类筛选分类原则，可以确定的评价类别有哪几种？

3. 环境影响评价项目的监督管理包括哪些方面？

4. 环境影响评价工作程序分为几个阶段？各阶段的主要工作是什么？

5. 简述环境影响报告书的编写原则。

4 工程分析

4.1 工程分析

工程分析是环境影响评价的关键，不仅为环境影响预测提供基础资料，同时，也是对项目从宏观上的控制。

工程分析是建设项目影响环境因素分析的简称，其主要任务是通过工程一般特征和污染特征全面分析，从宏观上纵观开发建设活动与环境保护全局的关系，从微观上为环境影响评价工作提供基础数据。

工程分析是环境影响预测和评价的基础，并且贯穿于整个评价工作的全过程，因此常把工程分析作为评价工作的独立专题。单位物耗能耗指数和排污系数以及相应的总量动态变化是工程分析主线，并进而联系环境现况与特征及相应参数进行综合评估。

"工程分析"专题的作用集中反映在下列四个方面：

① 为项目决策提供依据；

② 弥补"可行性研究报告"对建设项目产污环节和源强估算的不足；

③ 为生产工艺和环保设计提供优化建议；

④ 为项目的环境管理提供建议指标和科学数据。

4.1.1 工程分析原则

4.1.1.1 工程分析应体现政策性

在国家已制定的一系列方针、政策和法规中，对建设项目的环境要求都有明确规定，贯彻执行这些规定是评价单位义不容辞的责任。所以，在开展工程分析时，首先要学习和掌握有关政策法规要求，并以此为依据去剖析建设项目对环境产生影响的因素，针对建设项目在产业政策、能源政策、资源利用政策、环保技术政策等方面存在的问题，为项目决策提出符合环境政策法规要求的建议，这是工程分析的灵魂。特别是根据单位物耗能耗指数和排污系数作横向对比，可以判别其工艺技术与经营管理水平是否符合法律、政策、规划的要求，以法治和市场规范的原则予以有效约束。

4.1.1.2 具有针对性

工程特征的多样性决定了影响环境因素的复杂性。为了把握住评价工作主攻方向，防止无的放矢或轻重不分，工程分析应根据建设项目的性质、类型、规模、污染物种类、数量、毒性、排放方式、排放去向等工程特征，通过全面系统分析，从众多的污染因素中筛选出对环境干扰强烈、影响范围大、并有致害威胁的主要因子作为评价主攻对象，不能也不需要对每个因子都给予评价，要针对重点解决实际问题。

4.1.1.3 应为各专题评价提供定量而准确的基础资料

工程分析资料是各专题评价的基础。所提供的特征参数，特别是污染物的单位排放数和排放规律及最终排放量是各专题开展影响预测的基础数据。从整休来说，工程分析是决定评价工作质量的关键，所以工程分析提出的定量数据一定要可靠而有效；定性资料要力求可信；复用资料要经过精心筛选，注意时效性。

4.1.1.4 应从环保角度为项目选址、工程设计提出优化建议

① 根据国家颁布的环保法规和当地区域社会经济发展规划、城市发展总体规划和环境规划远景战略目标和功能区划及参数等条件，有理有据地提出优化选址、合理布局、最佳布置建议。

② 根据环保技术政策分析生产工艺的先进性，根据资源利用政策分析原料消耗、水耗、燃料消耗的合理性，按单位物耗能耗和排污系数分析工艺技术的先进性与产业生态的适应合理性，通过优化调整实现循环经济，同时探索把污染物排放量压缩到最低限度的途径。

③ 根据当地环境条件对工程设计提出合理建设规模，防止只顾企业内部回报率（FIRR）的所谓经济效益，而把成本外部化，实现污染和公害的转移和转嫁。任何忽视环境效益和轻视国民经济回报率（EIRR）的项目都应坚决予以披露和揭示，严重者应予以否定。

④ 根据环保设计规定，分析所定环保措施方案应予以认真评估，应明智选择最佳实用技术或优化可行工艺，提出必须保证的环保措施和相应的硬软条件，使项目既能实现正常投产，又能同时保护好环境。

4.1.2 工程分析方法

一般地讲，建设项目的工程分析都应根据项目规划、可行性研究和设计方案等技术资料进行工作。但是，有些建设项目，如大型资源开发、水利工程建设以及国外引进项目，在可行性研究阶段所能提供的工程技术资料有限，可能不能满足工程分析的需要，此时，可以根据具体情况选用其他适用的方法进行工程分析。目前可供选用的方法有类比法、物料衡算法和资料复用法。最好是有两种以上的方法进行综合对照分析。

4.1.2.1 类比法

类比法是利用与拟建项目类型相同的现有项目的设计资料或实测数据进行工程分析的常用方法。采用此法时，为提高类比数据的准确性，应充分注意分析对象与类比对象之间的相似性。

（1）工程一般特征的相似性　所谓一般特征包括建设项目的性质、建设规模、车间组成、产品结构、工艺线路、生产方法、原料、燃料来源与成分、用水量和设备类型等。

（2）污染物排放特征的相似性　包括污染物排放类型、浓度、强度与数量，排放方式与去向，以及污染方式与途径等。特别是单位物耗能耗指数和排污系数，它集中映射技术工艺与管理水平，是评估重点。

（3）环境特征的相似性　包括气象条件、地貌状况、生态特点、环境功能以及区域污染情况等方面的相似性。因为在生产建设中常会遇到这种情况，即某污染物在甲地是主要污染因素，在乙地则可能是次要因素，甚至是可被忽略的因素。

类比法也常用单位产品的经验排污系数来计算污染物排放量。但是采用此法必须注意，一定要根据生产规模等工程特征和生产管理以及外部因素等实际情况进行必要的修正。

4.1.2.2 物料衡算法（投入产出法）

物料衡算法是用于计算污染物排放量的常规方法。此法的基本原则是遵守质量守恒定律的，即在生产过程中投入系统的物料总量必须等于产出的产品量和物料流失量之和。其计算通式如下：

$$\sum G_{投入} = \sum G_{产品} + \sum G_{流失}$$

式中　$\sum G_{投入}$——投入系统的物料总量；

$\sum G_{产品}$——产出产品总量；

$\sum G_{流失}$——物料流失总量。

当投入的物料在生产过程中发生化学反应时，可按下列总量法或定额法公式进行衡算。

（1）总量法公式

$$\sum G_{排放} = \sum G_{投入} - \sum G_{回收} - \sum G_{处理} - \sum G_{转化} - \sum G_{产品} \tag{4-1}$$

式中　$\sum G_{投入}$——投入物料中的某污染物总量；

$\sum G_{产品}$——进入产品结构中的某污染物总量；

$\sum G_{回收}$——进入回收产品中的某污染物总量；

$\sum G_{处理}$——经净化处理掉的某污染物总量；

$\sum G_{转化}$——生产过程中被分解、转化的某污染物总量；

$\sum G_{排放}$——某污染物的排放量。

（2）定额法公式

$$A = AD \times M \tag{4-2}$$

$$AD = BD - (aD + bD + cD + dD) \tag{4-3}$$

式中　A——某污染物的排放总量；

AD——单位产品某污染物的排放定额；

M——产品总产量；

BD——单位产品投入或生成的某污染物量；

aD——单位产品中某污染物的含量；

bD——单位产品所生成的副产物、回收品中某污染物的含量；

cD——单位产品中被分解、转化的污染物量；

dD——单位产品被净化处理掉的污染物量。

采用物料衡算法计算污染物排放量时，必须从总体上掌握技术路线与工艺流程的布局框架和结构特征，从物流、能流与信息流上进而对生产工艺、化学反应、副反应和管理等情况进行全面了解，掌握原料、辅助材料、燃料的成分和单位消耗定额及总量动态变化。但是由于此法的计算工作量较大，所得结果偏差难免，所以在引用时应注意修正。

4.1.2.3 资料复用法

此法是利用同类工程已有的环境影响报告书或可行性研究报告等资料进行工程分析的方法。虽然此法较为简便，但所得数据的准确性很难保证，所以只能在评价工作等级较低的建设项目工程分析中使用。

4.1.3 工程分析内容

工程分析的工作内容，原则上应根据建设项目的工程特征，如建设项目的类型、性质、规模、开发建设方式，强度、能源与资源消耗量、污染物排放特征，以及项目所在地的环境条件来确定。对于环境影响以污染因素为主的大多数建设项目来说，其工作内容通常包括下列五部分。

4.1.3.1　工程概况

（1）工程一般特征简介　包括工程名称、建设性质、建设地点、建设规模、项目组成、产品方案、辅助设施、配套工程、储运方式、占地面积、职工人数、工程总投资及发展规划等，并附总平面布置图。

（2）工艺路线与生产方法　对生产工艺过程进行文字描述，并用方块流程图表述其过程，在图中标识出物流去向以及污染物的产生位置，必要时列出主要化学反应式和副反应式。副反应中可能有隐藏性潜在危害因素，将危害因素的性质及危害情况进行介绍，并予高度关注。如各种氯化工艺生产中可能在副反应中产生二噁英类剧毒物质。

（3）物料及能源消耗定额　包括主要原料、辅助原料、助剂、能源（煤、焦、油、气、电和蒸汽）以及用水等的来源、成分和消耗量。对原辅材料的理化性质进行介绍。

（4）主要技术经济指标　包括生产率、效率、回收率和放散率等。除了主产品的总回收率之外，还应高度重视资源的综合利用率和综合总回收率，特别是矿产资源中各种化学元素或成分的综合利用与回收率，以及其散发布特征与赋存形态和可能潜在的危害。有条件时可用经济价值表征。

（5）设备与设施　列表给出设备名称、规格与型号、数量、用途、设计使用年限、设备水平、生产厂家等内容。

4.1.3.2　污染影响因素分析及排放水平分析

（1）污染源分布调查及污染物排放量统计　污染源分布和污染物排放量是各专题评价的基础资料，必须按建设过程、生产过程和服务期满后三个时期的工程全过程做认真调查、详细统计，力求完善。因此，对于污染源分布调查要求按专题绘制污染流程图，再按排放点编号，标明污染物排放部位，然后列表逐点统计各种污染因子的排放强度、浓度及数量。

在统计污染物排放量的过程中，对于新建项目要求算清两本账：一本是工程自身的污染物设计排放量；另一本则是按治理规划和评价规定措施实施后能够实现的污染物消减量。两本账之差才是评价需要的污染物最终排放量。对于改扩建项目和技术改造项目的污染物排放量统计则要求算清三本账：第一本账是改扩建与技术改造前的污染物实际排放量；第二本账是改扩建与技术改造项目按计划实施后的自身污染物排放量；第三本账是实施治理规划和评价规定措施后能够实现的污染物削减量。

对于废气可按点源、面源、线源进行分析，说明源强、排放方式和排放高度、存在的有关问题。废水应说明污水种类、成分、浓度、排放方式、排放去向等有关问题。废渣应说明其产生种类、属性、数量、转运方式和贮存方法及最终处理处置方案。噪声和放射性应列表说明源强、剂量及分布。

（2）污染因子筛选　污染物种类繁多，对环境所造成的危害程度也各不相同。为了抓住评价重点，需要通过系统的分析，将其中主要的污染因子筛选出来。污染因子筛选的过程可从三方面考虑：一是考虑常规因子，如水环境主要考虑 COD、BOD、pH 值等；二是重视"第一类污染物"和"三致"物质，这些污染物毒性较强，可通过食物链进行生物放大，对人类危害极大。如有毒重金属、卤代有机物等；三是关注感官指标，例如水环境考虑水的浊度，大气环境考虑恶臭气味等。

筛选方法一般采用等标污染负荷或等标污染负荷比法（详见 4.2）。筛选计算的数据应用表格表达，计算过程和主要因子的污染特征可用文字说明。

（3）风险排污的源强统计及分析　风险排污包括事故排污和异常排污两部分。

① 事故排污的源强统计应计算事故状态下的污染物最大排放量，作为风险预测的源强。事故排污分析应说明在管理范围内可能发生的事故种类和频率（包括定期检修），并提出防范措施和处理方法。

② 异常排污是指工艺设备或环保设施达不到设计规定指标而超额排污。因为这种排污代表了长期运行的排污水平，所以在风险评价中，应以此作为源强。异常排污分析应重点说明异常情况的原因和处置方法。

（4）主要污染因子的污染影响类型，途径和危害对象　污染影响类型按下列要点陈述：

① 化学污染或物理污染；

② 生物污染；

③ 一次污染或二次污染；

④ 长期污染或短期污染；

⑤ 可逆污染或不可逆污染；

⑥ 局部污染或大面积污染；

⑦ 单因素污染或多因素复合污染。

污染途径着重说明污染因子在传输、转化、稀释、扩散过程中对保护对象的影响方式和过程，对象是指在项目所在地及附近地区可能遭受污染危害的法定保护目标和生态环境，其中既包括国家或地方明令规定的重点保护对象，也包括居民、土壤、生物、水体、经济林木、作物、畜牧等常规保护对象。

（5）污染物排放水平分析　重点比较该项目与国内外同类型项目按单位产品或万元产值的排放水平，并论述其差距。对废气排放应按能源政策评述其合理性，对废热和可燃气体应说明回收利用的可行性。对于废水排放应通过水量平衡，并按资源利用和环保技术政策评述一水多用或循环利用有关参数的合理程度。对于废渣要求根据其性质、组成综述其综合利用的前景。

4.1.3.3　环保措施方案分析

① 分析建设项目可研阶段环保措施方案，并提出进一步改进的意见。

② 分析该项目采用资源节约型模式、资源综合利用、物能良性循环、产业生态、清洁生产、循环经济等方面的可行性，是否符合新型工业化的要求。

③ 分析处理工艺有关技术经济参数的合理性。

④ 分析环保设施投资构成及其在总投资中占有的比例。

⑤ 分析环境成本内部化所必需的技术工艺、经营管理、市场规划、政策导向、法治规范内外硬软条件与因素。

4.1.3.4　总图布置方案分析

① 根据气象、水文等自然条件及环境保护目标等分析项目总体布置的合理性；

② 分析大气防护距离内针对环境保护目标的环境保护措施的有效性；

③ 环保拆迁方案分析。

4.1.3.5　补充措施与建议

① 关于合理的产品结构与生产规模的建议；

② 优化总图布置建议；

③ 节约用地建议；

④ 可燃气体平衡和回收利用措施建议；

⑤ 用水平衡及节水措施建议；

⑥ 废渣综合利用建议；

⑦ 污染物排放方式改进建议；

⑧ 环保设备选型和实用参数建议；

⑨ 其他建议。

4.2 污染源调查与评价

污染源是指能够对环境产生污染影响的污染源的来源，包括能够产生环境污染物的场所、设备和装置。在人类的各种活动中，凡以不适当的浓度、数量、速率、形态进入环境系统而产生污染或降低环境质量的物质和能量，称为环境污染物。

4.2.1 污染源调查内容

4.2.1.1 工业污染源调查

① 工业企业的基本情况，包括单位名称、代码、位置信息、联系方式、经济规模、登记注册类型、行业分类等；

② 主要产品、主要原辅材料消耗量、能源结构和消耗量以及与污染物排放相关的燃料含硫量、灰份等；

③ 用水、排水情况，包括排水去向、排放方式等；

④ 各类产生污染的设施情况，以及各类污染处理设施建设、运行情况等（锅炉、炉窑）；

⑤ 废水和废气的产、排污及综合利用情况；

⑥ 固体废物（包括危险废物）的产生、利用、处置、贮存及倾倒、丢弃情况；

⑦ 污染源监测结果。

4.2.1.2 农业污染源调查

（1）种植业污染源　主要调查各地区耕地、保护地和园地排放污染物分别进入地表径流和地下水的情况。调查内容主要包括：各县（区）的耕地、保护地和园地面积。

（2）畜禽养殖业污染源　主要调查猪、奶牛、肉牛、蛋鸡、肉鸡在规模养殖条件下污染物的产生、排放情况。

（3）畜禽养殖基本情况　包括饲养目的、畜禽种类、存栏量、出栏量、饲养阶段、各阶段存栏量、饲养周期等。

（4）污染物产生和排放情况　包括污水产生量、清粪方式、粪便和污水处理利用方式、粪便和污水处理利用量、排放去向等。

（5）水产养殖场污染源调查内容　主要包括鱼、虾、贝、蟹等水产养殖产品的污染物产生情况，具体包括养殖品种、养殖模式、养殖水体、养殖类型、养殖面积/体积、投放量、产量、废水排放量及去向、水体交换情况、换水频率、换水比例等。

4.2.1.3 生活污染源调查

（1）能源消费 包括生活用能源结构、能源消费量、平均硫分、平均灰分等。

（2）用水、排水 包括生活用水总量、居民家庭用水总量等。

（3）生活垃圾 包括生活垃圾清运量、生活垃圾处置方式及处置量等。

（4）机动车污染源 按直辖市、地区（市、州、盟）为单位填报机动车分类登记在用数量。

4.2.2 污染源调查方法

对于污染源的调查，通常采用点面结合的方法，即对重点污染源的详细调查和对区域内所有污染源进行的普查。根据项目的实际情况，各类污染源调查要有各自的侧重点。同类污染源中，应选择污染物排放量大、影响范围广泛、危害程度大的污染源作为重点污染源，进行详细调查。普查工作一般以发放调查表的方式进行，详查的工作内容应在广度和深度上超过普查。

污染源污染物排放量的确定是污染源调查的核心问题，其方法主要分为实测法、物料衡算法及产排污系数法。此外在实际工作中，类比法和经验公式法运用得也较为广泛。

4.2.2.1 实测法

通过连续或间断采集样品，分析测定工厂或车间外排的废水和废气的量和浓度。污染物排放量按下述公式计算。

$$E_i = C_i Q_i \times 10^{-6}$$
$$E_i = C_i Q_i \times 10^{-9}$$

式中 E_i——i 种污染物废水或废气排放量，t/a 或 t/d；

C_i——实测 i 种污染物浓度，废水：mg/L，废气：mg/m³；

Q_i——i 种污染物废水或废气排放流量，m³/a 或 m³/d。

C_i 是天或年的加权平均浓度，Q_i 是天或年的排放总流量。如果一天或一年内共进行几次测定，则

$$C_i = (C_{i1} Q_{i1} + C_{i2} Q_{i2} + \cdots + C_{in} Q_{in}) / (Q_{i1} + Q_{i2} + \cdots + Q_{in})$$

式中 $C_{i1}, C_{i2}, \cdots, C_{in}$——分别表示第 1，2，$\cdots$，$n$ 次测定的总污染物浓度；

$Q_{i1}, Q_{i2}, \cdots, Q_{in}$——分别表示第 1，2，$\cdots$，$n$ 次测定的总污染物排放流量。

有关采样测定的监测布点、监测时间的确定等，请参照有关环境监测的方法标准。

【例 4-1】 某炼油厂共有两个排水口。第一排放口每小时排放废水 400t，废水中平均含 COD 80mg/L；第二排放口每小时排放废水 500t，平均含 COD 100mg/L，该厂全年连续工作，求全年 COD 的排放量。

解：按照公式 $E_i = C_i Q_i \times 10^{-6}$ 计算。

依题意知，每年排放的油量为第一排放口和第二排放口排放废水中含 COD 之和。将废水密度近似于水的密度。

$$E_{油} = E_{1油} + E_{2油} = (80\text{mg/L} \times 400\text{t} \times 10^{-6} + 100\text{mg/L} \times 500\text{t} \times 10^{-6}) \times 24 \times 365 \approx 718.32 \ (\text{t})$$

4.2.2.2 物料衡算法

物料衡算的基本原理是，投入产品生产的物料量与产出产品的物料量和流失量相等。基本公式为

$$\sum E_{原料} = \sum E_{产品} + \sum E_{流失}$$

实际计算时，物料衡算法可以分为总量法及定额法。

【**例 4-2**】 某除尘系统，如右图所示。已知每小时进入除尘系统的烟气量 Q_0 为 12000m³，含尘浓度 $C_0 = 2200$mg/m³，每小时收下的粉尘量 G_2 为 22kg，若不考虑除尘系统漏气影响，试求净化后的废气含尘浓度。

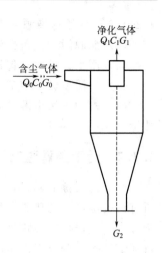

解：计算每小时进入某除尘系统的烟尘量 G_0

$$G_0 = Q_0 C_0 = 12000 \times 2200 \times 10^{-6} = 26.4 \text{ (kg)}$$

因为 $G_0 = G_1 + G_2$，所以

$$G_1 = G_0 - G_2 = 26.4 - 22 = 4.4 \text{ (kg)}$$

由于不考虑除尘系统漏气，则：

$$Q_1 = Q_0 = 12000 \text{m}^3$$

计算净化后的废气含尘浓度 C_1

$$C_1 = G_1/Q_1 = 4.4 \times 10^6/12000 = 366.67 \text{ (mg/m}^3)$$

4.2.2.3　产排污系数法

产排污系数法是指根据《产排污系数手册》提供的工业行业产排污系数，计算调查对象污染物的产生量和排放量。根据产品、生产过程中产排污的主导生产工艺、技术水平、规模等，选用相对应的产排污系数，结合本企业原、辅材料消耗、生产管理水平、污染治理设施运行情况，确定产排污系数的具体取值。《产排污系数手册》中没有涉及的行业，可根据企业生产采用的主导工艺、原辅材料，类比采用相近行业的产排污系数进行计算。计算公式为：

$$Q_i = K_i G_i$$

式中　Q_i——污染物 i 的排放量，kg/a；

　　　K_i——产、排污系数，kg/t 或 kg/万元；

　　　G_i——产品年产量或产品年产值，t/a 或 万元/a。

4.2.2.4　类比法

类比法是根据已建成投产的类似工程项目的实际排放情况进行推算的方法。在使用时应特别注意项目的可比性。

4.2.2.5　经验公式法

① 燃煤二氧化硫排放量计算　煤炭中的全硫包括有机硫、硫化矿物（如硫铁矿）和硫酸盐等。只有有机硫和硫化矿物（如硫铁矿）可燃烧成 SO_2，一般大约占全硫量的 80%～90%。燃煤产生的 SO_2 可按下式计算：

$$G_{SO_2} = 1.6BS(1 - n_s)$$

式中　G_{SO_2}——二氧化硫排放量，kg；

　　　B——耗煤量，kg；

　　　S——煤中全硫含量，%；

　　　n_s——二氧化硫脱除率，%。

② 燃煤烟尘量计算　烟尘的排放与煤的灰分，燃烧状态和炉型，除尘器效率等因素有关。在无测试条件和测试数据时，可采用下面的计算公式：

$$G_P = BAd_{fh}(1 - \eta)/(1 - C_{fh})$$

式中　B——耗煤量，t；

A——煤的灰分，%；

d_{fh}——烟气中烟尘占灰分量的百分数，%，其值与燃烧方式有关，见表4-1；

C_{fh}——烟尘中可燃物的百分含量，%，与煤种、燃烧状态和炉型等因素有关。对于层燃炉，C_{fh}一般可取 15%～45%；粉煤炉可取 4%～8%；沸腾炉可取 15%～25%；

η——除尘系统的除尘效率，%；未装除尘器时，则$\eta=0$；若是安装二级除尘装置，则总除尘效率可按下式计算：

$$\eta_{总}=1-(1-\eta_1)(1-\eta_2)$$

式中　η_1,η_2——一级、二级除尘器的除尘效率。

表 4-1　各种炉型的 d_{fh} 值

炉　　型	$d_{fh}/\%$	炉　　型	$d_{fh}/\%$	炉　　型	$d_{fh}/\%$
手烧炉	15～25	振动炉排	20～40	粉煤炉	75～85
链条炉	15～25	抛煤机炉	25～40	天然气炉	0
往复推饲炉	20	沸腾炉	40～50	油炉	0

4.2.3　污染源评价

以确定区域内主要污染源、主要污染物和主要污染途径为目的的污染源评价是在查明污染物排污地点、形式、数量和规律的基础上，综合考虑污染物毒性、危害和环境功能等因素，经过科学地加工，以潜在污染能力来表达区域内主要环境污染问题的方法。

4.2.3.1　污染源评价方法

污染源评价方法很多，目前多采用等标污染负荷法（亦称等标排放量法）和排毒系数法，分别对水、气污染物进行评价。

（1）等标污染负荷法　污染物的等标污染负荷是假定排出的污染物稀释到排放标准是所需要的介质量，通常用 P 代表，其定义为：

$$P_i=\frac{C_i}{S_i}\times Q_i\times 10^{-9}$$

式中　P_i——某污染物等标污染负荷，t/d；

C_i——某污染物的实测浓度，mg/L 或 mg/m³；

S_i——某污染物的排放浓度标准，与 C_i 单位相同；

Q_i——废水或废气排放量，L/d 或 m³/d。

污染源的等标污染负荷 P_n 为其所排放各种污染物的等标污染负荷之和，区域的等标污染负荷 P_m 为该区域内所有污染源的等标污染负荷之和。即：

$$P_n=\sum_{i=1}^{n}P_i$$

$$P_m=\sum_{n=1}^{m}P_n$$

为了确定污染源和污染物对环境的贡献，还需要定义等标污染负荷比，即某污染物的等标污染负荷占该污染源等标污染负荷的百分比，计算公式为：

$$K_i=\frac{P_i}{P_n}$$

评价区内某污染源的等标污染负荷比为：

$$K_j = \frac{P_n}{P_m}$$

（2）排毒系数法　排毒系数（F_i）是假设排出的污染物全部作用在人体上，可以引起慢性中毒的人数。定义为：

$$F_i = \frac{m_i}{d_i}$$

式中　m_i——第 i 种污染物的排放量，mg/d；

d_i——第 i 种污染物能导致一个人出现中毒反应的最小摄入量，mg/人。根据毒理学实验所得的毒作用阈剂量值计算求得，对于废水，d_i = 污染物毒作用阈剂量（mg/kg）×成年人平均体重（kg/人），对于气态污染物，d_i = 污染物毒作用阈剂量（mg/m³）×成年人平均每日呼吸的空气量（10m³/人）。

（3）主要污染物和主要污染源的确定　将调查区域内不同污染物按其等标污染负荷值的大小排列，分别计算累计百分比，累计百分比大于 80% 的污染源列为区域内主要污染物。同样地，将调查区域内不同污染源按其等标污染负荷值的大小排列，分别计算累计百分比，累计百分比大于 80% 的污染源列为区域内主要污染源。单独采用此法计算，会造成一些毒性大、流量小，在环境中易于积累的污染物被忽略掉，然而对这些污染物排放量的控制也是相当必要的。所以利用等标污染负荷法计算后，还应结合排毒系数法，综合考虑后确定评价区内主要污染物和主要污染源。

4.2.3.2　生态破坏源的调查和评价

一般来说，生态破坏主要来源于环境污染；不适当地引入外来物种；人类的建设行动阻断动物迁徙路线；生物和土地资源等的过度开发利用造成生物群落的快速变化；用人工生态系统代替自然生态系统；过度放牧、不良农业耕作和灌溉等引起生态环境破碎化、边缘化和退化，进而导致沙漠化和荒漠化；毁林破坏物种的栖息地，出现生态环境的边缘化、破碎化、退化，导致许多物种灭绝和导致土壤侵蚀荒漠等。但是，各个地区生态系统的具体破坏源必须结合当地实际情况确定调查的对象，制订详细的调查计划。目前，有关生态破坏源调查和评价的系统报告以及涉及区域生态环境背景与基线的调查和评价还很少。

4.3　清洁生产及清洁生产评价

4.3.1　清洁生产

"清洁生产"包含的思想是人类长期探索和实践的结晶，是 20 世纪 70 年代末由联合国环境规划署提出的，联合国环境规划署把清洁生产定义为："对生产过程及其产品连续地实施集成的，预防性的环境保护战略，以减少生产对人类及其环境的风险。"中国于 2002 年 6 月颁布了《中华人民共和国清洁生产促进法》，将清洁生产定义为："本法所指清洁生产，是指不断采取改进设计、使用清洁的能源和原料、采用先进的工艺技术与设备、改善管理、综合利用等措施，从源头削减污染，提高资源利用效率，减少或者避免生产、服务和产品使用过程中污染物的产生和排放，以减轻或者消除对人类健康和环境的危害。"

清洁生产促进法规定，国务院和县级以上地方人民政府应当将清洁生产纳入国民经济和社会发展计划以及环境保护、资源利用、产业发展、区域开发等规划。同时清洁生产促进法第十八条还规定："新建、改建和扩建项目应当进行环境影响评价，对原料使用、资源消耗、资源综合利用以及污染物产生与处置等进行分析论证，优先采用资源利用率高以及污染物产生量少的清洁生产技术、工地和设备。"企业在进行技术改造过程中，应当采取清洁生产措施。

4.3.2 清洁生产评价指标体系

4.3.2.1 清洁生产评价指标的选取原则

（1）从产品生命周期全过程考虑　环境影响评价中进行清洁生产的分析是对计划进行的生产和服务实行预防污染的分析和评估。因此，需要在进行清洁生产分析时判明废物产生的部位，分析废物产生的原因，从而提出和实施减少或消除废物的方案。

生命周期分析方法也叫生命周期评价，是从一个产品的整个寿命周期全过程地考察其对环境的影响。与其他环境评价方法相比，该分析方法能得出产品在不同阶段对环境的影响情况，但具有工作繁琐，所需数据量较大等缺点。环评中并非对建设项目要求进行严格意义上的生命周期评价，而是要借助这种分析方法确定环境影响评价中清洁生产评价指标的范围。

对一个生产和服务的全过程进行分析，可将其抽象成八个方面的内容，即：原辅材料和能源，技术工艺，设备，过程控制，管理，员工，产品，废物，各个方面之间的关系如图4-1所示，共同构成一个生产过程。可根据不同项目的实际情况，从中选取清洁生产评价指标。

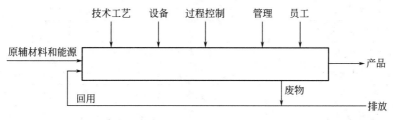

图 4-1　生产过程框图

（2）体现预防为主的原则　清洁生产指标必须体现预防为主的原则，要求不仅仅考虑污染物的末端处理和处置，还应包括污染物产生指标，即污染物离开生产线时的数量和浓度。清洁生产指标主要反应出建设项目实施过程中所使用的资源及产生的废物量，包括实用能源、水或其他资源的情况，通过对这些指标的评价能反映出建设项目通过节约和更有效的资源利用来达到保护自然资源的目的。

（3）注重实用和可操作性　清洁生产指标要力求定量化，对于难于量化的指标也应给出文字说明。为了使所确定的生产指标既能够反映出建设项目的主要情况，又简便易行，在设计时要充分考虑指标体系的可操作性。

（4）满足政策法规要求和符合行业发展趋势　不同行业对环境造成的污染和影响程度是不同的，在选择评价指标时，所考虑的侧重因素也不相同。我国现有《工业清洁生产评价指标体系编制通则》（GB/T 20106—2006）及30余个重点行业的清洁生产评价指标体系。

4.3.2.2 清洁生产评价指标

根据生命周期分析的原则，环评中的清洁生产评价指标可以分成六类：生产工艺与装备要求、资源能源利用指标、产品指标、污染物产生指标、废物回收利用指标和环境管理指标。这六类中资源能源利用指标和污染物产生指标属于定量指标，其余四类属于定性指标或者半定量指标。

（1）生产工艺与装备要求　选用清洁工艺、淘汰落后、有毒原辅材料和落后的设备，是推行清洁生产的前提，因此，在清洁生产分析中要对项目的工艺技术来源和技术特点进行分析，说明其在同类技术中所占的地位和所选设备的先进性。

（2）资源能源利用指标　从清洁生产的角度看，资源和能源指标的高低也反映建设项目的生产过程在宏观上对生态系统的影响程度。同等条件下，资源能源消耗量越高，对环境的影响就越大。资源能源利用指标包括物耗指标、能耗指标、新水用量指标和原辅材料的选取四类。

① 物耗指标　用生产单位产品消耗的主要原料和辅料的量，辅材料消耗定额，也可用产品收率、转化率等工艺指标反映物耗水平。

② 能耗指标　用生产单位产品消耗的电、煤、石油、天然气和蒸汽等能源量来反映，为便于比较，也可以用单位产品综合能耗指标。

③ 新水用量指标　包括单位产品新鲜水用量、单位产品循环用水量、工业用水重复利用率、间接冷却水循环利用率、工艺水回用率和万元产值取水量六个指标。具体计算公式见表 4-2。

表 4-2　新水用量指标计算公式

指标名称	计算公式
单位产品新鲜水用量	年新鲜水总用量/产品产量
单位产品循环用水	年循环水量/产品产量
工业用水重复利用率	重复利用水量/（取用新水量＋重复利用水量）×100%
间接冷却水循环利用率	间接冷却水循环量/（补充新水量＋间接冷却水循环量）×100%
工艺水回用率	工艺水回用量/（工艺水回用量＋工艺取水量）×100%
万元产值取水量	年取水总量/年产总值

④ 原辅材料的选取　原辅材料的选取反映了在资源选取过程中和构成产品的材料报废后对环境和人类的影响，是资源能源利用指标的重要内容之一。可以从原辅材料的毒性、生态影响、可再生性、能源强度以及可回收利用性等方面建立定性分析指标。

（3）产品指标　产品的清洁性、销售、使用过程以及报废后的处理处置情况都会对环境产生影响，这些影响可能是长期的，甚至会是难以恢复的。例如产品的质量影响到资源的利用率，产品的包装材料的选择会对环境产生影响。除此之外，还可以从产品的销售情况、使用情况、寿命优化等方面衡量产品指标。

（4）污染物产生指标　污染物产生指标一般分为三类，即废水产生指标、废气产生指标和固体废物产生指标。污染物产生指标越高，说明工艺相对落后，管理水平较低。废水量或废气量能够反映出废水或废气产生的总体情况，可作为废水或废气的产生指标。但是，许多情况下，废水或废气中所含污染物的种类及其危害程度不同，单纯的污染物总量不能够完全代表产污情况，还需要用单位产品主要污染物产生量作为评价指标。

（5）废物回收利用指标　生产过程不可能完全避免产生废水、废料、废渣、废气、废热等，然而，这些"废物"只是相对的概念，在某一条件下是造成环境污染的废物，在另一条件下就可能转化成为宝贵的资源。废物回收利用能够减少污染物排放总量，反映了清洁生产的理念，是清洁生产的重要组成部分。

（6）环境管理指标　清洁生产需要企业加强环境管理工作。首先，生产企业应符合有关法律法规标准的要求，按照行业清洁生产审核指南要求进行审核、按 ISO 14001 建立并运行环境管理体系。在生产过程中，需对原料、服务供应方等的行为提出环境要求，对可能产生废物的环节提出要求，如要求原材料质检、消耗定额、对产品合格率有考核等，防止跑冒滴漏等。对于废物处理处置应做到一般废物妥善处理、危废无害化处理。

4.3.3　清洁生产与评价等级划分

清洁生产评价的基本思路是：确定总体环境目标，按全过程的程序，依次分层次综合剖析、设计、销售、使用、废弃退出的各个环节影响程度与价值，寻求优化控制策略，使能在总体上充分体现清洁生产与文明消费的综合目标战略。

根据以上的清洁生产指标分析，清洁生产评价可分成定性评价和定量评价两大类。原材料和产品指标在目前数据条件下难以量化，属于定性评价，因而粗分为三个等级；资源指标和污染物产生指标易于量化，可做定量评价，因而细分为五个等级。

4.3.3.1　定性评价等级

（1）高　表示所使用的原材料和产品对环境的有害影响比较小。

（2）中　表示所使用的原材料和产品对环境的影响中等。

（3）低　表示所使用的原材料和产品对环境的有害影响比较大。

4.3.3.2　定量评价等级

（1）清洁　有关指标达到本行业国际先进水平。

（2）较清洁　有关指标达到本行业国内先进水平。

（3）一般　有关指标达到本行业国内平均水平。

（4）较差　有关指标达到本行业国内中下水平。

（5）很差　有关指标达到本行业国内较差水平。

为了统计和计算方便，定性评价和定量评价的等级分值范围均定为 0~1。对定性评价分为 3 个等级，按基本等量、按时完成取整的原则来划分不同等级的分值范围，具体见表 4-3；对定量指标依据同样原则，但划分为 5 个等级，具体见表 4-4。

表 4-3　原材料指标和产品指标（定性指标）的等级评分标准

等　级	分值范围	低	中	高
等级分值	[0，1.0]	[0，0.30]	[0.30，0.70]	[0.70，1.0]

注：确定分值时取两位有效数字。

表 4-4　资源指标和污染物产生指标（定量指标）的等级评分标准

等　级	分值范围	很差	较差	一般	较清洁	清洁
等级分值	[0，1.0]	[0，0.20]	[0.20，0.40]	[0.40，0.60]	[0.60，0.80]	[0.80，1.0]

注：确定分值时取两位有效数字。

4.3.4　清洁生产评价方法

清洁生产指标的评价方法是在生态环境与社会经济协调、持续发展的总体目标下，明确清洁的价值取向，进行分层次的全过程生命周期分析，寻求可靠有效的控制策略，在系统综合上力求利益最大化的理性选择。根据清洁生产评价指标的不同，可将评价方法分为定性评价、定量评价与综合评价三种。科学表征出评价的含义，表述的方法可多种多样。

4.3.4.1　定性评价方法

目前在国内建设项目环境影响评价报告中的清洁生产分析章节，普遍采用的定性评价方法是指标对比法。指标对比法是根据我国已颁布的相关行业清洁生产标准/指标体系，或参照国外同类装置的清洁生产指标，对比分析得到建设项目的清洁生产水平。

截至 2010 年 5 月，原国家环保总局已颁布了石油炼制、制革等 57 个清洁生产标准；制定了煤炭、电镀、电池等 30 个重点行业清洁生产评价指标体系。我国的清洁生产标准，一般将清洁生产分为三个级别：一级，国际清洁生产先进水平；二级，国内清洁生产先进水平；三级，国内清洁生产基本水平。

对于工艺路线成熟、生产工艺应用广泛的工艺技术来说，可以应用指标对比法。但是由于产品的多样性及技术的不断发展进步，国家颁布的清洁生产标准/指标体系不可能涵盖全部，使得指标对比法的应用具有一定的局限性。

4.3.4.2　定量评价方法

定量评价的指标主要有单项评价指数、类别评价指数和综合评价指数。对评价指标的原始数据进行标准化处理，可以使评价指标换算成在同一尺度上可以相互比较的量。

单项评价指数，是以类比项目相应的单项指标参照值作为评价标准，进行计算而得出的。例如污染物排放浓度、资源利用率、水重复利用率等。类别评价指数是根据所属各单项指数的算术平均值计算而得。单项评价指数的计算公式为：

$$I_i = C_i / S_i$$

式中　I_i——单项评价指数；

$\quad\quad C_i$——目标项目某单项评价指标对象值（实测值或设计值）；

$\quad\quad S_i$——类比项目某单项指标参照值。

为了克服个别评价指标对评价结果准确性的掩盖，可采用一种兼顾极值或突出最大值型的计权型的综合评价指数。其计算公式为：

$$I_p = (I_{i\max}^2 + Z_{ie}^2)/2$$

式中　I_p——综合评价指数；

$\quad\quad I_{i\max}$——各项评价指数的最大值；

$\quad\quad Z_{ie}$——类别评价指数的平均值。

根据综合指数所达到的水平可以将企业清洁生产分为五个等级，具体分级见表 4-5。

表 4-5　企业清洁生产的等级确定

项目	清洁生产	传统先进	一般	落后	淘汰
达到水平	领先水平	先进水平	平均水平	中下水平	行业淘汰水平
I_p	$I_p \leqslant 1.0$	$1.0 < I_p \leqslant 1.15$	$1.15 < I_p \leqslant 1.4$	$1.4 < I_p \leqslant 1.8$	$I_p > 1.8$

此方法需要参照环境质量标准、排放标准、行业标准或相关清洁生产技术标准数值，因此选取目标值最为关键。如果类别评价指数或单项评价指数的值大于1时，表明该类别或单项评价指标出现了高于类比项目的指标，可寻找原因，分析情况，调整工艺路线或方案，使之达到一定水平。

4.3.4.3 综合评价

一般可采用百分制，首先对原材料指标、产品指标、资源消耗指标和污染物产生指标按等级评分标准分别进行打分，若有分指标则按分指标打分，然后分别乘以各自的权重值，最后累加起来得到总分。通过总分值的比较可以基本判定建设项目整体所达到的清洁生产程度，另外各项分指标的数值也能反映出该建设项目所改进的地方。

（1）权重值的确定方法　清洁生产评价的等级分值范围为0～1，为数据评价直观起见，对清洁生产的评价方法采用百分制，因而所有指标的总权重值应为100。为了保证评价方法的准确性和适用性，在各项指标（包括分指标）的权重值确定过程中，1998年在国家环境保护局的"环境影响评价制度中的清洁生产内容和要求"项目研究中，采用了专家调查打分法。专家范围包括：清洁生产方法学专家，清洁生产行业专家，环境影响评价专家，清洁生产和环境影响评价政府管理官员。调查统计结果见表4-6。

表 4-6　清洁生产各项指标权重值专家调查统计结果

评价指标	分指标	权重值	评价指标	分指标	权重值
原材料指标		25	产品指标	寿命优化	5
	毒性	7		报废	5
	生态影响	6	资源指标		29
	可再生性	4		能耗	11
	能源强度	4		水耗	10
	可回收利用性	4		其他物耗	8
产品指标		17	污染物产生指标		29
	销售	3	总权重值		100
	使用	4			

专家们对生产过程的清洁生产指标比较关注，对资源指标和污染物产生指标分别都给出最高权重值29；原材料指标次之，权重值25；产品指标最低，权重值为17。

原材料指标包括五项分指标：毒性，生态影响，可再生性，能源强度，可回收利用性。根据它们的重要程度，权重值分别为7，6，4，4，4。

产品指标包括四项指标：销售，使用，寿命优化，报废。它们的权重值分别为3，4，5，5。

资源指标包括三项指标：能耗，水耗，其他物耗。它们的权重值分别为11，10，8。如果这三项指标中每一项指标下面还分别包括几项分指标，则根据实际情况另行确定它们的权重，但分指标的权重值之和应分别等于这三项指标的权重值。

污染物产生指标的权重值为29，根据实际情况此类指标可选择包含几项大指标（例如废水、废气、固体废物），每项大指标又可包含几项分指标。因为不同企业的污染物产生情况差别太大，因而未对各项大指标和分指标的权重值加以具体规定，可依据实际情况灵活处理，但各项大指标权重值之和应等于29，每一大指标下的分指标权重值之和应等于大指标的权重值。例如，如果污染物产生指标包括废水、废气、固体废物三项大指标，它们的权重值可以分别取10，10，9，则废水所包含的分指标权重分值之和应为10，废气、固体废物依次为10和9；如果此项大指标仅包括一项指标，如造纸厂，产生的污染物主要是污水，那废水指标的权重就是污染物产生指标的权重，即为 29，废水指标所包含的几项分指标，权重值之和也应为 29。

（2）企业清洁生产等级　清洁生产是一个相对的、动态发展的概念，因此清洁生产指标的评价结果也是相对的，随着科技进步、社会经济发展、思维理念更新、边界条件变化而不断发展。从上述清洁生产的评价等级和标准的分析可以看出，如果一个建设项目综合评分结果大于 80 分，从平均的意义上说，该项目原材料的选取对环境的影响、产品对环境的影响、生产过程中资源的消耗程度以及污染物的产生量均处于同行业国际先进水平，因而从现有的技术条件看，该项目属"清洁生产"。同理，若综合评分结果在 70～80 分之间，可认为该项目为"传统先进"项目，即总体在国内处于先进水平，某些指标处于国际先进水平；若综合评分结果在 55～70 分之间，可认为该项目为"一般"项目，即总体在国内处于中等的、一般的水平；若综合评分结果在 40～55 分之间，可判定该项目为"落后"，即该项目的总体水平低于国内一般水平，其中某些指标的水平在国内可能属"较差"或"很差"之列；若综合评分结果在 40 分以下，则可判定该项目为"淘汰"项目，因为其总体水平处于国内"较差"或"很差"水平，不仅消耗了过多的资源、产生了过量的污染物，而且在原材料的利用以及产品的使用及报废后处置等多方面均有可能对环境造成超出常规的不利影响。总体评价结果的分值要求详见表 4-7。

表 4-7　清洁生产指标总体评价结果的分值要求

项　目	指标分数	项　目	指标分数
清洁生产	＞80	落后	40～55
传统先进	70～80	淘汰	＜40
一般	55～70		

4.3.5　清洁生产评价程序

4.3.5.1　一般项目

① 收集相关行业清洁生产标准，如果没有颁布标准，可以采用国内外同类装置清洁生产指标。

② 预测本项目的清洁生产指标值。

③ 分析本项目清洁生产水平，并与标准值比较。

④ 编写清洁生产分析专节，并判别本项目清洁生产水平。

⑤ 提出清洁生产改进方案或建议。

4.3.5.2　重点项目

清洁生产重点项目包括污染物超标排放或者污染物排放总量超过规定限额的污染严重企业，生产中使用或排放有毒有害物质的企业〔有毒有害物质是指被列入《危险货物品名表》（GB 12268）、《危险化学品名录》、《国家危险废物名录》和《剧毒化学品目录》中的剧毒、强腐蚀性、强刺激性、放射性（不包括核电设施和军工核设施）、致癌、致畸等物质〕。

对于重点项目，除需按照一般项目评价程序开展工作，还需按照《清洁生产审核暂行办法》（国家发展和改革委员会、国家环保总局令第 16 号令）以及《重点企业清洁生产审核评估、验收实施指南（试行）》等有关规定进行清洁生产重点审核。

4.4 案例分析

【例1】 某冶炼厂熔炼工艺改造工程工程分析

该冶炼厂所在地区污染严重，被国务院列为2000年长江流域SO_2限期治理地区之一，该冶炼厂也被省政府列为重点限期治理企业之一。为改善当地的环境状况，使企业走可持续发展道路，冶炼厂决定实施污染治理工程，淘汰鼓风炉熔炼老工艺，以先进的顶吹浸没式喷枪熔炼技术代之。该熔炼工艺可使熔炼烟气中的SO_2体积分数提高到8%。因此，可采用双转双吸制酸工艺，从而提高硫的利用率，大幅度减少尾气SO_2的排放量，实现SO_2达标排放。生产规模：设计规模年产电解铜8万吨（含铜99.95%），其中技改新增3.5万吨/a电解铜。产品方案：硫酸32.71万吨/a（93%或98%工业级硫酸折100%硫酸计）粗铜8万吨/a，阳极铜10万吨/a，电解铜8万吨/a。

一、原料、燃料、熔剂及辅助材料

1. 原料

冶炼厂铜精矿来源为自产和外购414219.3t/a，平均品位20.27%。铜精矿混合后成分（平均含水8%～10%）见表1。

表1 混合铜精矿成分

成分	Cu	Fe	S	SiO₂	CaO	MgO	Al₂O₃	O₂	As	F	Au/(g/t)	Ag/(g/t)	其他
%	20.27	29	27	6.1	3.0	0.8	1.2	1.8	<0.2	0.02	6.25	175.3	10.61

2. 燃料

（1）煤 煤是冶炼过程中的主要燃料，用于熔炼炉的补热。煤主要来自淮南煤矿，其发热值和组分见表2。年耗煤量24693.7t。

表2 煤的成分及热值

成分	C	挥发分	灰分	水分	S	热值/(kJ/kg)
%	57～60	25～30	15	1～2	<1	23400

（2）重油 重油主要用于熔炼炉和沉淀炉的补热。其发热值和组分见表3。重油年消耗量15868.17t。其中沉淀炉3722.4t/a，熔炼炉5131.77t/a，阳极炉7014t/a。

表3 重油成分及热值

成分	C	H	O₂	N	S	A	H₂O	热值/(kJ/kg)
%	86.47	12.74	0.29	0.28	0.21	0.01	0.2	41000

（3）轻柴油 轻柴油作为辅助燃料，用于熔炼炉和沉淀炉的开炉、检修烘炉、熔炼炉保温及正常生产期间熔池温度的调节。年消耗轻柴油约300t。利用原有重、柴油库的柴油罐储存和原有供油系统。轻柴油的技术要求见表4。

3. 熔剂

（1）石英石 冶炼过程中根据渣型要求需加入石英石熔剂。熔炼和吹炼年消耗石英石量83198.24t，其中熔炼59205.3t/a（要求粒度0～5mm），吹炼23992.94t/a（要求粒度6～25mm）。石英石由公司的矿山供给，其成分见表5。

表 4 轻柴油技术要求

项　　目		质量指标
馏程	50％馏出温度	不高于 300(℃)
	90％馏出温度	不高于 355(℃)
	95％馏出温度	不高于 365(℃)
运动黏度/(mm²/s)		3.0～8.0(20℃)
闪点(闭口)		不低于 65(℃)

表 5 石英石成分

成分	SiO₂	CaO	Fe	其他
％	85	1	3	11

（2）石灰石　冶炼过程中根据渣型需要添加石灰石，据冶金计算，熔炼过程中需添加石灰石 6514.2t/a，要求粒度 0～5mm。其成分见表 6。

表 6 石灰石成分

成分	CaO	Fe	SiO₂	其他
％	50	3	1	46

4. 辅助材料（耐火材料、还原剂）

（1）耐火材料　熔炼部分年消耗镁铬砖等约 1400t，吹炼部分年消耗镁铬砖 830t，精炼部分年消耗镁铬砖 354t。

（2）还原剂　火法精炼采用液化石油气（LPG）作还原剂，年液化石油气消耗量 601.22t/a。

二、主要工艺流程

本次技术改造炼铜采用顶吹浸没式熔炼炉熔炼、沉淀炉分离、转炉吹炼、回转炉精炼、铜电解精炼工艺，同时熔炼炉、转炉烟气制酸。

1. 备料配料

熔炼炉用的各种铜精矿、石英石、石灰石、返回物、水淬转炉渣和煤，通过新建的上料系统，送往新建的配料厂房的料仓分别贮存。转炉用的石英石，通过原有的上料系统，送至转炉一侧设置的石英石仓库。根据各种物料的配比进行配料。配好的炉料，通过胶带输送机送往熔炼炉熔炼。

2. 火法粗炼

（1）顶吹浸没熔炼　混合铜精矿（含铜 20.27％）与煤、石英石、石灰石、水淬转炉渣、返料在配料厂房配成混合炉料，混合炉料在制粒机内制成 10～15mm 的粒料后，通过胶带输送机送往可移动式皮带加料机，经熔炼炉顶的加料孔加入顶吹浸没式喷枪熔炼炉内熔炼。氧气和空气通过炉顶插入的浸没式喷枪高速喷入熔池熔体中，使熔料在激烈搅动的高温熔池中完成精矿干燥、焙烧、熔炼和部分铜锍的吹炼造渣等一系列冶炼过程，产出铜锍、炉渣和烟气。前两者以混合熔体的形式，通过排放口和流槽，流入沉淀炉分离。出炉烟气温度 1250℃，进入余热锅炉回收余热和烟气净化系统处理，处理后的烟气与转炉吹炼的净化烟气混合送制酸系统制酸。

铜锍和炉渣的混合熔体，在沉淀炉中按其密度不同而分离为铜锍层和炉渣层。铜锍（含铜 50％）通过放出口和流槽流入铜锍包子，并送往转炉吹炼。炉渣含铜 0.6％，并通过放出口和流槽放出，接着水淬，水淬渣作为弃渣送往渣场存或出售。沉淀炉用重油燃烧保温，烟气通过环保通风系统 120m 烟囱排入大气。

（2）转炉吹炼　热铜锍从沉淀炉放铜口排入铜锍包，加入转炉。吹炼需要高压空气。转炉为周期性作业，分造渣期和造铜期。造渣期的吹炼反应是铜锍中的 FeS 氧化和石英石造渣并产生 SO₂。造铜期的吹炼反应是解除锍中的硫，使其氧化，产出粗铜和 SO_2。粗铜（含铜 99.3%）倒入粗铜包并送往回转阳极炉精炼。烟气通过汽化冷却器回收余热、电收尘器收尘后送制酸。吹炼炉渣经水淬返回熔炼炉处理。

3. 火法精炼

火法精炼采用回转式阳极炉，粗铜由粗铜包子送入回转式阳极炉中，残极和废阳极利用现有 40t 反射炉熔化后送入回转式阳极炉中。精炼所需热量由重油燃烧提供。回转式阳极炉精炼过程也是周期性作业，主要分为氧化期、还原期和浇铸期。

氧化期由风口鼓入压缩空气，完成粗铜氧化和造渣过程，精炼渣扒出炉后送转炉处理。氧化除渣后进入还原期，此时经风口喷入液化气（LPG）作为还原剂，将氧化期生产的氧化铜还原成铜，产出阳极铜（含铜 99.5%）。阳极铜从放铜口放出，经定量浇铸包流入圆盘浇铸机铸成阳极板，经检验合格后送电解精炼车间。火法精炼的烟气特别是还原期的烟气在二次燃烧室使未烧尽的炭黑进一步烧完，二次风由离心通风机提供；精炼烟气最后经高温排烟机排入环保烟囱。

4. 电解精炼

电解精炼是同从阳极上溶解在阴极上析出的过程。将铜熔炼车间产出的阳极板经人工排版后装入阳极洗槽，经清洗后入电解槽进行电解。产出阴极铜（含铜 99.95%）经阴极洗槽清洗后送至成品库。电解后的残极经洗涤后返回熔炼车间的阳极精炼炉。电解过程中所产出的阳极泥，在阳极泥浆化槽中浆化后用压滤机过滤，所得阳极泥滤饼送阳极泥处理车间回收贵金属。

5. 制酸工艺流程

制酸改造包括改造现有 Ⅰ、Ⅱ 系列和新建 1 个制酸系统。新建制酸系统工艺流程简述如下：来自电收尘器的熔炼炉、转炉烟气，首先在动力波洗涤器中被绝热冷却降温到 62℃，出去大部分杂质，再进入填料塔直接稀酸洗涤冷却降温到 37℃，洗涤除去杂质，然后进入二级动力波洗涤器再次净化除去砷、氟，经过两级电除雾器除雾后，送干燥工段。稀酸自身循环，多余部分由二级动力波循环泵往前串酸，经脱吸及压滤之后，滤液送污酸处理。制酸工艺流程见图 1。

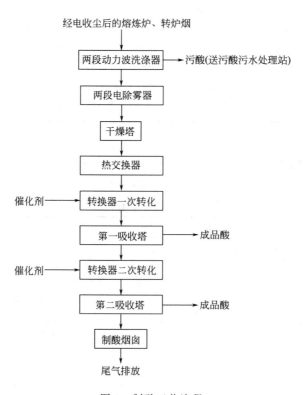

图 1　制酸工艺流程

三、物料平衡计算

1. 铜平衡

技改工程铜平衡见表7。

表7　铜平衡

项目	铜投入/(t/a)	铜产出/(t/a)	比例/%
混合铜精矿	83962.25		
阴极铜		79960.0	95.23
阳极泥		57.24	0.07
废电解液		1577.83	1.88
水淬弃渣		1932.38	2.30
损失及误差		434.80	0.52
合计	83962.25	83962.25	100

2. 硫平衡

技改工程硫平衡见表8。

表8　硫平衡

项目	硫投入		硫产出	
	投入量/(t/a)	比例/%	产出量/(t/a)	比例/%
混合铜精矿	111840.3	99.75		
燃煤	246.94	0.22		
重油	33.32	0.03		
成品酸			106808.2	95.26
水淬弃渣			1610.0	1.44
外排烟气			152.7	0.14
制酸尾气外排			451.4	0.40
污酸污泥渣			2989.4	2.66
损失			108.9	0.10
合计	112120.6	100	112120.6	100

3. 砷平衡

制酸系统烟气净化采用稀酸洗涤，由净化系统产出的废酸中含有原料矿带入的绝大部分砷化物，采用硫化法处理，砷的脱除率为98%左右。熔炼系统砷平衡见表9。

表9　砷平衡

项目	砷投入		砷产出	
	投入量/(t/a)	比例/%	产出量/(t/a)	比例/%
混合铜精矿	828.44	100		
水淬弃渣			46.20	5.58
阳极泥			6.79	0.82
污酸污泥量			771.12	93.08
废水			0.41	0.05
损失			3.92	0.47
合计	828.44	100	828.44	100

4. 水量平衡

厂区给水净化站及管网均已建成，本次技术改造后新用水量比目前用水量要小，因此已有水源及管网能力可以满足要求，不需扩建。现有污水处理站工艺简单，且没有污酸处理设施。本次技改工程新增污酸处理设施，将污水处理站处理能力改扩建为 5000m³/d，生产废水和初期雨水（根据雨量大小降雨初期10～30min雨水）送污水处理站处理。技改工程水量平衡见表10。

表 10　水量平衡　　　　　　　　　　　　　　　　　　　　单位：m³/d

序号	车间及工段	总用水量	新水	循环水	二次用水	损失	外排	送污酸污水处理站
	熔炼车间							
1	熔炼炉	4800	144	4656		96	48	
	沉淀炉	72	2	70		1	1	
	转炉	24	24			24		
	阳极炉	1440	43	1397		30	13	
	渣水淬	14850	2228	12622		2228		
	阳极浇铸机	2000	300	1700		300		
2	鼓风机房	4440	133	4307		89	44	
3	电解车间	300	300			300		
4	余热锅炉	2254	1089	1165		865	224	
5	硫酸车间	198408	6511	191897		4293	1637	581
6	余热发电站	48072	1368	46632	72	968	400	
7	氧气站	43200	1296	41904		896	400	
	合计	319860	13438	306350	72	10090	2767	581

【例2】　某酒厂二期工程清洁生产评述

某酒厂1万吨名优曲酒生产基地工程（即生态酿酒园的一期工程）占地面积 500 亩（15 亩＝1 公顷，下同），设计生产规模 1 万吨/a。为进一步增大产能、提高质量，抢先占领市场，该公司启动生态酿酒园二期工程建设。生态酿酒园二期工程征地 860 亩（其中项目实际占地 820 亩，其余 40 亩为移民安置用地，移民安置由政府统一管理，不在本项目评价范围内），投资 191935.43 万元，占地范围位于该一期工程西边和北边，市政规划道路青云路以北，中山路以南，屈原路以东范围内，设计生产规模为年产浓香型基酒 0.75万吨，年产清香型基酒 2 万吨；年产浓香型商品白酒 3 万吨，年产清香型商品白酒 2 万吨。

1. 清洁生产水平评述

中华人民共和国环境保护行业标准《清洁生产标准　白酒制造业》（HJ/T 402—2007）依据生命周期的分析理论，主要围绕白酒的生命周期而展开。对白酒主要从生产工艺与装备要求、资源能源利用指标、产品指标、污染物产生指标（末端处理前）、废物回收利用指标和环境管理要求等六个方面来考虑。各级指标的具体数值见表11。

根据本项目采取措施、主要原辅材料及能耗情况、污染物排放量，与表12对比，比较结果详见表13。

由表13可以看出，通过二期工程以新带老，扩建后生产用水减少，除能耗、取水量和底锅水为国内一般清洁生产水平，其他各项指标均达到二级标准，即达到国内先进水平，部分指标达到国际先进水平。其中二期工程中由于增加了清香型酿酒工艺，本项目采用的清香型酿造工艺用煤和用水量较浓香型高。因此，项目在建设过程中，应选择先进的低能耗设备，进一步改进工艺，特别是加强对清香型工艺进行改进，降低能源消耗，同时加大废水回用力度，将洗瓶水处理后全部回用，地面冲洗改为用拖把拖地，减少清水用量和废水排放，将底锅水回用于窖泥制作，提高清洁水平。

表 4-11　白酒制造业清洁生产标准指标

项　目		一级	二级	三级
一、生产工艺与装备要求				
设备完好率/%		100	≥98	≥96
二、资源能源利用指标				
1. 原辅材料的选择		白酒生产用的原辅材料对人体健康没有任何损害,并在生产过程中对生态环境没有负面影响。原料的淀粉含量、水分含量、杂质含量应有严格控制指标		
2. 电耗/(kW·h/kL)≤	清香型	35	40	60
	浓(酱)香型	50	60	80
3. 取水量/(t/kL)≤	清香型	16	20	25
	浓(酱)香型	25	30	35
4. 煤耗(标煤)/(kg/kL)≤	清香型	600	750	1000
	浓香型	1200	1500	2000
5. 综合能耗/(标煤)(kg/kL)≤	清香型	650	800	1100
	浓香型	1300	1800	2200
	酱香型	2700	2900	3100
6. 淀粉出酒率/(%)≥	清香型	60	48	42
	浓香型	45	42	38
7. 冷却水循环利用率/(%)≥		90	80	70
三、产品指标				
1. 运输、包装、装卸		白酒容器的设计便于回收利用、外包装材料应坚固耐用、利于回收再用或易降解		
2. 产品发展方向		提高白酒的优级品率;通过传统白酒产业的技术革新,逐渐提高粮食利用率,降低各类消耗		
四、污染物产生指标(末端处理前)				
1. 废水产生量/(m³/kL)≤	清香型	14	18	22
	浓(酱)香型	20	24	30
2. COD 产生量/(kg/kL)≤	清香型	90	100	130
	浓(酱)香型	100	120	150
3. BOD 产生量/(kg/kL)≤	清香型	45	55	70
	浓(酱)香型	55	65	80
4. 固态酒糟/(t/kL)≤	清香型	4	5	6
	浓香型	6	7	8
	酱香型	8	9	10
五、废物回收利用指标				
1. 黄浆水		全部资源化利用	50%资源化利用	全部达标排放
2. 底锅水		全部资源化利用	50%资源化利用	全部达标排放
3. 固态酒糟		企业资源化加工处理(加工成饲料或更高附加值的产品)	全部回收并利用(直接做饲料等)	全部无害化处理
4. 炉渣		全部综合利用		
六、环境管理要求				
1. 环境法律法规标准		符合国家和地方有关环境法律、法规,污染物排放达到国家和地方排放标准、总量控制和排污许可证管理要求。		
2. 清洁生产审核		按照白酒企业清洁生产审核指南的要求进行了审核,并全部实施了可行的无、低费方案,制订了中高费方案的实施计划		
3. 废物处理处置		对酒糟、黄浆水和底锅水进行了资源化利用和无害化处理		
4. 生产过程环境管理		按照 GB/T 24001 建立并运行环境管理体系	建立了环境管理制度,原始记录及统计数据齐备	环境管理制度、原始记录及统计数据基本齐备
		建立了原材料质检和消耗定额管理制度,对各生产车间规定了严格的耗水、耗能、污染物产生指标和考核办法,人流、物流、易燃品存放区有明显的标识,对"跑、冒、滴、漏"有严格的控制措施		
5. 相关方环境管理		购买有资质的原材料供应商的产品,对原材料供应商的产品质量、包装和运输等环节施加影响		

表 4-12　建设项目的清洁生产水平评价表

评　价　指　标		一期	本项目	扩建后全厂	扩建后达到等级
一、生产工艺与装备要求	设备完好率/%	100	100	100	一级
二、资源能源利用指标	1. 原辅材料的选择	主要原料为高粱、小麦			一级
	2. 电耗/(kW·h/kL)	80	80	80	三级
	3. 取水量/(t/kL)	84	27.15	30	三级
	4. 煤耗(标煤)/(kg/kL)	1000	1273	1260	二级
	5. 综合能耗(标煤)/(kg/kL)	1100	1400	1386	二级
	6. 淀粉出酒率/%	47	56	54	二级
	7. 冷却水循环利用率/%	0	93	83.9	二级
三、产品指标	1. 运输、包装、装卸	拟建地位于邵阳市江北经济开发区内，交通十分便捷。产品包装设计便于回收利用，且坚固耐用，利于回收			一级
	2. 产品发展方向	采用白酒酿造传统工艺，出酒品质高			二级
四、污染物产生指标（末端治理前）	1. 废水产生量/(m³/kL)	24.88	8.45	10.15	一级
	2. COD产生量/(kg/kL)	3.59	1.15	1.45	一级
	3. BOD产生量/(kg/kL)	0.94	0.23	0.29	一级
	4. 固态酒糟/(t/kL)	3.26	1.60	1.60	一级
五、废物回收利用指标	1. 黄浆水	全部回用于蒸馏			一级
	2. 底锅水	全部达标排放			三级
	3. 固态酒糟	全部回收直接做饲料	加工成饲料		一级
	4. 炉渣	全部外售做建材原料			一级
六、环境管理要求	1. 环境法律法规标准	符合国家和地方有关环境法律、法规，污染物排放达到国家和地方排放标准、总量控制和排污许可证管理要求			一级
	2. 环境审核	环境管理制度健全，改造完成后进行清洁生产审核，原始记录及统计数据齐全有效			二级
	3. 生产过程环境管理	有原材料、包装材料生产过程的质检制度和消耗定额管理，对能耗和物耗指标有考核，有健全的岗位操作规程和设备维护保养规程等			一级
	4. 废物处理处置	污染控制设施配套齐全，并正常运行			一级
	5. 相关方环境管理	购买有资质的原材料供应商的产品，对原材料供应商的产品质量、包装和运输等环节施加影响；危险废物送到有资质的企业进行处理			一级

2. 持续清洁生产

清洁生产是一个连续不断改进企业管理、生产工艺、降低生产成本、提高产品质量和减少对环境污染的长期过程，不可能一蹴而就，只要企业进行生产，清洁生产就长期存在。它是企业可持续发展的有效途径。制订下一阶段的清洁生产目标，通过对白酒行业先进生产技术的研究和引进，结合本企业生产的实际，通过清洁生产水平的不断提高，尽可能地减少原材料用量和能耗，减少污染物的产生和排放，给企业带来更大的社会、环境和经济效益。

3. 总量控制

国家提出的"总量控制"实际是区域性的，也就是说，当局部不可避免地增加污染物排放时，应对同行业或区域内进行污染物排放总量削减，使区域内污染源的污染物排放负荷控制在一定数量内，使污染物的受纳水体、空气等的环境质量可达到规定的环境目标。

一期工程原有排放许可 SO_2 18t/a，COD28t/a，项目扩建完成后，全厂排放 SO_2 188.2t/a，COD44.09t/a，需新增总量 SO_2 170.2t/a，COD16.09 t/a。本项目污染物排放量与建议总量控制指标情况见表4-13。

表 4-13 拟建工程污染物排放量与建议总量控制指标

项 目	COD	SO_2	项 目	COD	SO_2
现有工程排放量/(t/a)	10.77	23.52	原有排放指标/(t/a)	28	18
扩建后排放量/(t/a)	44.09	188.2	建议新增总量指标/(t/a)	16.09	170.2

根据市环保局《××生态酿酒园二期工程总量控制指标的函》，核定项目总量控制指标为 SO2170.2t/a，COD16.09t/a。

本章主要介绍工程分析原则、内容、方法，使学生熟练掌握工程分析方法，污染源评价方法，掌握工程分析内容，了解清洁生产概念及清洁生产审计方法，并能熟练运用这些知识，找出一个区域（或项目）的主要污染源，确定主要污染物，培养学生解决实际问题的能力。

思考题与习题

1. 某工厂有一台粉煤炉锅炉，每小时用煤 500kg，所用的煤为烟煤，含硫量为 2.5%，煤的灰分为 28%，试求每小时排放的烟灰量和二氧化硫量。

2. 某监测站测得甲、乙两个工厂排放废水中分别含 BOD_5、有机磷、Cr^{6+} 等污染物，其中甲厂的废水中污染物浓度 BOD_5 为 50mg/L，有机磷为 0.6mg/L，Cr^{6+} 为 0.05mg/L；乙厂 BOD_5 为 15mg/L，有机磷为 0.03mg/L，Cr^{6+} 为 0.75mg/L。甲厂每天排放废水 700t，乙厂每天排放废水 500t，试求两厂的等标污染负荷和污染负荷比。

3. 某工厂有一台烧一般重油的锅炉，每天用油 500kg，试求每天产生多少氮氧化物。

4. 某工厂有一台粉煤炉，年耗煤 400t，煤的灰分 A_g 为 20%，用布袋除尘器除尘，其除尘效率为 93.5%，求全年产生的烟尘量。

5. 试设甲厂每天产值为 5 万元，乙厂每天产值为 8 万元，利用思考题 2 的等标污染负荷数据，求两厂产品的单位产值等标污染负荷。

5 大气环境影响评价

大气环境影响评价是环境影响评价的重要组成部分。它主要通过对项目的大气环境可行性的论证，为大气污染防治方案设计及环境管理提供依据。其基本任务是从预防大气污染、保证大气环境质量的目的出发，通过调查、预测等手段，分析、评价拟定的开发行动或建设项目在施工期或营运期所排放的主要大气污染物对大气环境质量可能带来的影响程度和范围，提出避免、消除或减少负面影响的对策，为建设项目的选址、平面布局、大气污染预防措施的制定及其他有关工程设计提供科学依据或指导性意见。

大气环境影响评价主要依据《环境影响评价技术导则 大气环境》（HJ 2.2—2008）中的有关规定进行，该导则规定了大气环境影响评价的内容、工作程序、方法和要求，适用于建设项目的新建或改、扩建工程的大气环境影响评价，区域和规划的大气环境影响评价亦可参照使用。建设项目对大气环境质量影响的程度，主要对照《环境空气质量标准》（GB 3095）进行分析，但应注意建设项目所在地区的总量控制问题。

5.1 大气环境影响评价等级与范围

5.1.1 大气环境影响评价等级划分

对项目进行初步工程分析，选择1～3种主要污染物，按照《环境影响评价技术导则 大气环境》（HJ 2.2—2008）推荐模式中的估算模式计算各污染物在简单平坦地形、全气象组合情况条件下的最大影响程度和最远影响范围，对项目的大气环境影响评价工作进行分级。

$$P_i = C_i / C_{0i} \times 100\%$$

式中　P_i——第 i 个污染物的最大地面质量浓度占标率，%；

　　　C_i——第 i 个污染物的最大地面质量浓度，mg/m³；

　　　C_{0i}——第 i 个污染物的环境空气质量浓度标准，mg/m³。

表 5-1　评价工作等级

评价工作等级	评价工作分级判据
一级	$P_{max} \geqslant 80\%$，且 $D_{10\%} \geqslant 5km$
二级	其他
三级	$P_{max} < 10\%$ 或 $D_{10\%} <$ 污染源距厂界最近距离

评价工作等级按表 5-1 的分级判据进行划分，还需符合以下规定：

① 同一项目有多个（两个或两个以上）污染源排放同一种污染物时，按各污染源分别确定评价等级，取评价级别最高者作为项目的评价等级；对于公路、铁路等项目，应分别按照项目沿线主要集中式排放源（如服务区、车站等大气污染源）排放的污染物计算其评价等级。

② 对于高耗能行业的多源（两个或两个以上）项目，或以城市快速路、主干路等城市道路为主的新建、扩建项目，评价等级应不低于二级；对于建成后全厂的主要污染物排放总量都有明显减少的改、扩建项目，评价等级可低于一级。

③ 如果评价范围内包含一类环境空气质量功能区，或者评价范围内主要评价因子的环境质量已接近或超过环境质量标准，或者项目排放的污染物对人体健康或生态环境有严重危害的特殊项目，评价等级一般不低于二级。

④ 可根据项目的性质，评价范围内环境空气敏感区的分布情况，以及当地大气污染程度，对评价工作等级做适当调整，调整结果应征得环保主管部门同意，且调整幅度上下不应超过一级。

5.1.2　大气环境影响评价工作范围确定

大气环境影响范围一般根据项目排放污染物的最远影响范围确定，即以排放源为中心点，以 $D_{10\%}$ 为半径的圆或 $2 \times D_{10\%}$ 为边长的矩形范围。

评价范围的直径或边长一般不应小于 5km；当最远距离超过 25km 时，评价范围为半径为 25km 的圆形区域，或边长为 50km 矩形区域。对于以线源为主的城市道路等项目，评价范围可设定为线源中心两侧 200m 的范围。

5.2　大气污染源调查与分析

5.2.1　大气污染源调查与分析对象

5.2.1.1　污染源调查对象

大气污染源调查与分析对象包括项目的所有污染源（改扩建项目包括新、老污染源）、评价范围内与项目排放污染物有关的其他在建项目、已经获得批复环境影响评价文件的拟建项目等污染源。如有区域替代方案，还应调查评价范围内所有的拟替代的污染源。三级评价项目可只调查分析项目污染源。

5.2.1.2　污染源调查与分析方法

大气污染源可以通过类比调查、物料衡算、资料复用以及实测等方法进行调查与分析。类比调查、物料衡算等方法多用于新建项目（包括新、改、扩项目）的污染源调查，资料复用和实测法多用于污染源现状调查。资料复用包括利用设计资料、已经批准的环境影响报告书、分期实施项目的验收监测资料等。

5.2.2　一级评价项目污染源调查内容

对于一级评价项目应进行以下各方面的调查：

① 满负荷排放下，按分厂或车间逐一统计各有组织排放源和无组织排放源的主要污染物排放量。

② 对毒性较大的污染物应估计其非正常排放量；对于周期性排放的污染源，应按照季节、月份、星期、日或小时等给出周期性排放系数。

③ 对于改、扩建项目，应给出现有工程排放量、扩建工程排放量以及现有工程经改造后的污染物预测消减量等三个数值，并以此计算最终排放量。

④ 点源参数调查清单包括以下几个方面：a. 排气筒底部中心坐标及海拔高度（m）；b. 排气筒几何高度（m）及排气筒出口内径（m）；c. 烟气出口速度（m/s）；d. 排气筒出口处烟气温度（K）；e. 各主要污染物正常排放速率（g/s），排放工况及年排放小时数；f. 毒性较大物质的非正常排放速率（g/s），排放工况及年排放小时数。

⑤ 线源参数调查清单包括以下几个方面：a. 线源几何尺寸，线源距地面高度（m）道路宽度（m），街道街谷高度（m）；b. 各种车型的污染物排放速率 [g/(km·s)]；c. 平均车速（km/h），各时段车流量（辆/h），车型比。

⑥ 面源参数调查清单包括以下几个方面：a. 面源起始点坐标及所在位置的海拔高度（m）；b. 面源初始排放高度（m）；c. 各主要污染物正常排放速率（g/s），排放工况及年排放小时数；d. 矩形面源的初始点坐标，面源的长度、宽度及其与正北方向逆时针的夹角；e. 多边形面源的顶点数或边数以及各顶点坐标；f. 近圆形面源的中心坐标、近圆形半径、近圆形顶点数或边数。

⑦ 体源参数调查清单包括以下几个方面：a. 体源中心点坐标及所在位置的海拔高度（m）；b. 体源高度（m）；c. 体源排放速率（g/s），排放工况及年排放小时数；d. 将体源划分为多个正方形后，正方形的边长（m）；e. 初始横向扩散参数（m），初始垂直扩散参数（m）。

⑧ 在考虑由于周围建筑物引起的空气扰动而导致地面局部高浓度的现象时，需要根据所选预测模式的需要，按相应要求的内容调查建筑物下洗参数。

⑨ 颗粒物粒径分布调查清单包括：颗粒物粒径分级（最多不超过 20 级）、颗粒物的分级粒径（μm）、各级颗粒物的质量密度（g/cm^3）以及各级颗粒物所占的质量比（0～1）。

5.2.3 二、三级评价项目污染源调查内容

二级评价项目污染源调查内容参照一级评价项目执行，可适当从简。三级评价项目可只调查①、②、③，并对估算模式中的污染源参数进行核实。

5.3 环境空气质量现状调查与评价

环境空气质量现状调查与评价的基本目的有两个：一是要查清评价区的环境空气质量现状及其形成原因；二是要取得影响预测与评价所需的背景数据，为影响预测提供用于叠加计算所需的背景值。

5.3.1 环境空气质量现状调查方法与原则

现状调查可以通过收集监测资料和进行现场监测的方式进行。可根据项目的具体情况跟

评价等级对数据的要求选择调查方法。对监测资料进行统计时，涉及 GB 3095 中污染物的统计内容与要求应符合该标准中各项污染物数据统计的有效性规定；进行现场监测时，监测方法的选择应首先选用国家环保主管部门发布的标准监测方法，对尚未制定环境标准的非常规大气污染物，应尽可能参考 ISO 等国际组织和国内外相应的监测方法，并在环评文件中对该方法的适用性及其引用依据进行详细的介绍。

5.3.1.1　环境空气现有监测资料分析

收集监测资料包括收集评价范围内及邻近评价范围的各个例行空气质量监测点近 3 年与项目有关的监测资料和收集近 3 年与项目有关的历史监测资料。如果评价区内及其界外区已设有常规大气监测点，应尽可能收集和充分利用这些点的例行监测资料，统计分析各点各季的主要污染物的浓度值，对照各污染物有关的环境质量标准，分析其长期质量浓度（年平均质量浓度、季平均质量浓度、月平均质量浓度）、短期质量浓度（日平均质量浓度、小时平均质量浓度）的达标情况。若结果出现超标，应分析其超标率、最大超标倍数以及超标原因。根据收集到的资料对评价范围内的污染水平和变化趋势进行总体分析。

5.3.1.2　环境空气现状监测

为获得评价项目的详细信息，对大气环境状况有更进一步的了解，还需根据该项目评价的要求制订详细的环境空气质量监测方案并进行现场监测。监测范围主要限于评价区内，需要监测的项目可根据大气污染源调查中筛选的主要污染因子，同时考虑评价区污染现状确定。环境空气现状监测除为预测和评价提供背景数据外，其监测结果还可用于以下两个方面：①结合同步观测的气象资料和污染源资料验证或调试某些预测模式，获得可信的环境参数，一般而言模式的建立并非难事，难在参数的测辨上；②为该地区例行监测点的优化布局提供依据。

5.3.2　评价区环境空气质量现状监测与评价

5.3.2.1　评价区环境空气质量现状监测

环境空气质量现状监测主要包括四个方面内容，分别为筛选监测因子、确定监测时间与频率、布设监测点以及选择采样方法。

（1）监测因子　经过调查分析，凡项目排放的污染物属于常规污染物的应筛选为监测因子；凡项目排放的特征污染物有国家或地方环境质量标准的，或者有 TJ 36—79 中的居住区大气中有害物质的最高容许浓度的，应筛选为监测因子；对于没有相应环境质量标准的污染物，且属于毒性较大的，应按照实际情况，选取有代表性的污染物作为监测因子，给出参考标准值和出处，同时应结合实际情况，将区域内存在污染问题的因子作为监测因子。

（2）监测时间与频率　监测时间与频率的确定，既要考虑环境评价工作级别的要求，更要结合当地气象条件的周期性变化规律和人们的生活习惯及工作规律等因素综合考虑确定。中国大部分地区处于季风气候区，冬、夏季风有明显不同的特征，由于日照和风速的变化，边界层温度层结也有较大的差别。在北方地区，冬季采暖的能耗量大，逆温现象的频率多，扩散条件差，大气污染比较严重。而在夏季，气象条件对扩散有利，又是作物的主要生长季节。所以，《环境影响评价技术导则　大气环境》（HJ 2.2—2008）规定：一级评价项目应进行 2 期（冬季、夏季）监测；二级评价项目可取 1 期不利季节进行监测，必要时应作 2 期监测；三级评价项目必要时可作 1 期监测。

　　由于气候存在周期性的变化，每个小周期平均为 7 天左右。在一天之中，风向、风速、大气稳定度都存在着时间变化，同时人们的生产和生活活动也有一定的规律。生物的生长都有明显的时令、气节与物候。景观生态呈现周期和时律变化。为了使监测数据具有代表性，所以《环境影响评价技术导则　大气环境》（HJ 2.2—2008）规定：每期监测时间，至少应取得有季节代表性的 7 天有效数据，采样时间应符合监测资料的统计要求。但对于评价范围内没有排放同种特征污染物的项目，可减少监测天数。

　　此外，《环境影响评价技术导则　大气环境》（HJ 2.2—2008）规定：监测时间的安排和采用的监测手段，应能同时满足环境空气质量现状调查、污染源资料验证及预测模式的需要。监测时应使用空气自动监测设备，在不具备自动连续监测条件时，1 小时质量浓度监测应遵循下列原则：一级评价项目每天监测时段，应至少获取当地时间 02，05，08，11，14，17，20，23 时 8 个小时质量浓度值，二级和三级评价项目每天监测时段，至少获取当地时间 02，08，14，20 时 4 个小时质量浓度值。日平均质量浓度监测值应符合 GB 3095 对数据的有效性规定。

　　对于部分无法进行连续监测的特殊污染物，可监测其一次质量浓度值，监测时间须满足所用评价标准值的取值时间要求。

　　（3）监测布点

　　① 监测点设置数量　　监测点设置的数量应根据拟建项目的规模和性质，综合考虑当地的自然环境条件，区域大气污染状况和发展趋势，功能布局和敏感点的分布，结合地形、污染源及环境空气保护目标的布局等因素综合优化选择确定。对于一级评价项目，监测点应包括评价范围内有代表性的环境空气质量保护目标，点位不少于 10 个；二级评价项目，监测点应包括评价范围内有代表性的环境空气保护目标，点位不少于 6 个。对于地形复杂、污染程度空间分布差异较大，环境空气保护目标较多的区域，可酌情增加监测点数目。三级评价项目，若评价范围内已有例行监测点位，或评价范围内有近 3 年的监测资料，且其监测数据有效性符合《环境影响评价技术导则　大气环境》（HJ 2.2—2008）的有关规定，并能满足项目评价要求的，可不再进行现状监测，否则，应设置 2～4 个监测点。另外，如果评价范围内没有其他污染源排放同种特征污染物的，可适当减少监测点位。对于公路、铁路等项目，应分别在各主要集中式排放源（如服务区、车站等大气污染源）评价范围内，选择有代表性的环境空气保护目标设置监测点位。城市道路项目可不受上述监测点设置数目限制，根据道路布局和车流量状况，并结合环境空气保护目标的分布情况，选择有代表性的环境空气保护目标设置监测点位。

　　② 监测点位置的设置原则　　监测点的位置应具有较好的代表性，应能尽量全面、客观、真实反映评价范围内的环境空气质量。设点的测量值应能反映各环境敏感区域、各环境功能区的环境质量以及预计受项目影响的高浓度区的环境质量。设点时应从总体上把握大气流场的特征与规律，不论是近距离输送还是中远程输送，大气流场都是首要因素，同时适当考虑自然地理环境、交通和工作条件以及环境空气保护目标所在方位等因素，使监测点尽可能分布比较科学合理而兼顾均匀。

　　相关环境监测技术规范对环境空气质量监测点位置的周边环境也作了有关规定。监测点周围空间应开阔，采样口水平线与周围建筑物的高度夹角小于 30°；测点周围应没有局地污染源的影响，并应避开树木和吸附力较强的建筑物。原则上监测点 20m 范围内应没有局地排放源，且应有 270°采样捕集空间，空气流动不受任何影响，一般在 15～20m 范围内没有绿色乔木、灌木等。同时应注意监测点的可到达性和电力保证。

③ 监测点位置的布设方法　主要思路与原则是正确把握大气流场及充分反映其运动规律与主要特征参数，具体方法大致为网格布点法、同心圆多方位布点法、扇形布点法、配对布点法、功能区布点法等。

（4）监测采样　环境空气监测中的采样点、采样环境、采样高度及采样频率的要求，按相关环境监测技术规范执行。

现状监测应同步观测污染气象参数，收集项目位置附近有代表性的，且与各环境空气质量现状监测时间相对应的常规地面气象观测资料。

5.3.2.2　评价区环境空气质量现状评价

监测结果应能说明评价区内大气污染物不同取值时间的质量浓度变化范围，各取值时间最大质量浓度值占相应标准质量浓度限值的百分比和超标率等。同时，还应对大气污染物质量浓度的日变化规律与地面风向、风速等气象因素及污染源排放的关系进行相关分析。

5.4　大气环境影响预测与评价

5.4.1　大气环境影响预测评价方法与技术要点

大气环境影响预测主要通过选用数学模型，预测不同气象条件和污染物排放条件下，项目建设对评价区域大气环境质量的影响，其主要目的是为项目决策提供定量和可靠的基础数据，从而判断项目建成后对评价范围大气环境影响的程度和范围。具体有以下几点。

① 了解建设项目建成后对大气环境质量影响的程度和范围，比较各种建设方案对大气环境质量及环境敏感目标的影响，核算大气环境防护距离。

② 优化项目布局以及对其提出污染物允许排放量，实行总量控制。

③ 从景观生态与人文生态的敏感对象上，预测和评估其可能发生的风险影响及出现的频率与风险程度，寻求最佳的风险防范和应急对策方案。

预测方法大体上可分为经验方法和数学方法两大类。经验方法主要是在统计、分析历史资料的基础上，结合未来的发展规划进行预测。数学方法应用得较为普遍，即通过建立数学模型来模拟各种气象条件、地形条件下的污染物在大气中输送、扩散、转化和清除等物理、化学机制并进行计算。但由于大气运动是开放的、远离平衡状态的非线性系统，是不断变化着的混沌态，因此数学模型建立时作了一些理想化的假设，以及考虑气象条件和地形地貌对污染物在大气中扩散的影响而引入经验系数，使得各种数学模式都有较大的局限性。

迄今为止，在工程上应用的最为普遍的是正态模式（即 Gauss 模式）。正态扩散模式的前提是假定污染物在空间的概率密度是正态分布，概率密度的标准差即扩散参数通常用"统计理论"方法或其他经验方法确定。

5.4.2　大气环境影响预测模式

污染物排入大气后，通过物理过程发生变化的常见模式如表 5-2 所示。

表 5-2　大气环境影响常用模式

模　式	介　绍	公　式
高架连续点源扩散的高斯模式	四点假设:污染物浓度在空间中每个断面按高斯分布(正态分析);在整个空间中,风速是均匀稳定的;源强是连续均匀的;在扩散过程中污染物质量是守恒的 ① 无界空间连续点源的高斯模式($u>$ 1.5m/s); ②地面浓度扩散模式; ③地面轴线浓度扩散模式	① $c=\left(\dfrac{Q}{2\pi u\sigma_y\sigma_z}\right)\exp\left(-\dfrac{y^2}{2\sigma_y^2}\right)F$ $F=\sum\limits_{n=-k}^{+k}\left\{\exp\left[-\dfrac{(2nh-H)^2}{2\sigma_z^2}\right]+\exp\left[-\dfrac{(2nh+H)^2}{2\sigma_z^2}\right]\right\}$ ② $c(x,y,H)=\dfrac{Q}{\pi u\sigma_y\sigma_z}\exp\left(-\dfrac{y^2}{2\sigma_y^2}\right)\exp\left(-\dfrac{H^2}{2\sigma_z^2}\right)$ ③ $c(x,0,0)=\dfrac{Q}{\pi u\sigma_y\sigma_z}\exp\left(-\dfrac{H^2}{2\sigma_z^2}\right)$
地面连续点源扩散模式	①当有效源高 $H=0$ 时 ②地面连续点源在地面轴线上的浓度($y=0$)	$c(x,y,0,0)=\dfrac{Q}{\pi u\sigma_y\sigma_z}\exp\left(-\dfrac{y^2}{2\sigma_y^2}\right)$ $c(x,y,0,0)=\dfrac{Q}{\pi u\sigma_y\sigma_z}$
熏烟型扩散模式	漫烟型扩散模式;假设烟流原来是排入稳定层内的,当逆温消退到一定高度时,在这个高度以下,浓度的铅直分布为均匀的	$c_f=\dfrac{Q}{\sqrt{2\pi}uh_f\sigma_{yf}}\exp\left(-\dfrac{y^2}{2\sigma_{yf}^2}\right)\Phi(p)$ $p=(h_f-H)/\sigma_z$ $\sigma_{yf}=\sigma_y+\dfrac{H}{\varepsilon}$
颗粒物模式	当颗粒污染物的粒径大于 $15\mu m$ 时,必须考虑其在大气中的沉降	$c_p=\dfrac{(1-a)Q}{2\pi u\sigma_y\sigma_z}\exp\left[-\dfrac{y^2}{2\sigma_y^2}-\dfrac{\left(V_g\dfrac{x}{u}-H\right)^2}{2\sigma_z^2}\right]$ $V_g=\dfrac{d^2\rho g}{18\mu}$
符号说明	式中,c 为以排气筒地面位置为原点,下风向任一点(x,y)的浓度;Q 为单位时间排放量,mg/s;σ_y,σ_z 分别为水平、垂直方向上的扩散方差,m;u 为排气筒出口处的平均风速,m/s;F 为校正项;h 为混合层高度,m;H 为排气筒的有效高度,m;h_f 为逆温消退高度,m;σ_{yf} 为熏烟条件下的扩散参数 $\Phi(p)$ 为原稳定状态下的烟羽进入混合层的份额;a 为尘粒的地面反射系数;V_g 为尘粒沉降速度,m/s;g 为重力加速度;d,ρ 分别为尘粒的直径和密度;μ 为空气动力黏性系数	

《环境影响评价技术导则　大气环境》(HJ 2.2—2008)中的推荐模式分为以下几类:

① 估算模式　单源预测模式;

② 进一步预测模式　主要包括 AERMOD 模式系统,ADMS 模式系统,CALPUFF 模式系统等。

5.4.3　大气环境影响预测参数的确定

① 在进行大气环境影响预测时,应对预测模式中的有关参数进行说明。

② 在对 SO_2、NO_2 的预测中,应考虑其化学转化。

a. 在计算 1 小时平均质量浓度时,可不考虑 SO_2 的转化;在计算日平均或更长时间平均质量浓度时,应考虑化学转化。SO_2 转化可取半衰期为 4h。

b. 对于一般的燃烧设备,在计算小时或日平均质量浓度时,可以假定 $Q(NO_2)/Q(NO_x)=0.9$;在计算年平均质量浓度时,可以假定 $Q(NO_2)/Q(NO_x)=0.75$。在计算机动车排放 NO_2 和 NO_x 比例时,应根据不同车型的实际情况而定。

③ 在颗粒物的预测中,应考虑重力沉降的影响。

5.4.4　大气环境防护距离

大气环境防护距离是指为保护人群健康，减少正常排放条件下大气污染物对居住区的环境影响，在项目厂界以外设置的环境防护距离。一般采用导则推荐模式中的大气环境防护距离模式进行计算。当无组织源排放多种污染物时，应按不同污染物分别计算，其大气环境防护距离按计算结果的最大值来确定；对属于同一生产单元（生产区、车间或工段）的无组织排放源，应合并作为单一面源计算并确定其大气环境防护距离。在控制距离内不应有长期居住的人群。

5.4.5　防治评价区大气污染的措施和建议

制订的大气污染控制措施必须保证污染源的排放符合排放标准的有关规定，力求减轻建设项目对大气环境质量的不良影响，并使环境效益、社会效益、经济效益达到统一。

5.4.5.1　污染治理措施

根据国家相关政策、经济条件和技术水平，对项目拟采取的环保措施进行综合分析，论证其技术可行性、经济合理性及达标排放的可靠性，并给出优化调整的建议及方案。

5.4.5.2　综合防治措施

根据区域存在的环境问题以及拟建项目可能产生的污染等实际情况，从调整工艺、制定环保措施等方式入手，确保污染源的排放符合排放标准的有关规定，同时满足区域环境质量符合环境功能区划的要求。常用的综合防治措施有绿化措施，改革工艺，改变能源结构，调整工业布局、区域污染物整治、削减区域污染物排放总量等。

5.5　案例分析

某企业有一自备 4t/h 的锅炉，锅炉烟气采用麻石塔水膜除尘器脱尘后外排，其锅炉、烟囱参数见表 1。SO$_2$ 的《环境空气质量标准》（GB 3095）1 小时平均取样时间的二级标准的浓度限值为 0.50mg/m^3。

表 1　锅炉、烟囱技术参数表

锅炉参数		烟囱参数	
锅炉形式	链条炉排	烟囱高度	35m
蒸发量	4t/h	烟囱直径	600mm
蒸汽压力	1.25MPa	风机风量	7255m^3/h
蒸汽温度	193℃	烟气进口温度	＞153℃
给水温度	20℃	烟气出口温度	85℃
煤耗	631.5kg/h		
热效率	72.81%		

该项目 SO$_2$ 的排放速率为 6.47kg/h。当地常年主导风向为北东，项目锅炉烟囱距离厂界最近距离为 24m、最远端为 168m，厂内最高建筑办公-研发楼离锅炉烟囱 120m，办公-研发楼与锅炉房沿南北向平行布置，办公-研发楼长、宽、高为 52m、24m、18m。

以 SO$_2$ 计算为例，各数据代入 SCREEN3 中进行运算，输入情况参见图 1～图 3。

结果输出形成报表如下：

```
ENTER SOURCE TYPE ANY OF THE ABOUE OPTIONS:
P
ENTER EMISSION RATE<G/S>:
1.7972
ENTER STACK HEIGHT<M>:
35
ENTER STACK INSIDE DIAMETER<M>:
0.6
ENTER STACK GAS EXIT VELOCITY OR FLOW RATE:
OPTION  1:EXIT VELOCITY <M/S>:
DIFAULT-ENTER NUMBER ONLY
OPTION  2:VOLUME FLOW RATE<M * * 3/S>:
            EXAMPLE "VM=20.00"
OPTION  3:VOLUME FLOW RATE<ACFM>:
            EXAMPLE "VP=1000.00"
9.34
ENTER STACK GAS EXIT TEMPERATURE<K>:
358
ENTER AMBIENT AIR TEMPERATURE<USE 293 FOR DEFAULT><K>:
293
ENTER RECEPTOR HEIGHT ABOVE GROUND<FOR FLAGPOLE RECEPTOR><M>:
0
ENTER URBAN/RURAL OPTION <U=URBAN，R=RURAL>
r
```

图 1　数据输入情况 1

```
r
CONSIDER BUELDING DOWNWASH IN CALCS? ENTER Y OR N:
y
ENTER BUELDING HEIGHT<M>:
18
ENTER MINIMUM HORIZ BLDG DIMENSION<M>:
120
ENTER MAXIMUM HORIZ BLDG DIMENSION<M>:
144
USE COMPLEX TERRAIN SCREEN FOR TERRAIN ABOVE STACK HEIGHT?
ENTER Y OR N:
n
USE SIMPLE TERRAIN SCREEN WITH TERRAIN ABOVE STACK BASE?
ENTER Y OR N:
n
ENTER CHOICE OF METEOROLOGY:
1  -FULL METEOROLOGY <ALL STABILITIES & WIND SPEEDS>
2  -INPUT SINGLE STABILITY CLASS
3  -INPUT SINGLE STABILITY CLASS AND WIND SPEED
1
USE AUTOMATED DISTANCE ARRAY? ENTER Y OR N:
y
ENTER MIN AND MAX DISTANCES TO USE<M>:
10
5000 _
```

图 2　数据输入情况 2

```
    CAVITY HT<M>        =18.00    CAVITY HT<M>         =18.00
    CAVITY LENGTH<M>    =84.00    CAVITY LENGTH<M>     =78.75
    ALONGWIND DIM<M>    =120.00   ALONGWIND DIM<M>     =144.00
CAVITY CONC NOT CALCULATED FOR CRIT WS>20.0  M/S.   CONC SET  =0.0
DO YOU WISH TO MAKE A FUMIGATION CALCULATION? ENTER Y OR N：
n
  * * * * * * * * * * * * * * * * * * * * * * * * * * * * *
  * * * SUMMARY OF SCREEN MODEL RESULTS * * *
  * * * * * * * * * * * * * * * * * * * * * * * * * * * * *
     CALCULATION        MAX CONC         DIST TO         TERRAIN
     PROCEDURE         <UG/M * * 3>     MAX <M>          HT<M>
   _____       _____     _____      _____
     SIMPLE TERRAIN           97.07            180.            0.
  * * * * * * * * * * * * * * * * * * * * * * * * * * * * *
  * * * REMEMBER TO INCLUDE BACKGROUND CONCENTRATIONS * * *
  * * * * * * * * * * * * * * * * * * * * * * * * * * * * *
DO YOU WANT TO PRINT A HARDCOPY OF THE RESULTS? ENTER Y OR N：
n
```

图 3　数据输入情况 3

```
                                                        00/00/00
                                                        00,00,00

  * * * SCREEN3 MODEL RUN * * *
  * * * VERSION DATED 96034 * * *
   case
SIMPLE TERRAIN INPUTS：
    SOURCE TYPE                 =           POINT
    EMESSION RATE(G/S)          =           1.79720
    STACK HEIGHT(M)             =           35.0000
    STK INSIDE DIAM(M)          =           .5000
STK EXIT VELOCITY(M/S)          =           9.3400
STK GAS EXIT TEMP(K)            =           358.0000
AMBIENT AIR TEMP(K)             =           293.0000
RECEPTOR HEIGHT(M)              =           .0000
URBAN/RURAL OPTION              =           RURAL
BUILDING HEIGHT(M)              =           18.0000
MIN HORIZ BLDG DIM(M)           =           120.0000
MAX HORIZ BLDG DIM(M)           =           144.0000
THE REGULATORY (DEFAULT) MIXING HEIGHT OPTION WAS SELECTED.
THE REGULATORY (DEFAULT) ANEMOMETER HEIGHT OF 10.0 METERS WAS ENTERED
BUOY. FLUX=1.039 M * * 4/S * * 3；MOM. FLUX=4.462 M * * 4/S * * 2.
  * * * FULL METEOROLOGY * * *
  * * * * * * * * * * * * * * * * * * * * * * * * * * *
  * * * SCREEN AUTOMATED DISTANCES * * *
  * * * * * * * * * * * * * * * * * * * * * * * *
  * * * TERRAIN HEIGHT OF 0.M ABOVE STACK BASE USED FOR FOLLOWING DISTANCES * * *
```

DIST (M)	CONC (UG/M * * 3)	STAB	U10M (M/S)	USTK (M/S)	MIX HT (M)	PLUME HT(M)	SIGMA Y(M)	SIGMA Z(M)	DWASH
10.	.0000	1	1.0	1.1	320.0	55.20	4.10	2.83	NO

100.	49.20	6	4.0	8.0	10000.0	39.06	4.26	15.73	HS
200.	96.83	4	1.5	1.8	480.0	47.18	15.95	22.44	HS
300.	95.05	4	1.5	1.8	480.0	47.18	22.88	25.21	HS
400.	91.45	4	1.5	1.8	480.0	47.18	29.66	27.91	HS
500.	86.45	4	1.5	1.8	480.0	47.18	36.31	30.55	HS
600.	62.60	4	1.5	1.8	480.0	51.02	42.96	31.40	
700.	60.25	3	1.0	1.1	320.0	60.58	74.85	44.72	HS
800.	57.57	3	1.0	1.1	320.0	60.58	84.46	50.39	NO
900	53.88	4	1.5	1.8	480.0	51.02	62.05	37.54	NO
1000.	50.80	4	1.5	1.8	480.0	51.02	68.28	39.40	HS
1100.	47.88	4	1.5	1.8	480.0	51.02	74.45	41.22	HS
...	...	...	...	...	...	...	...	...	...
4000.	21.49	6	1.0	2.0	10000.0	54.86	119.30	36.74	HS
4500.	20.20	6	1.0	2.0	10000.0	54.86	132.62	38.17	HS
5000.	19.04	6	1.0	2.0	10000.0	54.86	145.78	39.55	HS

MAXIMUM 1-HR CONCENTRATION AT OR BEYOND 10. M:

180. 97.07 4 1.5 1.8 480.0 47.18 14.61 21.91 HS

DWASH=MEANS NO CALC MADE (CONC=0.0)

DWASH=NO MEANS NO BUILDING DOWNWASH USED

DWASH=HS MEANS HUBER-SNYDER DOWNWASH USED

DWASH=SS MEANS SCHULMAN-SCIRE DOWNWASH USED

DWASH=NA MEANS DOWNWASH NOT APPLICABLE, X<3*LB

* *

* * * REGULATORY (Default) * * *

PERFORMING CAVITY CALCULATIONS

WITH ORIGINAL SCREEN CAVITY MODEL

(BRODE,1988)

* *

* * * CAVITY CALCULATION-1 * * *　　　* * * CAVITY CALCULATION-2 * * *

CONC(UG/M * * 3)　　　=.0000　　　CONC(UG/M * * 3)　　　=.0000

CRIT WS@10M(M/S)　　=99.99　　　CRIT WS@10M(M/S)　　=99.99

CRIT WS@HS(M/S)　　=99.99　　　CRIT WS@HS(M/S)　　=99.99

DILUTION WS(M/S)　　=99.99　　　DILUTION WS(M/S)　　=99.99

CAVITY HT(M)　　=18.00　　　CAVITY HT(M)　　=18.00

CAVITY LENGTH(M)　　=84.00　　　CAVITY LENGTH(M)　　=78.75

ALONGWIND DIM(M)　　=120.00　　　ALONGWIND DIM(M)　　=144.00

CAVITY CONC NOT CALCULATED FOR CRIT WS>20.0 M/S. CONC SET=0.0

* *

END OF CAVITY CALCULATIONS

* *

* *

* * * SUMMARY OF SCTEEN MODEL RESULTS * * *

* *

CALCULATIONS PROCEDURE	MAX CONC (UG/M * * 3)	DIST TO MAX (M)	TERRAIN HT(M)
SIMPLE TERRAIN	97.07	180.	0.

* *

* * * REMEMBER TO INCLUDE BACKGROUND CONCENTRATIONS * * *

* *

　　从计算结果可以看出，该项目最大 1 小时浓度出现在下风向 180 m 处，浓度为 $97.07\mu g/m^3$，换算成最大占标率 $P_{max}=19.414\%$，有 $10\%<P_{max}<80\%$；同时，$D_{10\%}$ 出现在 1000m 左右，$D_{10\%}$ 大于锅炉烟囱距离厂界的最近距离。由此，可以判定该项目大气环境评价工作等级为二级。

　　本章主要介绍建设项目大气环境影响评价的原则、内容和方法，重点介绍不同评价工作等级的大气环境影响评价现状调查范围、方法、内容及环境影响评价预测、评价要求。着重介绍了高架点源大气环境影响预测模式和预测参数的估算。并通过工程实例阐明大气环境影响评价的具体方法。

思考题与习题

1. 高斯模式的假设条件是什么？
2. 某炼油厂的排气筒高度为 50m，平均排气筒的有效高为 60m，排放 SO_2 污染物的强度为 $8\times10^4 g/s$，已知距地面 10m 处的风速为 4m/s，求大气稳定度为 D 级时正下风方向 500m 处的 SO_2 浓度。
3. 在 C 类大气稳定度时，求高架点源下风向 800m 处的 σ_y、σ_z 值。
4. 拟建一火电厂，排气高为 100m，排气筒出口直径为 5m，出口处烟气排放速度为 13.5m/s，烟气温度为 145℃，厂址处同名气象台统计定时观测最近 5 年平均气温为 15℃，预测在静风与稳定天气条件下，排气筒高度上环境温度垂直变化率为 0.001℃/m，求烟气抬升高度。
5. 某工厂的锅炉排气筒高为 30m，排放 SO_2 的量为 15kg/h，排出烟气流速为 17m/s，烟气温度为 90℃，空气环境温度为 15℃，烟气出口直径为 3m，排气筒口的平均风速为 3m/s，这时为冬末晴天 13：00 时，试求下风向最大落地浓度？已知此工厂所在地理纬度 $\Phi=+30°$，冬末赤纬度 $\delta=-19°$。
6. 已知某火电厂的烟囱高为 120m，排放 SO_2 的源强 Q 为 1389.0g/s，热排放量为 $6.36\times10^7 J/s$，风向为 NNW，风速 u 为 2.0m/s，求稳定度为 B 类时，电厂 x 为 1400m，y 为 400m 处的 SO_2 污染物浓度。

6

水环境影响评价

　　水环境包括地球表面上的各种水体，如海洋、江河、湖泊、水库以及潜藏在土壤岩石空隙中的地下水。水环境影响评价是从预防性环境保护的目标出发，采用适当的评价手段，确定拟开发行动或建设项目耗用的水资源量和环境的供给水平以及其排放的主要污染物对水环境可能带来的影响范围和程度；提出避免、消除和减轻负面影响的对策；为开发行动或建设项目方案的优化决策提供依据。

6.1　地下水环境影响预测与评价

　　地下水污染是指由于人类活动使得某种物质介入地下水体，导致其物理性质、化学成分、生物学性质或者放射性等方面的改变，污染物质超过了地下水的自净能力，从而引起水质恶化，危害人体健康并造成生态环境的破坏。近年来，由于地表水资源短缺和水污染加剧，致使一些地区对地下水进行掠夺式开发，地下水超采及污染日趋严重。

6.1.1　地下水环境影响评价基本任务

　　地下水环境影响评价的基本任务包括：进行地下水环境现状评价，预测和评价建设项目实施过程中对地下水环境可能造成的直接影响和间接危害（包括地下水污染，地下水流场或地下水位变化），并针对这种影响和危害提出防治对策，预防与控制环境恶化，保护地下水资源，为建设项目选址决策、工程设计和环境管理提供科学依据。地下水环境影响评价应按导则划分的评价工作等级，开展相应深度的评价工作。

6.1.2　地下水环境影响评价工作等级

　　根据建设项目对地下水环境影响的特征，将建设项目分为以下三类。
　　Ⅰ类：指在项目建设、生产运行和服务期满后的各个过程中，可能造成地下水水质污染的建设项目。
　　Ⅱ类：指在项目建设、生产运行和服务期满后的各个过程中，可能引起地下水流场或地下水水位变化，并导致环境水文地质问题的建设项目。
　　Ⅲ类：指同时具备Ⅰ类和Ⅱ类建设项目环境影响特征的建设项目。
　　根据不同类型建设项目对地下水环境影响程度与范围的大小，将地下水环境影响评价工作分为一、二、三级。以Ⅰ类建设项目评价工作为例，具体的分级原则及判据见表6-1。

表 6-1　Ⅰ类建设项目评价工作等级分级

评价级别	建设项目场地包气带防污性能	建设项目场地的含水层易污染特征	建设项目场地的地下水环境敏感程度	建设项目污水排放量	建设项目水质复杂程度
一级	弱-强	易-不易	敏感	大-小	复杂-简单
	弱	易	较敏感	大-小	复杂-简单
			不敏感	大	复杂-简单
				中	复杂-中等
				小	复杂
	中	中	较敏感	大-中	复杂-简单
				小	复杂-中等
			不敏感	大	
				中	复杂
		不易	较敏感	大	复杂-中等
				中	复杂
	中	易	较敏感	大	复杂-简单
				中	复杂-中等
				小	复杂
			不敏感	大	复杂
		中	较敏感	大	复杂-中等
				中	复杂
	强	易	较敏感	大	复杂
二级	除了一级和三级以外的其他组合				
三级	弱	不易	不敏感	中	简单
				小	中等-简单
	中	易	不敏感	小	简单
		中	不敏感	中	简单
				小	中等-简单
		不易	较敏感	中	简单
				小	中等-简单
			不敏感	大	中等-简单
				中-小	复杂-简单
	强	易	较敏感	小	简单
			不敏感	大	简单
				中	中等-简单
				小	复杂-简单
		中	较敏感	中	简单
				小	中等-简单
			不敏感	大	中等-简单
				中-小	复杂-简单
		不易	较敏感	大	中等-简单
				中-小	复杂-简单
			不敏感	大-小	复杂-简单

评价等级不同，其相关的技术要求也不同。对于一级评价，通过搜集资料和环境现状调查，了解区域内多年的地下水动态变化规律，详细掌握评价区域的环境水文地质条件（给出大于或等于 1/10000 的相关图件）、污染源状况、地下水开采利用现状与规划，查明各含水层之间以及与地表水之间的水力联系，同时掌握评价区评价期内至少一个连续水文年的枯、平、丰水期的地下水动态变化特征；根据建设项目污染源特点及具体的环境水文地质条件有针对性地开展勘察试验，进行地下水环境现状评价；对地下水水质、水量采用数值法进行影响预测和评价，对环境水文地质问题进行定量或半定量的预测和评价，提出切实可行的环境保护措施。

对于二级评价，通过搜集资料和环境现状调查，了解区域内多年的地下水动态变化规律，基本掌握评价区域的环境水文地质条件（给出大于或等于 1/50000 的相关图件）、污染源状况、项目所在区域的地下水开采利用现状与规划，查明各含水层之间以及与地表水之间的水力联系，同时掌握评价区至少一个连续水文年的枯、丰水期的地下水动态变化特征；结合建设项目污染源特点及具体的环境水文地质条件有针对性地补充必要的勘察试验，进行地下水环境现状评价；对地下水水质、水量采用数值法或解析法进行影响预测和评价，对环境水文地质问题进行半定量或定性的分析和评价，提出切实可行的环境保护措施。

三级评价只需通过搜集现有资料，说明地下水分布情况，了解当地的主要环境水文地质条件（给出相关水文地质图件）、污染源状况、项目所在区域的地下水开采利用现状与规划；了解建设项目环境影响评价区的环境水文地质条件，进行地下水环境现状评价；结合建设项目污染源特点及具体的环境水文地质条件有针对性地进行现状监测，通过回归分析、趋势外推、时序分析或类比预测分析等方法进行地下水影响分析与评价；提出切实可行的环境保护措施。

6.1.3　地下水环境现状调查内容

现状调查的内容应包括水文地质条件调查、环境水文地质问题调查、地下水污染源调查、地下水环境现状监测、环境水文地质勘察与试验。

6.1.4　地下水环境现状评价

6.1.4.1　污染源分析

分析地下水污染源时，应按评价中所确定的地下水质量标准对污染源进行等标污染负荷比计算；将累计等标污染负荷比大于 70% 的污染源（或污染物）定为评价区的主要污染源（或主要污染物）；通过等标污染负荷比分析，列表给出主要污染源和主要污染因子，并附污染源分布图。

6.1.4.2　地下水水质现状评价

地下水质量评价根据现状监测结果进行最大值、最小值、均值、标准差、检出率和超标率的分析，并采用标准指数法进行评价。标准指数 >1，表明该水质因子已超过了规定的水质标准，指数值越大，超标越严重。标准指数计算公式分为以下两种情况。

（1）对于评价标准为定值的水质因子，其标准指数计算公式：

$$P_i = \frac{C_i}{C_{si}}$$

式中　P_i——第 i 个水质因子的标准指数，无量纲；

　　　C_i——第 i 个水质因子的监测浓度值，mg/L；

　　　C_{si}——第 i 个水质因子的标准浓度值，mg/L。

（2）对于评价标准为区间值的水质因子（如 pH 值），其标准指数计算公式：

$$P_{pH} = \frac{7.0 - pH}{7.0 - pH_{sd}} \qquad pH \leqslant 7\ 时$$

$$P_{pH} = \frac{pH - 7.0}{pH_{su} - 7.0} \qquad pH > 7\ 时$$

式中　P_{pH}——pH 的标准指数，无量纲；

　　pH——pH 监测值；

　pH_{su}——标准中 pH 的上限值；

　pH_{sd}——标准中 pH 的下限值。

6.1.5　地下水环境影响预测

地下水运动比地表水复杂得多，对其规律的认识难度大，因而增大了对地下水质预测的不确定性。地下水环境影响预测的范围应包括保护目标和环境影响的敏感区域，必要时扩展至完整的水文地质单元，以及可能与建设项目所在的水文地质单元存在直接补排关系的区域。

建设项目地下水环境影响预测方法包括数学模型法和类比预测法。其中，数学模型法包括数值法、解析法、均衡法、回归分析、趋势外推、时序分析等方法。

6.1.5.1　类比预测法

在实际评价工作中，由于评价周期短或者污染物迁移转化机理复杂等原因，导致无法在短期内取得水文地质、水文化学条件等数据用于数学模式来预测建设项目的环境影响或者目前无定量预测方法时，往往采用类比预测法进行定性或半定量影响预测。采用类比预测分析法时，应给出具体的类比条件。类比分析对象与拟预测对象之间应具有环境水文地质条件、水动力场条件、工程特征及对地下水环境的影响方面的相似性。

6.1.5.2　常用数学模型法

只有在查明地质、水文地质条件的基础上才有可能确定一个地下水流问题的数学模型。以解析法为例，在含水层几何形状规则、方程式简单、边界条件单一的情况下，运用解析法可以给出所求未知量 H 在各种参数值的情况下渗流区中任何一点上的值。

潜水含水层无限边界群井开采情况。

$$H_0^2 - h^2 = \frac{1}{\pi k} \sum_{i=1}^{n} Q_i \ln \frac{R_i}{r_i}$$

式中　H_0——潜水含水层初始厚度，m；

　h——预测点稳定含水层厚度，m；

　k——含水层渗透系数，m/d；

　i——开采井编号，从 1 到 n；

　Q_i——第 i 开采井开采量，m³/d；

　r_i——预测点到抽水井 i 的距离，m；

　R_i——第 i 开采井的影响半径，m。

6.1.6　地下水环境影响评价

评价应以地下水环境现状调查和地下水环境影响预测结果为依据，分析、评价拟建项目的排污特征、污染途径、污染范围、污染程度等，研究污染物在地下水的迁移转化规律，对建设项目不同选址（选线）方案、各实施阶段（建设、生产运行和服务期满后）不同排污方案及不同防渗措施下的地下水环境影响进行评价，并通过评价结果的对比，推荐地下水环境影响最小的方案。

6.2　地表水环境评价工作等级

6.2.1　评价等级划分依据

水环境评价工作等级是按照建设项目的污水排放量、污水水质的复杂程度、各种受纳水体水域的规模以及对水质的要求进行划分的。依据《环境影响评价技术导则　地面水环境》规定，地表水及海湾环境影响评价工作分为三级。分级见表6-2和表6-3。

表 6-2　地表水环境影响评价工作分级

建设项目污水排放量 /(m³/d)	建设项目污水水质复杂程度	一　级		二　级		三　级	
		地表水水域规模（大小规模）	地表水水质要求（水质类别）	地表水域规模（大小规模）	地表水水质要求（水质类别）	地表水域规模（大小规模）	地表水水质要求（水质类别）
≥20000	复杂	大	I～III	大	IV、V		
		中、小	I～IV	中、小	V		
	中等	大	I～III	大	IV、V		
		中、小	I～IV	中、小	V		
	简单	大	I、II	大	III～V		
		中、小	I～III	中、小	IV、V		
<20000 ≥10000	复杂	大	I～III	大	IV、V		
		中、小	I～IV	中、小	V		
	中等	大	I、II	大	III、IV	大	V
		中、小	I、II	中、小	III～V		
	简单			大	I～III	大	IV、V
		中、小	I	中、小	II～IV	中、小	V
<10000 ≥5000	复杂	大、中	I、II	大、中	III、IV	大、中	V
		小	I、II	小	III、IV	小	V
	中等			大、中	I～III	大、中	IV、V
		小	I	小	II～IV	小	V
	简单			大、中	I、II	大、中	III～V
				小	I～III	小	IV、V
<5000 ≥1000	复杂			大、中	I～III	大、中	IV、V
		小	I	小	II～IV	小	V
	中等			大、中	I、II	大、中	III～V
				小	I～III	小	IV、V
	简单					大、中	I～IV
				小	I	小	II～V
<1000 ≥200	复杂					大、中	I～IV
						小	I～V
	中等					大、中	I～IV
						小	I～V
	简单					中、小	I～IV

注：污水排放量中不包括间接冷却水、循环水以及其他含污染物极少的清净下水的排放量，但包括含热量大的冷却水的排放量。

表 6-3　海湾环境影响评价工作分级

污水排放量/(m³/d)	污水水质复杂程度	一　级	二　级	三　级
≥20000	复杂	各类海湾		
	中等	各类海湾		
	简单	小型封闭海湾	其他各类海湾	
<20000 ≥5000	复杂	小型封闭海湾	其他各类海湾	
	中等		小型封闭海湾	
	简单		小型封闭海湾	其他各类海湾
<5000 ≥1000	复杂		小型封闭海湾	其他各类海湾
	中等或简单		各类海湾	
<1000 ≥500	复杂			各类海湾

注：污水水质的复杂程度按污水中拟预测的污染物类型以及某类污染物中水质参数的多少划分为复杂、中等和简单三类。

对于地表水体的大小规模，河流与河口按建设项目排污口附近河段的多年平均流量或平水期平均流量划分，湖泊和水库按枯水期湖泊或水库的平均水深以及水面面积划分。表6-2、表 6-3 中分级依据见表6-4。

表 6-4　地表水及海湾环境影响评价分级参数依据

项　目	名　称		说　明	
污染物类型	持久性污染物		包括在环境中难降解、毒性大、易长期积累的有毒物质,如 Cu、Pb、Zn、Cd 和有机氯农药等	
	非持久性污染物		如易降解有机物,挥发酚等	
	酸和碱		以 pH 表示	
	热污染		以温度表示	
污水水质复杂程度	复杂		污染物类型数≥3,或只含两类污染物,但需预测其浓度的水质参数数目≥10	
	中等		污染物类型数=2,且需预测其浓度的水质参数数目<10,或只含一类污染物,但需预测其浓度的水质参数数目≥7	
	简单		污染物类型数=1,需预测其浓度的水质参数数目<7	
水域规模	河流与河口	大河	流量≥150m³/s	
		中河	流量为 15～150m³/s	
		小河	流量<15m³/s	
	湖泊和水库	当平均水深 ≥10m时	大湖(库)	水面面积≥25km²
			中湖(库)	水面面积为 2.5～25km²
			小湖(库)	水面面积<2.5km²
		当平均水深 <10m时	大湖(库)	水面面积≥50km²
			中湖(库)	水面面积为 5～50km²
			小湖(库)	水面面积<5km²

6.2.2　地表水环境评价的基本要求

水环境影响评价的目的是通过调查分析、预测、评估，对项目水环境进行防治，以实现环境保护目标。水环境目标的实现过程，是一个由环境系统响应（即环境目标）制约环境系统输入（即污染源负荷）的优化分配过程。在确定的环境目标要求下，需要对污染源采取各种优化分配和控制削减措施，合理分配环境容量资源。资源分配建立在水环境容量定量化、水质模拟程序化的基础上，是对建设项目生产工艺、可行性处理技术的全面评估，在成本、效益分析定量化的前提下，进行社会-环境-经济综合分析，对污染排放进行管理。

6.2.3　地表水评价工作程序

地表水环境影响评价工作程序如图 6-1 所示。

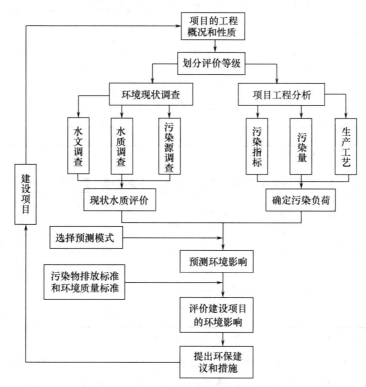

图 6-1　地表水环境影响评价工作程序

6.3　地表水环境现状调查与评价

水环境现状调查与评价是在水资源特别是水质调查的基础上，根据水资源时空分布状况及其生态服务功能与要求，对水质调查结果进行统计和评价，说明水质的污染现状，它是地表水环境影响预测和评价的基础。评价水环境和水质现状主要采用数据统计、辅之文字分析和描述。数据统计可采用检出率、超标率等统计数值和水质污染指数进行评价，目前常用检出率、超标率等统计数值。水环境的科学含义应包括水质、水生生态及沉积物，并同水资源紧密相联。水环境评价应该是水资源、水质、水生生物、沉积物及其承载地理条件的全面评价，而水资源与水质评价是其核心内容和要点。

6.3.1　地表水环境现状调查

6.3.1.1　水环境现状调查范围

（1）河流与湖泊（水库）　确定监测调查范围必须考虑以下两个因素。①必须包括建设项目对地表水环境影响比较明显的区域，在一般情况下应考虑到污染物排入水体后可能超标的范围。调查结果应能全面反映与地表水有关的基本情况，并能充分满足环境影响预测的要求。②各类水域的功能划分和环境监测调查范围，可根据污水排放量与水域规模，参考表6-5和表6-6所列的地表水环境监测调查范围确定。

表6-5　不同污水排放量时河流环境监测调查范围　　　　　　　　　　单位：km

污水排放量/(m³/d)	河流规模		
	大　河	中　河	小　河
>50000	15～30	20～40	30～50
20000～50000	10～20	15～30	25～40
10000～20000	5～10	10～20	15～30
5000～10000	2～5	5～10	10～15
<5000	<3	<5	5～15

注：调查范围指排污口下游应调查的河段长度。

表6-6　不同污水排放量时湖泊（水库）环境监测调查范围（参考）

污水排放量/(m³/d)	监测调查范围	
	调查半径/km	调查面积(按半圆计算)/km²
>50000	4～7	25～80
20000～50000	2.5～4	10～25
10000～20000	1.5～2.5	3.5～10
5000～10000	1～1.5	2～3.5
<5000	≤1	≤2

注：调查面积为以排污口为圆心、以调查半径为半径的半圆形面积。

（2）海湾　监测调查海域的范围通常是根据功能区划要求以及工程规模和污染物排放量的大小而定。由于污染物在海湾中的扩散将受潮汐、波浪、海流等多种因素作用，水流状态比湖泊复杂得多。现将不同污水排放量时的海湾环境监测调查的参考海域范围列于表6-7。

表6-7　不同污水排放量时海湾环境监测调查范围（参考）

污水排放量/(m³/d)	监测调查范围	
	调查半径/km	调查面积(按半圆计算)/km²
>50000	5～8	40～100
20000～50000	3～5	15～40
10000～20000	1.5～3	3.5～15
<5000	≤1.5	≤3.5

注：调查面积为以排污口为圆心、以调查半径为半径的半圆形面积。

6.3.1.2 水环境调查频次

（1）调查时间

① 根据当地水文资料初步确定河流、湖泊、水库的丰水期、平水期、枯水期，同时确定最能代表这三个时期的季节或月份。遇气候异常年份，要根据流量实际变化情况确定。对有水库调节的河流，要注意水库放水或不施水时量的变化。

② 评价等级不同，对调查时间的要求亦有所不同。不同评价等级时，对各类水域调查时间的要求详见表 6-8。

表 6-8 不同评价等级各类水域的水质调查监测频次

水 域	一 级	二 级	三 级
河流	一般情况为一个水文年的丰水期、平水期、枯水期；若评价时间不够，至少应调查平水期和枯水期	条件许可，可调查一个水文年的丰水期、枯水期和平水期；一般情况可只调查枯水期和平水期；若评价时间不够，可只调查枯水期	一般情况下，可只在枯水期调查
河口	一般情况为一个潮汐年的丰水期、平水期、枯水期；若评价时间不够，至少应调查平水期和枯水期	一般情况可只调查枯水期和平水期；若评价时间不够，可只调查枯水期	一般情况下，可只在枯水期调查
湖泊（水库）	一般情况为一个水文年的丰水期、平水期、枯水期；若评价时间不够，至少应调查平水期和枯水期	一般情况可只调查枯水期和平水期；若评价时间不够，可只调查枯水期	一般情况下，可只在枯水期调查

③ 当被调查的范围内面源污染严重，丰水期水质劣于枯水期时，一、二级评价的各类水域须调查丰水期，若时间允许，三级评价也应调查丰水期。

④ 冰封期较长的水域，且作为生活饮用水、食品加工用水的水源或渔业用水时，应调查冰封期的水质、水文情况。

（2）水质调查取样的次数 一般情况下取样时应选择流量稳定，水质变化小、连续无雨、风速不大的时期进行。不同评价等级、各类水域每个水质调查时期取样的次数及每次取样的天数按国家标准执行。

（3）监测数据可信度评估 由于专门设计和实施监测的资料数据、时间有限，所得数据也可能有限。从统计学上分析，这只不过是特定时空条件的水环境映射与表征，其代表性与可信度也是有限的。为此，应重视历年的例行监测资料，对其数据判别认证之后，可用统计处理作为重要参数或佐证。

6.3.1.3 水环境调查内容

（1）水文调查和水文测量

① 河流 根据评价等级与河流的规模决定工作内容，其中主要有丰水期、平水期、枯水期的划分；河流平直及弯曲；横断面、纵断面（坡度）、水位、水深、流量、流速及其分布、水温、糙率及泥沙含量等；丰水期有无分流漫滩，枯水期有无浅滩、沙洲和断流；北方河流还应了解结冰、封冻、解冻等现象。如采用数学模式预测时，其具体调查内容应根据评价等级及河流规模按照模式及参数的需要决定。河网和尾闾地区应调查各河段流向、流速、流量的关系，了解它们的变化特点。

② 感潮河口 根据评价等级及河流的规模决定工作内容，其中除与河流相同的内容外，还有感潮河段的范围、涨潮、落潮及平潮时的水位、水深、流向、流速及其分布；横断面、

水面坡度的河潮间隙、潮差和历时等。如采用数学模式预测时，其具体调查内容应根据评价等级及河流规模按照模式及参数的需要决定。

③ 湖泊、水库 根据评价等级、湖泊和水库规模决定工作内容，其中主要有：湖泊、水库的面积和形状，应附有平面图；丰水期、平水期、枯水期的划分；流入、流出的水量；停留时间；水量的调度和贮量；水深；水温分层情况及水流状况（湖流的流向和流速，环流和流向、流速及稳定时间）；江湖汇合的尾闾地区的水文与水环境及景观生态的周期变化等。如采用数学模式预测时，其具体调查内容应根据评价等级及湖泊、水库的规模按照参数的需要来决定。

④ 降雨调查 需要预测建设项目的面源污染时，应调查历年的降雨资料，并根据预测的需要对资料进行统计分析。根据降水的年际和季月变化及其相应的径流深变化，了解水文状况及变化规律。

（2）现有污染源调查 以搜集现有资料为主，只有在十分必要时才补充现场调查和现场测试，例如在评价改、扩建项目时，对此项目改、扩建前的污染源应详细了解，常需现场调查和测试。

① 点源调查 调查的原则：点源调查的繁简程度可根据评价级别及其与建设项目的关系而略有不同。如评价级别高且现有污染源与建设项目距离较近时应详细调查，例如，其排水口位于建设项目排水与受纳河流的混合过程段范围内，并对预测计算有影响的情况。调查的内容：有些调查内容可以列成表格，根据评价工作的需要选择下述全部或部分内容进行调查。

a. 点源的排放特点。主要包括排放形式，分散还是集中排放；排放口的平面位置（附污染源平面位置图）及排放方向；排放口在断面上的位置。

b. 排放数据。根据现有实测数据，统计报表以及各厂矿的工艺路线等选定的主要水质，调查其现有的排放量、排放速度、排放浓度及变化情况等方面的数据。

c. 用排水状况。主要调查取水量、用水量、循环水量、排水总量等。

d. 废水、污水处理状况主要调查各排污单位废污水的处理设备、处理效率、处理水量及事故状况等。

② 非点源调查 调查原则：非点源调查基本上采用搜集资料的方法，一般不进行实测。非点源调查内容：根据评价工作需要，选择下述全部或部分内容进行调查。

a. 工业类非点源污染源。原料、燃料、废料、废弃物的堆放位置（主要污染源要绘制污染源平面位置图）、堆放面积、堆放形式（几何形状、堆放厚度）、堆放点的地面铺装及其保洁程度、堆放物的遮盖方式等；排放方式、排放去向与处理情况，说明非点源污染物是有组织的汇集还是无组织的漫流；是集中后直接排放还是处理后排放；是单独排放还是与生产废水或生活污水合并排放等；根据现有实测数据、统计报表以及根据引起非点源污染的原料、燃料、废料、废弃物的成分及物理、化学、生物化学性质选定调查的主要水质参数，并调查有关排放季节、排放时期、排放浓度及其变化等方面的数据。

b. 其他非点污染源。了解降水时空分布特征与规律，并结合下垫面的地理分布状况，估计不同降水强度下形成的地表径流深及其冲刷性，可能造成对于山林、草原、农地非点污染源，应调查有机肥、化肥、农药的施用量，以及流失率、流失规律、不同季节的流失量等。对于城市非点源污染，应调查雨水径流特点，初期城市暴雨径流的污染物数量。

③ 污染源采样分析方法 按照 GB 8978 的规定执行。

④ 污染源资料的整理与分析　对搜集到的和实测的污染源资料进行检查，找出相互矛盾和错误之处，并予以更正。资料中的缺漏应尽量填补。将这些资料按污染源排入地面水的顺序及水质参数的种类列成表格，根据受纳水体的功能要求与水文条件变化来分析其接纳的主要污染源和主要污染物。

6.3.1.4　水质调查参数选择

水质调查与监测的原则是根据信息共享的通则，尽量利用现有的资料和数据，在资料不足或可信度差时需实测。调查的目的是查清水体评价范围内水质的现状，作为影响预测和评价的基础。

需要调查的水质参数有两类，一类是常规水质参数，它能反映水域水质一般状况；另一类是特征水质参数，它能代表建设项目将来排水水质。在某些情况下，还需调查一些补充项目。

（1）常规水质参数　以 GB 3838—2002 中所列的 pH 值、溶解氧、高锰酸钾指数或化学耗氧量、五日生化需氧量、凯氏氮或非离子氨、酚、氰化物、砷、汞、铬（六价）、总磷及水温为基础，根据水域类别、评价等级及污染源状况适当增减。

（2）特殊水质参数　根据建设项目特点、水域类别及评价等级以及建设项目所属行业的特征水质参数表进行选择，具体情况可以适当增减。

（3）敏感水质参数　指受纳水域敏感的或曾出现过超标而要求控制的污染参数。被调查水域的环境质量要求较高（如自然保护区、饮用水源地、珍贵水生生物保护区、经济鱼类养殖区等），且评价等级为一、二级，应考虑调查水生生物和底质。

6.3.1.5　水质采样断面与采样点布设

（1）河流

① 断面的布设　根据河流的水文特征、功能要求与排污口的分布，按水力学原理与法规要求，布设在评价河段上的断面应包括对照断面、消减断面和控制断面（见图 6-2）。

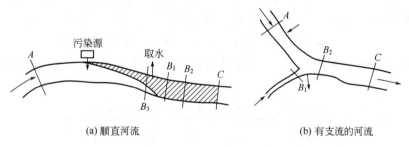

(a) 顺直河流　　　　　　　　　(b) 有支流的河流

图 6-2　河流监测断面示意

A—对照断面；B_i—控制断面；C—消减断面

a. 对照断面：应设在评价河段上游一端（排污口上游 100～500m 处）、基本不受建设项目排水影响的位置，以掌握评价河段的背景水质情况；

b. 消减断面：应设在排污口下游污染物浓度变化不显著的完全混合段，以了解河流中污染物的稀释、净化和衰减情况；

c. 控制断面：应设在评价河段的末端或评价河段内有控制意义的位置，诸如支流汇入、建设项目以外的其他污水排放口、工农业用水取水点、地球化学异常的水土流失区、水工构筑物和水文站所在位置等。

消减断面和控制断面的数量可根据评价等级和污染物的迁移、转化规律和河流流量、水力特征和河流的环境条件等情况确定。

大的江河在沿岸排污往往会形成岸边污染带,对评价不同水文条件下岸边污染带的状况与规律具有特殊的现实意义。为此,必要时可设计新的断面,以描述岸边污染带的状况并分析其规律,为科学决策提供依据。

以上断面应尽可能设在河流顺直、河床稳定、无急流浅滩处,非滞水区,并且是污水与河水比较均匀混合的河段。

② 断面垂线和采样点的布设 见表 6-9 和表 6-10。

表 6-9 水面宽度和垂线数的规定

水面宽/m	垂线数及位置	说 明
≤50	1 条(中泓)	1. 断面上垂线的布设,应避开岸边污染带;如必须对污染带进行监测,可在带内酌情增加垂线
50~100	2 条(中泓线左右流速较快处)	2. 如系完全混合断面,可只设一条中泓垂线
>100	3 条(左、中、右)	3. 凡布设在河口、用于计算污染物排放通量的断面,必须按本规定设置垂线

表 6-10 垂线上采样点数目和水深的规定

水深/m	采样点数	说 明
≤5	1 点(水面下 0.5m 处)	1. 水深不足 1m 时,在 1/2 水深处
5~10	2 点(水面下 0.5m,河底以上 0.5m)	2. 河流封冻时,在水下 0.5m 处
>10	3 点(水面下 0.5m,1/2 水深,河底以上 0.5m)	3. 若有充分数据证明垂线上水质均匀,可酌情减少采样点数
		4. 凡布设在河口、用于计算污染物撑放通量的断面,必须按本规定设置垂线

(2)湖泊和水库

① 垂线布设 设置在湖泊(水库)中的垂线应尽可能覆盖由于排放污水所形成的污染面(即表 6-11 中的监测面积),并能切实反映湖泊(水库)的水质、水文特点(如流场分布、进水区、出水区、深水区、浅水区、岸边区等);垂线位置应以排污口为中心呈辐射状布设,每个评价水域所需垂线数可根据监测面积与每个测点的控制面积之比计算确定。

表 6-11 湖泊(水库)中每个垂线的控制面积

湖泊(水库)规模	污水排放量 /(m³/d)	每个垂线平均控制面积/km²		
		一级评价	二级评价	三级评价
大中型	<50000	1~2.5	1.5~3.5	2~4
	>50000	3~6	4~7	
小 型	<50000	0.5~1.5	1~2	
	>50000	0.5~1.5		

注:在渔业繁殖区或有工农业用水点以及重大污染源排出口的水域应适当加密,开阔的湖心清洁区可适当减少,一般按网格法均匀布设。

② 采样垂线数与采样位置 每个垂线的采样点数与采样位置可按表 6-12 根据监测点水深确定。

表 6-12　采样点位置

监测点水深/m	分层采样位置	监测点水深/m	分层采样位置
<5	表层(水面下 0.5m)	10～15	表层、中层(水面下 10m)、底层
5～10	表层、底层(湖底上 0.5m)	>15	表层、斜温层上、下及底层

注：对水深大于 15m 的湖泊（水库）取样前应先测定斜温层。测定斜温层的方法是：自水面下 0.5m 起，每隔 2m 测一次水温；如发现某两点间水温变化较大时，应在其间增测水温。

（3）感潮河流（河口）

① 河口采样断面的布置原则基本同河流。河口受海洋潮汐的涨落影响，水文状况的变化比较复杂，要考虑月、日周期的变化，并要了解河口的地理特征，掌握其流场动态变化以及环境容量变化特征。

② 感潮河流的对照断面一般应设置在潮流界以上，如感潮河段的上潮距离很长，远超过建设项目的影响范围时，其对照断面也可设在潮流界内，如排污口上游 100m 处。

③ 感潮河流具有往复流的特点，污水在排污口上下摆动回荡，水质很不稳定并容易出现因咸水与淡水而引起的分层现象。因此应根据其水文特点和环境影响评价的实际需要，沿河流纵向分布设适量的采样断面。采样垂线和垂线上的采样点数也可适当加密。

④ 设有防潮闸的河口应在闸内外各设一个采样点，这种受人工控制的河口，在排洪时可视为河流，但在蓄水时又可视为水库。因此，对其采样位置可参考河流、水库有关规定来确定。

⑤ 混合水样的采集同河流的要求。

（4）海湾　海湾受海洋潮汐的影响，水文变化复杂。同时不同的海湾可能受不同的海流和大气流场（包括季风、行星风系、台风等）的影响有其特殊的水文变化。应在认识了解海湾水文规律的前提下，按不同的时律，设计优化的布点方案。力求取得的资料数据具有代表性、可靠性、有效性。

为调查与监测而设置的监测站位，原则上应覆盖污染物排入后的达标范围，并且能切实反映海域水质和水文特点。设置方法一般采用以排放口为中心的向外辐射布点法或网格布点法。对于开阔海域应按每个断面设置 3～5 个站，站位总数通常需要保持 20 个左右，其中用于水文、生物、化学调查的测站要尽量考虑与其相一致。

每个监测站位的采样点均应根据水深而定。当水深小于或等于 10m 时，只在海面下 0.5m 处取一个水样，但必须注意此点与海底距离不应小于 0.5m；当水深大于 10m 时，应在海面下 0.5m 处和水深 10m、距海底不小于 0.5m 处分别取一个水样，再混合成一个试样（如果两个水样的水质差距较大时，可不混合）。

6.3.2　水环境现状评价方法

水环境现状评价方法较多，大致可以分为三类：污染指数法、生物学评价法和数据统计法。污染指数法是环境质量现状评价的经典方法，虽然它的研究较空气污染指数评价法稍迟一些，但自 20 世纪 60 年代以来，国内外不断有文献进行讨论，大体可以分为单污染指数评价法和综合污染指数评价法。布朗水质指数、罗斯水质指数、内梅罗水质指数等为国内外常用的综合污染指数评价方法。各种评价方法的简要介绍见表 6-13。

表 6-13 水环境现状评价方法简介

评价方法	介　绍
单污染指数评价法	只用一个参数作为评价指标,可直接了解水质状况与评价标准之间的关系,表达式为 $S_i = C_i/C_{si}$,其中 C_i 为第 i 种污染物的浓度;C_{si} 为水质参数 i 的地表水质标准。水质参数的标准指数大于1,表明该水质参数超过了规定的水质标准,不能满足使用要求。但 DO、pH 标准指数不能简单地按照上述公式计算,例如: DO 的标准指数为: $$S_{DO} = \frac{|DO_f - DO|}{DO_f - DO_s}, DO_f \geqslant DO_s$$ $$S_{DO} = 10 - 9\frac{DO}{DO_s}, DO_f < DO_s$$ 式中　DO_f——一定温度下饱和溶解氧浓度,mg/L; 　　　DO_s——溶解氧的地表水质标准,mg/L
布朗水质指数	选取了11种重要水质参数,如溶解氧、浑浊度、总固体、硝酸盐、磷酸盐、pH、温度、大肠菌群、茶冲剂、有毒元素、BOD_5 等,并确定了各自的重要性加权系数。公式为: $$WQI = \sum_{i=1}^{n} W_i P_i$$ 其中,WQI 为水质指数,数值在0~100之间;P_i 为第 i 个参数的质量,在0~100之间,W_i 为第 i 个参数权重值,在0~1之间,各参数 W 之和为1;n 为参数的个数。P_i 值大表示水质好,值小表示水质差,是按拟定的分级标准来确定的
罗斯水质指数	从理论上讲,水质指数可以选用任何评价参数的指标,但评价参数量过多,会使水质指数的使用变得复杂。罗斯水质指数是从常规监测的12个参数中选取了4个参数作为计算河流水质指数的评价参数,分别为 BOD、NH_3-N、DO 和悬浮固体,并对这4个参数分别给予不同的权重系数,根据参数的不同浓度确定分级值,给每个评价参数打分。在计算水质指数时,先根据各参数的实测浓度查得参数的分级值,按照下式计算: $$WQI = \frac{\sum 分级值}{\sum 权重值}$$ 罗斯计算法要求值用整数表示,小数以后的数值全部进位。河流水质按此分为11个等级(水质指数为0~10),河流水质指数为0表示水质最差,类似腐败的原始污水;对于天然纯净状态的水,规定水质指数为10
内梅罗水质指数	将水的用途划分为三类:①人类接触使用(PI_1):包括饮用、游泳、制造饮料等;②间接接触使用(PI_2):包括养鱼、工业食品制备、农业用水等;③不接触使用(PI_3):包括工业冷却用水、公共娱乐及航运等。 $$PI_j = \sqrt{\frac{\max \dfrac{C_i}{S_{ij}} + \left(\dfrac{1}{n}\sum_{i=1}^{n}\dfrac{C_i}{S_{ij}}\right)^2}{2}}$$ 确定水体在利用中不同用途所占的份额,分别以 W_1、W_2、W_3 代表。总水质标准 $PI = W_1 PI_1 + W_2 PI_2 + W_3 PI_3$
生物学评价法	对水生生物进行调查,调查的项目主要有种类、种类总数、多度、初级和次级生产力等。目的是了解各类水生生物具有不同生物特性,由此反映出它们在水生生态系统中具有不同结构和功能,以及它们对水环境变化所产生的不同反应
数据统计法	把每一个测值看做一个随机变量,取一定多数量的检测值,用各种污染强度出现机遇表示时间因素。 例如:对于某一段河段上 DO、COD 和酚、氰、砷、汞、铬等污染物的检测系列,用 $P = \dfrac{m}{n+1} \times 100\%$ 计算,其中 P 为累积频率,n 为总检测次数,m 为从大到小的累积频率

6.4　地表水环境影响预测

地表水体，一般是指河流、湖泊（水库）、海洋和湿地等。一个地表水体的环境质量是由水质、底泥（底部沉积物）和水生生物三部分的状况决定的，这三部分是在互相依赖与互相影响中组成的有机整体。至今，开发和应用最多的是水质模型。

6.4.1　预测内容

6.4.1.1　预测条件的确定

（1）预测范围　地表水环境预测的范围与地表水环境现状的范围相同或略小（特殊情况也可以略大）。

（2）预测点确定　为了全面反映拟建项目对该范围内地表水的环境影响，一般选以下地点为预测点：①已确定的敏感点；②环境现状监测点（以便进行对照）；③水文特征和水质突变处的上下游、水源地，重要水工建筑物及水文站；④为了预测河流混合过程段，应在该段河流中布设若干预测点；⑤在排污口下游附近可能出现局部超标，为了预测超标范围，应自排污口起由密而疏地布设若干预测点，直到达标为止；⑥预测混合过程段和超标范围的预测点可以互用。

（3）预测时期　地表水预测时期分丰水期、平水期和枯水期三个时期。一般说来，枯水期河水自净能力最小，平水期居中，丰水期自净能力最大。但不少水域因非点源污染严重可能使丰水期的稀释能力变小。冰封期是北方河流特有的情况，此时期的自净能力最小。因此对一、二级评价项目应预测自净能力最小和一般的两个时期环境影响。对于冰封期较长的水域，当其功能为生活饮用水、食品工业用水或渔业用水时，还应预测冰封期的环境影响。三级评价或评价时间较短的二级评价可只预测自净能力最小时期的环境影响。

（4）预测阶段　一般分建设过程、生产运行和服务期满后三个阶段。所有建设项目均应预测生产运行阶段对地表水体的影响，并按正常排污和不正常排污（包括事故）两种情况进行预测。对于建设过程超过一年的大型建设项目，如产生流失物较多、且受纳水体水质级别要求较高（在Ⅲ类以上）时，应进行建设阶段环境影响预测。个别建设项目还应根据其性质、评价等级、水环境特点以及当地的环保要求，预测服务期满后对水体的环境影响（如矿山开发、垃圾填埋场等）。

6.4.1.2　预测方法的选择

预测建设项目对水环境的影响应尽量利用成熟、简便并能满足评价精度和深度要求的方法。常用的方法有定性分析法和定量分析法。定性分析法包括专业判断法和类比调查法两种。定量分析法主要指应用物理模型和数学模型进行预测。应用水质数学模型进行预测是最常用的方法。

6.4.2　水环境预测模型

6.4.2.1　河流完全混合模式

$$c = \frac{c_p Q_p + c_h Q_h}{Q_p + Q_h}$$

式中　c——混合后污染物浓度，mg/L；

Q_p——废水流量，m^3/s；

c_p——废水中污染物浓度，mg/L；

Q_h——河流水流量，m^3/s；

c_h——上游河水中污染物浓度，mg/L。

河流完全混合模式基于以下条件：①废水与河水充分混合；②持久性污染物，不考虑降解或沉淀；③河流为恒定流动；④废水连续稳定排放。

6.4.2.2   零维模式

对于一个没有源、汇项的河流，如果污染物的降解反应符合一级反应动力学的衰减规律，在稳态条件下，零维模式的基本方程式为

$$c = \frac{c_0}{1 + k\dfrac{v}{Q}} = \frac{c_0}{1 + kr}$$

式中 v——河水的流速，m/s；

Q——河水的流量，m^3/s；

c_0——进入河水的污染物浓度，m^3/s；

c——流出河段的污染物浓度，m^3/s；

r——污染物的反应速率；

k——污染物的衰减速度常数。

对于河流，常用零维模式表述和诠释的问题有三种情况：①适合考虑混合距离的重金属污染物，部分有毒物质等其他持久性污染物的下游浓度预测与允许纳污量的估算；②有机物降解性物质的降解项可忽略时，可采用零维模式；③对于有机物降解性物质，当需要考虑降解时，可采用零维模式分段模拟，但计算精度和实用性较差，最好用一维模式求解，此模式仅适用于较浅、较窄的河流。

6.4.2.3   河流一维稳态模式

所谓稳定态，是指在均匀河段上正常排污条件下，河段横截面、流速、流量、污染物的输入量和弥散系数都不随时间变化。在稳态情况下，废水排入河流并充分混合后，非持久性污染物或可降解污染物沿河下游 x 处的污染物浓度可按下式进行计算：

$$c_x = c_0 \exp\left[\frac{v}{2D}(1-m)x\right]$$

$$m = \sqrt{1 + \frac{4k_1 D}{v^2}}$$

式中 c_x——计算断面污染物的浓度，mg/L；

c_0——初始断面污染物浓度，可按照河流完全混合模式计算；

D——废水与河流的纵向混合系数，m^2/d；

k_1——污染物降解系数，d^{-1}；

v——河水平均流速，m/s。

该模式的使用条件：①非持久性污染物；②河流为恒定流动；③废水连续稳定排放；④废水与河水充分混合后河段，混合段长度按照经验公式估算。对于一般条件下的河流，推流形成的污染物迁移作用要比弥散作用大得多，弥散作用可以忽略。

6.4.2.4   Streeter-Phelps 模式

S-P 模式反应了河流水中溶解氧与 BOD 的关系，水中的溶解氧只用于需氧有机物的生

物降解，而水中溶解氧的补充主要来自大气。即在其他条件一定时，溶解氧的变化取决于有机物的耗氧和大气的复氧，生物氧化和复氧均为一级反应。

$$c = c_0 \exp\left(-\frac{K_1 x}{86400 u}\right)$$

$$D = \frac{K_1 c_0}{K_2 - K_1}\left[\exp\left(-K_1 \frac{x}{86400 u}\right) - \exp\left(-K_2 \frac{x}{86400 u}\right)\right] + D_0 \exp\left(-K_2 \frac{x}{86400 u}\right)$$

式中　$D_0 = \dfrac{D_p Q_p + D_h Q_h}{Q_p + Q_h}$ ——初始断面的氧亏量，mg/L；

　　　　　　D ——氧亏量；

　　　　　　D_p ——废水中溶解氧亏量，mg/L；

　　　　　　D_h ——上游来水中溶解氧亏量，mg/L；

　　　　　　K_1 ——耗氧系数，1/d；

　　　　　　K_2 ——大气复氧系数，d^{-1}。

6.4.2.5　河流二维稳态混合模式

适用条件	①平直、断面性状规则的混合过程段；②持久性污染物；③河流为恒定流动；④废水连续稳定排放；⑤对于非持久性污染物，需采用相应的衰减式
岸边排放	$c(x,y) = c_h + \dfrac{c_p Q_p}{H \sqrt{\pi M_y x}}\left\{\exp\left(-\dfrac{u y^2}{4 M_y x}\right) + \exp\left[-\dfrac{u(2B-y)^2}{4 M_y x}\right]\right\}$
非岸边排放	$c(x,y) = c_h + \dfrac{c_p Q_p}{2H \sqrt{\pi M_y x u}}$ $\left\{\exp\left(-\dfrac{u y^2}{4 M_y x}\right) + \exp\left[-\dfrac{u(2a+y)^2}{4 M_y x}\right] + \exp\left[-\dfrac{u(2B-2a-y)^2}{4 M_y x}\right]\right\}$
符号意义	H 为平均水深，m；B 为平均河宽，m；a 为排放口与岸边距离，m；M_y 为横向混合系数，m^2/s

6.4.2.6　河流二维稳态混合累积流量模式

岸边排放：

$$c(x,y) = c_h + \frac{c_p Q_p}{\sqrt{\pi M_q x}}\left\{\exp\left(-\frac{q^2}{4 M_q x}\right) + \exp\left[-\frac{u(2Q_h - q)^2}{4 M_q x}\right]\right\}$$

$$q = Huy$$

$$M_q = H^2 u M_y$$

式中　$c(x,y)$ ——累计流量坐标系下的污染物浓度，mg/L；

　　　　M_y ——累计流量坐标系下的横向混合系数，m^2/s。

适用条件：①弯曲河流、断面性状不规则的混合过程段；②持久性污染物；③河流为恒定流动；④废水连续稳定排放；⑤对于非持久性污染物，需采用相应的衰减式。

6.4.2.7　河口一维动态混合衰减模式

常见的一维动态混合衰减模式为：

$$\frac{\partial c}{\partial t} + u\frac{\partial c}{\partial x} = \frac{1}{F} \times \frac{\partial}{\partial x}\left(FM_1 \frac{\partial c}{\partial x}\right) - K_1 c + S_p$$

式中　c ——污染物浓度，mg/L；

　　　u ——河水流速，m/s；

　　　F ——过水断面面积，m^2；

　　　M_1 ——断面纵向混合系数；

K_1——衰减系数；

S_p——污染源强；

t——时间，s。

采用数值方法求解上述微分方程时，需要确定初值、边界条件和源强。流速和过流断面面积随时间变化，需要通过求解一维非恒定流方程来获取。

适用条件：①潮汐河口充分混合段；②非持久性污染物；③污染物连续稳定排放或非稳定排放；④需要预测任何时刻的水质。

6.4.2.8　欧康那（O'connor）河口（均匀河口模式）

上溯（$x < 0$，自 $x = 0$ 处排入）

$$c = \frac{c_p Q_p}{(Q_h + Q_p)M} \exp\left[\frac{ux}{2M_1}(1+M)\right] + C_h$$

下溯（$x > 0$，自 $x = 0$ 处排入）

$$c = \frac{c_p Q_p}{(Q_h + Q_p)M} \exp\left[\frac{ux}{2M_1}(1-M)\right] + C_h$$

其中
$$M = (1 + 4K_1 M_1 / u^2)^{1/2}$$

该式适用条件：①均匀的潮汐河口充分混合段；②非持久性污染物；③污染物连续稳定排放；④只要求预测潮周平均、高潮平均和低潮平均的水质。

6.4.2.9　湖库完全混合衰减模式

动态模式：
$$c = \frac{W_0 + c_p Q_p}{V K_h} + \left(C_h - \frac{W_0 + c_p Q_p}{V K_h}\right)\exp(-K_h t)$$

平衡模式：
$$c = \frac{W_0 + c_p Q_p}{V K_h}$$

其中
$$K_h = \frac{Q_h}{V} + \frac{K_1}{86400}$$

式中　W_0——湖（库）中现有污染物的排入量，g/s；

　　　　V——湖水体积，m³。

适用条件：①小湖库；②非持久性污染物；③废水连续稳定排放；④预测污染物浓度随时间变化时采用动态模式，预测长期浓度采用平衡模式。

6.4.2.10　湖库推流衰减模式

$$c_r = c_p \exp\left(-\frac{K_1 \Phi H r^2}{172800 Q_p}\right) + c_h$$

式中　Φ——混合角度，平直岸边排放取 π，湖库中心排放取 2π；

　　　　r——以排放点为中心的径向距离，m。

适用条件：①大湖库；②非持久性污染物；③废水连续稳定排放。

6.4.3　水环境预测模型选用

6.4.3.1　水质参数的筛选

建设项目实施过程各阶段拟预测的水质参数应根据工程分析和环境现状、评价等级、当地的环保要求筛选和确定。拟预测水质参数的数目应以说明问题又不过多为原则。一般应少于环境现状调查水质参数的数目。从全过程观念和策略观念考虑，在建设过程、生产运行

（包括正常和不正常排放两种）、服务期满后各阶段均应根据各自的具体情况决定其拟预测水质参数，彼此不一定相同。水质参数包括常规水质参数、特征水质参数和敏感水质参数三种。根据上述原则，在环境现状调查水质参数中选择拟预测水质参数。

例如，对河流可以按下式将水质参数排序后从中选取。

$$ISE = \frac{c_p Q_p}{(c_s - c_h) Q_h}$$

式中　ISE——污染物排放指标；

　　　c_p——污染物排放浓度，mg/L；

　　　Q_p——污水排放量，m^3/s；

　　　c_s——污染物排放标准，mg/L；

　　　c_h——河流上游污染物浓度，mg/L；

　　　Q_h——河水的流量，m^3/s。

ISE 越大说明该建设项目对河流中该项水质参数的影响越大。

6.4.3.2　预测参数的估算

河流水质模型中的参数，如弥散系数 D、耗氧速率常数 k_1、大气复氧系数 k_2 等，是用来表征河流水体发生的物理、化学和生物过程的动力学常数。对于这些参数的确定，称参数的估算或参数测辨，是水质模型运用中的核心工作，也是难度最大的工作。在建立水质模型的过程中，参数的估算是一个关键环节，它们直接关系到模型的准确性和可靠性。为此，人们已做了较为广泛的研究，较成熟的参数估算方法很多，有实验室方法、野外测定法，单独计算一个参数的方法和同时计算多个参数的方法。

（1）单一参数的估算

① 纵向弥散系数 D_x 的估算　纵向弥散系数是反映天然河流纵向混合输移特性的重要参数，它与河流的水力条件密切相关。纵向弥散系数在河流水质预测尤其是事故性排放和泄漏对下游水质以及对河口区水质的影响预测等方面起着十分重要的作用。

确定纵向弥散系数的方法归纳起来有两种：经验公式法和实验法。

a. 经验公式法

（a）埃尔德（Elder）公式　Elder 通过对水深 1.5m 的明渠试验，验证了河流纵向弥散系数公式为

$$D_x = \alpha_x \overline{H} u^*$$

式中　$\overline{H}$——河流平均水深，m；

　　　u^*——摩阻流速，$u^* = \sqrt{g \overline{H} S}$，m/s；

　　　g——重力加速度，m/s^2；

　　　S——水力坡度；

　　　α_x——经验系数，埃尔得（Elder）理论计算得 $\alpha_x = 5.9$，试验得 $\alpha_x = 6.3$。在天然河流中，河宽 15～60m 时，$\alpha_x = 14 \sim 650$。

（b）菲希尔（Fischer）公式

$$D_x = 0.011 \overline{v}^2 b^2 / (H u^*)$$

式中　$\overline{v}$——平均流速，m/s；

　　　b——河宽，m。

b. 示踪实验法　纵向弥散系数也由示踪实验求得。本方法是将示踪剂瞬时投入河流某

断面，在投放点下游断面采样测定不同时间 t 下示踪剂的浓度 $\overline{C}$，将此 $\overline{C}$-t 变化数据代入下式进行估算 D_x

$$\overline{C}(x,t)=\frac{W}{A}\frac{1}{\sqrt{4\pi D_x t}}\exp\left[-\frac{(x-\overline{v_x}t)^2}{4D_x t}\right]$$

式中　$\overline{C}$——下游断面示踪剂的平均浓度，mg/L；

　　　W——示踪剂质量，g；

　　　A——断面面积，m²；

　　　$\overline{v_x}$——平均流速，m/s；

　　　t——时间，s；

　　　x——下游断面距投放点的距离，m。

② 耗氧系数 K_1 的估算　耗氧系数的估算常用以下三种方法：用 BOD 的室内实验数据估算、用野外实验数据（内梅罗法）估算和始末两点法。

③ 大气复氧系数 K_2 的估算　流动的水体从大气中吸收氧气的过程称为复氧过程，也称再曝气过程。这种空气中的氧溶解到水体的现象，是一种气-液之间的对流扩散过程，也是气体的传输过程。天然河流中引起水中溶解气体浓度的变化率可表达为

$$\frac{\mathrm{d}O}{\mathrm{d}t}=K_2(c_{Os}-c_O)=K_2 D$$

式中　K_2——复氧系数，d⁻¹；

　　　c_{Os}——饱和溶解氧浓度，mg/L；

　　　c_O——溶解氧浓度，mg/L；

　　　D——溶解氧的饱和差，mg/L。

确定的方法大致可以分为室内或现场实测法和用经验、半经验公式估算法两种。

（2）中国河流 K_1、K_2 值的实测结果　现将中国通过实测获得的一些河流的 K_1、K_2 值列于表 6-14 中。

表 6-14　中国某些河流的 K_1、K_2 值

河　流　名　称	K_1/d^{-1}	K_2/d^{-1}
第一松花江（黑龙江）	0.015～0.13	0.0006～0.07
第二松花江（吉林）	0.14～0.26	0.008～0.18
图们江（吉林）	0.20～3.45	1～4.20
丹东大沙河（辽宁）	0.5～1.4	7～9.6
黄河（兰州段）	0.41～0.87	0.82～1.9
渭河（咸阳）	1.0	1.7
清安河（江苏）	0.88～2.52	—
漓江（象山）	0.1～0.13	0.3～0.52

6.4.3.3　预测模型的选用

（1）一般原则　在《环境影响评价技术导则　地面水环境》中主要考虑环境影响评价中经常遇到而其预测模式又不相同的四种污染物，即持久性污染物、非持久性污染物、酸碱污染物和废热。

持久性污染物是存在于地面水中，不能或很难由于物理、化学、生物作用而分解、沉淀式挥发的污染物，例如在悬浮物甚少、沉降作用不明显的水体中的无机盐类、重金属等。非持久性污染物是存在于地面水中，由于生物作用而逐渐减少的污染物，例如耗氧有机物。酸

碱污染物有各种废酸、废碱等。废热主要由排放热废水所引起。

预测范围内的河段可以分为充分混合段、混合过程段和上游河段。充分混合段是指污染物浓度在断面上均匀分布的河段。当断面上任意一点的浓度与断面平均浓度之差小于平均浓度的5%时，可以认为达到均匀分布。混合过程段是指排放口下游达到充分混合以前的河段。上游河段是排放口上游的河段。

在利用数学模式预测河流水质时，充分混合以采用一维模式或零维模式预测断面平均水质。大、中河流一级、二级评价，且排放口下游3～5km以内有集中取水点或其他特别重要的环保目标时，采用二维稳态混合模式预测混合过程段水质。其他情况可根据工程、环境特点评价工作等级及当地环保要求，决定是否采用二维模式。

数学模式中解析模式适用于恒定水域中点源连续恒定排放，其中二维解析模式只适用于矩形河流或水深变化不大的湖泊、水库；稳态数值模式适用于非矩形河流，水深变化较大的浅水湖泊、水库形成的恒定水域内的连续恒定排放；动态数值模式适用于各类恒定水域中的非连续恒定排放或非恒定水域中的各类排放。

（2）河流常用数学模型及其推荐　下面仅以河流水质模型为例说明预测模型的选用问题，其他如河口、湖库、和海湾的数学模式选用，请参阅有关技术导则和专著。对于不同类型的河段、污染物和不同的评价等级，可参照表6-15选用不同的数学模式进行预测。

表 6-15　河流数学模式的选择

污染物类型	河段类型	评价等级	推荐数学模式
持久性污染物	充分混合段	一、二、三级	河流完全混合模式
	平直河流混合过程段	一、二、三级	二维稳态混合模式
	弯曲河流混合过程段	一、二、三级	稳态混合积累流量模式
	沉降作用明显的河段		目前尚无相应模式。混合过程段可近似采用非持久性污染物的相应模式，但应将 K_1 改为 K_3（沉降系数）；充分混合段可近似采用托马斯模式但模式中的 K_1 为零
非持久性有机物	充分混合段	一、二、三级	S-P 模式，清洁河流和三级评价可以不预测溶解氧
	平直河流混合过程段	一、二、三级	二维稳态混合模式
	弯曲河流混合过程段	一、二、三级	稳态混合积累流量模式
	沉降作用明显的河段		目前尚无相应模式。混合过程段可近似采用沉降作用不明显河流相应的预测模式，但应将 K_1 改为综合消减系数 K，充分混合段可以采用托马斯模式
酸碱污染物	充分混合段	一、二、三级	河流 pH 值模式
	混合过程段		目前尚无相应模式。可假设酸碱污染物在河流中只有混合作用，按照持久性污染物模式预测混合过程段各点的酸碱物的浓度，然后通过室内试验找出该污染物浓度与 pH 值的关系曲线，最后根据各点污染物的计算浓度查曲线以近似求得相应点的 pH 值
热污染	充分混合段	一、二、三级	一维日均水温模式
	混合过程段		目前尚无成熟的简单模式。一、二级可参考水电部门采用的方法

6.4.4 水环境影响评价

水环境影响评价是在工程分析和影响预测基础上，以法规、标准为依据，以接纳水体的水域功能区划与水环境服务功能为边界条件，解释拟建项目引起水环境变化的重大性，同时辨识敏感对象对污染物排放的反应；对拟建项目的生产工艺、水污染防治与污水排放方案等提出意见；提出避免、消除和减少水体影响的措施、对策建议；最后做出评价结论。

6.4.4.1 评价的原则

（1）单项评价方法及其应用原则　单项评价方法是以国家、地方的有关法规、标准为依据，评定与评价各评价项目的单个质量参数的环境影响。预测值未包括环境质量现状值（即背景值）时，评价时注意应叠加环境质量现状值。在评价某个环境质量参数时，应对各预测点在不同情况下该参数的预测值均进行评价。单项评价应有重点，对影响较重的环境质量参数，应尽量评定与评价影响的特性、范围、大小及重要程度，影响较轻的环境质量参数则可较为简略。

（2）多项评价方法及其应用原则　多项评价方法适用于各评价项目中多个质量参数的综合评价，采用多项评价方法时，不一定包括该项目已预测环境影响的所有质量参数，可以有重点地选择适当的质量参数进行评价。建设项目如需进行多个厂址优选时，要应用综合评价进行分析、比较。

（3）地表水环境影响的评价范围与影响预测范围相同　所有预测点和所有预测的水质参数均应进行各生产阶段不同情况的环境影响评价，但应有重点。空间方面，水文要素和水质急剧变化处、水域功能改变处、取水口附近等作为重点；水质方面，影响较重的水质参数应为重点。多项水质参数综合评价的评价方法和评价的水质参数应与环境现状综合评价相同。

6.4.4.2 水环境影响评价方法

一般情况下建议采用标准指数法进行单项评价。

单项水质参数的标准指数：

$$S_i = \frac{C_i}{C_{si}}$$

式中　C_i——第 i 种污染物的浓度，mg/L；

C_{si}——水质参数 i 的地表水质标准，mg/L。

DO 的标准指数为：

$$S_{DO} = \frac{|DO_f - DO|}{DO_f - DO_s}, \quad DO_f \geqslant DO_s$$

$$S_{DO} = 10 - 9\frac{DO}{DO_s}, \quad DO_f < DO_s$$

式中　DO_f——定温度下饱和溶解氧浓度，mg/L；

DO_s——溶解氧的地表水质标准，mg/L

pH 的标准指数为：

$$S_{pH} = \frac{7.0 - pH}{7.0 - pH_{sd}}, \quad pH \leqslant 7.0$$

$$S_{pH} = \frac{pH - 7.0}{pH_{su} - 7.0}, \quad pH > 7.0$$

式中　pH_{su}——地表水质标准中 pH 值上限；

　　　PH_{sd}——地表水质标准中 pH 值下限。

水质参数的标准指数大于1，表明该水质参数超过了规定的水质标准，已经不能满足使用要求。

6.4.4.3　水质污染防治对策

（1）水污染物排放量总量控制因子的选择　建设项目向水环境排放的污染物种类众多，不能够对其全部实施总量控制。COD 和氨氮成为"十二五"期间全国主要水污染物排放约束性控制指标。在将该两项约束性控制指标考虑在内外，还需要根据地区的水资源规划与管理、水域功能区划分以及具体水质要求和项目性质合理选择总量控制因子。

（2）污染防治原则

① 依法办事　依法办事包括立法和执法两个方面。为防治水环境污染，中国已制定了几项法律，并制定了大量的标准和规定，这为水污染防治提供了"尚方宝剑"。防止地下水污染，一方面靠合适的法规约束，另一方面要靠执法人员严格执法，两者的结合，就可以起到促进生产、保护环境的作用。

② 以防为主，防治结合　地下水一旦受到污染，就很难清除，这一方面因为地下水污染是一个慢过程，要彻底清除，需要花费相当长的时间（数百年或更长），同时，也需付出昂贵的代价。因此，应把预防污染作为基本原则，而把治理只看作不得已而采取的补救办法。这样，才能真正把预防污染放在首要地位。

③ 坚持污染者承担与环境成本内部化　任何项目不允许转嫁污染，生产过程中排出的污染物必须在厂内治理。坚决执行环境成本内部化的原则，履行企业对生态环境和社会公众的基本责任。特别是水污染会对社会公众造成严重威胁，影响健康安全和社会安定，防治水污染的目的就是保证饮用水安全，保障水域功能顺利安全执行，确保水环境生态服务功能发挥更大功效和作用。

④ 抓关键、抓死角　为防止地下水污染，要特别注重污染大户，因为它们的排放对环境影响的贡献起主要作用。同时，也要注意一些死角，特别是在中西部开发中，有些公司将污染产业转移到内地，再加上一些乡镇企业为了追求企业自身利润和企业内部回报率（FIRR），将污染转嫁给环境，以求环境成本外部化，公然危害社会和公众。它们设备陈旧，工艺落后，加之缺少必要的环保设施，而且不履行环保手续，也往往是污染的重要贡献者或责任者。

（3）污染防治对策　建设项目防治对策可以从工程措施和末端治理两方面考虑。

① 工程措施　改革工艺，减少排污。从降低单位用水与排水量着手，对排污量较大或超标排污的生产装置，应提出相应的工艺改革措施，尽量采用清洁生产工艺，以满足达标排放的要求。努力提高水的循环复用率。

② 末端治理　应对项目设计中所考虑的污水处理措施进行论证和补充，并特别关注点源非正常排放的处理措施和降雨初期水质恶劣的径流的处理措施。

6.5　案例分析

【例 6-1】　某河段水质监测结果如下：$C_{悬浮固体}=27mg/L$；$C_{BOD}=6.8mg/L$；$C_{DO}=8.9mg/L$；溶解氧的饱和度为 48%；$C_{NH_3-N}=1.3mg/L$。试计算该河段的罗斯水质指数并评价水质状况。

解　先根据各评价参数的监测浓度，由表1查得相应的分级值；由表2查得相应的权重系数，结果列于下表。

评价参数	监测浓度	分级值	权重系数	评价参数	监测浓度	分级值	权重系数
悬浮固体/(mg/L)	27	14	2	DO饱和度/%	48	4	1
BOD/(mg/L)	6.8	18	3	氨氮/(mg/L)	1.3	12	3
DO/(mg/L)	8.9	8	1	合计		56	10

表1　各参数的分级值

悬浮固体		BOD		NH₃-N		DO		悬浮固体	
浓度/(mg/L)	分级	浓度/(mg/L)	分级	浓度/(mg/L)	分级	饱和度/%	分级	浓度/(mg/L)	分级
0～10	20	0～2	30	0～0.2	30	90～105	10	＞9	10
10～20	18	2～4	27	0.2～0.5	24	80～90	8	8～9	8
20～40	14	4～6	24	0.5～1.0	18	105～120	8	6～8	6
40～80	10	6～10	18	1.0～2.0	12	60～80	6	4～6	4
80～150	6	10～15	12	2.0～5.0	6	＞120	6	1～4	2
150～300	2	15～25	6	5.0～10.0	3	40～60	4	0～1	0
＞300	0	25～50	3	＞10.0	0	10～40	2		
		＞50	0			0～10	0		

表2　不同参数的权重系数

参数	BOD	NH₃-N	DO	悬浮固体	权重系数合计
权重系数	3	3	2	2	10

注：DO可用浓度也可用饱和百分数。

根据公式计算罗斯水质指数

$$WQI = \sum 分级值/\sum 权重系数 = 56/10 \approx 6$$

查表3可知，该河段水质为污染状态。

表3　罗斯水质指数分级标准

WQI 值	10	8	6	3	0
水质状况	纯净	轻度污染	污染	严重污染	水质类似腐败的原始污水

【例6-2】　计划在河边建一座工厂，该厂将以2.83m³/s的流量排放污水，污水中总溶解固体（总可滤残渣和总不可滤残渣）浓度为1300mg/L，该河流平均流速 v 为0.457m/s，平均河宽 W 为13.73m，平均水深 h 为0.61m，总溶解固体浓度 c_p 为310mg/L，问该工厂的污水排入河后，总溶解固体的浓度是否超标（设标准为500mg/L）？

解　$c_p = 310mg/L$

河流的流量为 $Q_p = vWh = 0.457 \times 13.72 \times 0.61 = 3.82$（m³/s）

$$c_h = 1300mg/L, \quad Q_h = 2.83m³/s$$

根据完全混合模型式，混合后的浓度为

$$C = \frac{c_p Q_p + c_h Q_h}{Q_p + Q_h} = \frac{310 \times 3.82 + 1300 \times 2.83}{3.82 + 2.83} = 731 \text{（mg/L）}$$

结论是河水中总溶解固体浓度超标。

【例6-3】　一条比较浅而窄的河流，有一段长1km的河段，稳定排放含酚污水 $Q_h = 1.0m³/s$，含酚浓度 $c_h = 200mg/L$，上游河水流量 $Q_p = 9m³/s$，河水含酚浓度为 $c_p = 0$，河流的平均流速为 $v = 40km/d$，酚的

衰减速率系数 $k=2\ \mathrm{d}^{-1}$，求河段出口处的河水含酚浓度为多少？

解 河段起始河水含酚浓度为

$$c_0=\frac{c_\mathrm{p}Q_\mathrm{p}+c_\mathrm{h}Q_\mathrm{h}}{Q_\mathrm{p}+Q_\mathrm{h}}=\frac{9\times0+1\times200}{9+1}=20\ (\mathrm{mg/L})$$

河段出口处含酚浓度为

$$c=\frac{c_0}{1+k\left(\dfrac{v}{Q}\right)}=\frac{c_0}{1+kt}=\frac{20}{1+2\left(\dfrac{1}{40}\right)}=19.05\ (\mathrm{mg/L})$$

【例 6-4】 一个改扩工程拟向河流排放污水，污水量 $Q_\mathrm{h}=0.15\mathrm{m}^3/\mathrm{s}$，苯酚浓度 $c_\mathrm{h}=30\mathrm{mg/L}$ 为，河流流量 $Q_\mathrm{p}=5.5\mathrm{m}^3/\mathrm{s}$，流速 $v_x=0.3\mathrm{m/s}$，苯酚背景浓度 $c_\mathrm{p}=0.5\mathrm{mg/L}$，苯酚的降解系数 $k=0.2\mathrm{d}^{-1}$，纵向弥散系数 $D_x=10\mathrm{m}^2/\mathrm{s}$。求排放点下游 10km 处的苯酚浓度。

解 起始点处完全混合后的初始浓度为

$$c_0=\frac{0.15\times30+5.5\times0.5}{5.5+0.15}=1.28\ (\mathrm{mg/L})$$

考虑纵向弥散条件下，下游 10km 处的浓度

$$c=1.28\times\exp\left[\frac{0.3}{2\times10}\left(1-\sqrt{1+\frac{4\times(0.2/24\times60\times60)\times10}{0.3^2}}\right)\times10000\right]=1.19\ (\mathrm{mg/L})$$

忽略纵向弥散时，下游 10km 处的浓度

$$c=1.28\times\exp\left(-\frac{0.2\times10000}{0.3\times86400}\right)=1.19\ (\mathrm{mg/L})$$

由此看出，在稳态条件下，忽略弥散系数与考虑纵向弥散系数时，结果差异很小，因此常可以忽略弥散系数。

【例 6-5】 长沙某污水处理厂工程水环境影响评述

1 工程概况

1.1 项目建设规模及内容

某污水处理厂工程建设内容包括污水处理厂、服务区污水主干管和部分次干管及相关中途提升泵房的建设。配套支管不包含在本工程范围之内。建设规模为：近期（2010 年）$30\times10^4\mathrm{m}^3/\mathrm{d}$，远期（2020 年）$60\times10^4\mathrm{m}^3/\mathrm{d}$。该污水处理厂工程厂外部分排水管网全长 161498m，其中无压管道总长 135418m，压力管道总长 26080m，污水提升泵站 10 座。近期工程排水管网全长 38458m，其中无压管道总长 17128m，压力管道总长 21330m，污水提升泵站 5 座，其中 A、B、C 三座为新建泵站，D、E 两座为已建泵站。

1.2 排水管网建设方案

《长沙市城市排水专项规划——河西主体部分》确定长沙市河西主体部分的排水体制为分流制，新建区、新建项目应按分流制建设排水系统，现有的建成区部分应逐步完成对原有合流制排水系统的分流制改造。本项目的管网部分采用雨污分流排水体制。

本项目服务纳污区面积 $69.87\mathrm{km}^2$，区内尚未形成完整的排水体系，现有老城区的排水系统为合流制，本项目新建的排水管网均采用分流制。对于原有的合流制排水管网拟于远期（2020 年）完成全部分流制改造。

由于地形地貌，污水管道系统的总体自然走向为由西向东汇集，因此，麓南纳污区和三汊矶纳污区的截污主管均沿潇湘大道敷设，唯有望城坡纳污区污水由北向南向龙王港汇集，该纳污区截污主管沿龙王港北侧防洪堤一线布置。三个纳污区内的污水管道系统相对独立，各成体系。由于麓南纳污区和望城坡纳污区的污水在各自区域内汇合后，不能以重力自流的方式引入三汊矶污水处理厂，因此，分别在阜埠河和望城坡设立污水提升泵站，将本纳污区的污水压力输送至位于三汊矶的岳麓污水处理厂。

1.3 污水处理厂工艺

污水处理厂拟采用 A/A/O 处理工艺，主要设计参数为：①进水水质 BOD$_5$ 130mg/L、COD 300mg/L、SS 250mg/L、TN 30mg/L、TP 3mg/L、NH$_3$-N 20mg/L。②出水水质　出水排放标准应执行《城镇污水

处理厂污染物排放标准》（GB 18918—2002）中一级排放标准的 B 标准，出水主要水质指标为：$BOD_5 \leqslant$ 20mg/L、$SS \leqslant 20$mg/L、$COD_{Cr} \leqslant 60$mg/L、$NH_3\text{-}N \leqslant 8(15)$mg/L、$TN \leqslant 20$mg/L、$TP \leqslant 1.5$mg/L。

1.4 汇水区现状及污水处理和排放现状

该污水处理厂汇水区服务范围包括麓南纳污区、三汊矶纳污区、望城坡纳污区，总面积约 $69.87 km^2$。

（1）麓南纳污区　属规划的阜埠河污水处理厂的服务范围。雨水排水范围面积 $25.36 km^2$，污水服务范围面积 $11.71 km^2$，规划人口数 16.69 万。

（2）三汊矶纳污区　属规划的三汊矶污水处理厂的服务范围。雨水排水范围面积 $37.93 km^2$，污水服务范围面积 $23.90 km^2$，规划人口数 34.07 万。

（3）望城坡纳污区　属原规划望城坡污水处理厂的服务范围。雨水排水范围面积 $43.82 km^2$，污水服务范围面积 $32.15 km^2$，规划人口数 29.05 万。

目前汇水区内尚无完整的集中式城市污水处理厂，污水经各单位初级处理或未经处理直接排放。

2 现状调查与监测

本次水质现状调查，收集了湘江 2001～2003 年长沙城区段的常规水质监测资料，并按照枯水期、平水期和丰水期整理和分析了相关资料，对本次环评增设的 5 个断面进行了监测，并分析整理监测数据。经筛选，本次环评选择的调查、监测因子如下：pH、溶解氧、高锰酸盐指数、生化需氧量、氨氮、石油类、总磷、总砷、总汞、六价铬、总铅、总镉、粪大肠菌群。常规监测断面均收集 2001 年、2002 年、2003 年的监测数据，现状监测断面设左、中、右三个测点，连续测定三天。

3 预测评价

3.1 预测模式

根据环评导则 HJ/T 2.3—93 要求，综合拟建工程的特点和纳污环境特征，选用非持久性污染物二维稳态衰减模式进行预测，模式中的有关参数可通过已鉴定的有关资料和现状调查获得。

3.2 预测内容及范围

① 预测本工程正常运营时（处理规模 $30 \times 10^4 m^3/d$），采用岸边及江心排放方式，排污口下游水体污染物浓度值，分析是否仍然满足河段水域功能的要求以及对下游望城县水厂取水口的影响；

② 预测本工程建成后风险情况下（处理规模 $30 \times 10^4 m^3/d$），排污口下游水体污染物浓度，分析此时河段的水质状况及影响范围以及对下游望城县水厂取水口的影响；

③ 预测未建设本工程时，排污口下游水体污染物的浓度值，从而分析拟建工程对湘江水体水质的改善作用；

选择 COD_{Mn}、BOD_5、氨氮为预测因子，按枯水期和平水期分期进行预测分析，测范围为猴子石至望城县乔口 45km 湘江河段。

3.3 正常排放预测结果及结果分析

本案例以 COD_{Mn} 为例进行介绍。

预测结果（贡献值）见图 1～图 4，图中黑色表示没有达到《地表水环境质量标准》（GB 3838—2002）中 V 类标准，红、黄、绿、蓝分别表示水质达到《地表水环境质量标准》（GB 3838—2002）中 V 类、Ⅳ类、Ⅲ类、Ⅱ类水质标准。

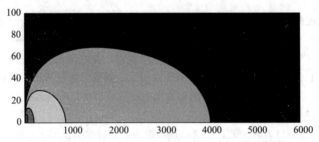

图 1　枯水期正常排污岸边排放模式下 COD 浓度分布

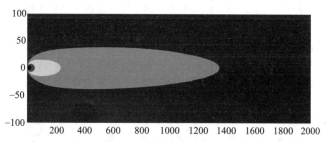

图 2 枯水期正常排污中心排放模式下 COD 浓度分布

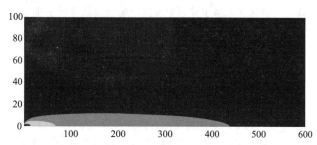

图 3 平水期正常排污岸边排放模式下 COD 浓度分布

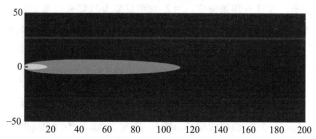

图 4 平水期正常排污中心排放模式下 COD 浓度分布

3.3.1 岸边排放

本工程废水排入湘江后经过混合和衰减，正常排污情况下，岸边排放时，达到地表水Ⅲ类水质要求时，枯水期 COD_{Mn} 的污染带长 819m，平水期为 61m。达到地表水Ⅱ类水质要求时，枯水期 COD_{Mn} 的污染带长 4080m，平水期为 436m。

3.3.2 中心排放

由于采用中心排放，污染物由河中心逐渐向两侧岸边扩散，正常排污情况下，达到地表水Ⅲ类水质要求时，枯水期 COD_{Mn} 污染带长度 226m，平水期为 18m。达到地表水Ⅱ类水质要求时，COD_{Mn} 的污染带长 1381m，平水期为 115m。

3.4 风险排污情况预测结果及影响分析

略。

3.5 评价结论

正常排污情况下，拟建污水处理厂的排水将会增加排放口附近的污染物浓度，造成局部水质超标，但是对湘江整体水质影响较小；在风险排污的情况下，枯水期的岸边排放将对下游 10km 的望城县水厂取水水质产生严重影响，其中 BOD_5 的超标倍数为 0.49 倍，COD_{Mn} 的超标倍数为 0.61 倍，NH_3-N 的超标倍数为 1.03 倍；枯水期的中心排放时，下游 10km 的望城县水厂取水水质中 COD_{Mn} 的超标倍数为 0.09 倍，NH_3-N 的超标倍数为 0.28 倍，会对水厂取水水质产生一定的影响。因此，建议污水处理厂的排水采用中心排放，并且对污水处理厂的运行进行严格的控制，确保污水处理厂的达标排放。由于排放口下游约

1.5km为月亮岛，因此，排放口应设在主航道的中心，避免排水进入月亮岛西侧的狭窄水域。

4　总体结论

污水处理厂的选址符合有关规划的要求，排污口设置避开集中饮用水源保护区和行政区域水体交界区，厂址周围没有集中的居民区，环境敏感目标较少，因此，污水处理厂的选址总体上是合理的。

本次环评对原规划的3个污水处理厂方案和"三厂合一"方案进行了对比分析，认为从城市发展的远景规划的角度，"三厂合一"方案既能解决原的阜埠河污水处理厂的望城坡污水处理厂的环境保护问题、水源保护问题、用地紧缺问题，又在污水厂本身的发展方面留有一定余地；从建设投资的来看，分散建厂的投资高于集中建厂，但集中建厂的管网及泵站设施资高于分散建厂，总投资还是以集中建厂方案占优，从运行管理费用的角度，集中建厂每年的运行管理费用支出要少于分散建厂。因此"三厂合一"方案具有很大的优势，岳麓污水处理厂厂址选在原排水规划中所选定的三汊矶污水处理厂厂址南村刘家河处。

本次环评对A/A/O工艺和氧化沟工艺在处理$30 \times 10^4 m^3/d$城市污水进行了经济技术比较，认为A/A/O工艺具有出水水质好、耐冲击负荷强、运行稳定、管理简便等优点，比较适合长沙市的水质特点和处理要求。

对于本项目，环评给出以下结论：

① 污水处理厂的排污口进行规范化设置。

② 地方环境管理部门和市政管理部门共同制定汇水区排污管理政策，从严控制进入污水干管的工业企业的污水水质，未达到《污水综合排放标准》（GB 8976—1996）中三级标准企业必须改进污水处理设施，处理达标后，才能进入管网。

③ 建议污水处理厂剩余污泥进行详细研究，最好与可发酵有机物共同堆肥，进行综合利用。

④ 建议污水处理厂建设60m的绿化带，同时加强厂区整体绿化，重点为厂址南面，广种阔叶乔木及灌木，使树木发挥美化、吸臭、吸味、隔声降噪作用，使工厂成为花园式工厂。

本章介绍水环境评价工作等级的划分，然后着重介绍水环境现状评价的方法，并以地表水环境影响评价为重点，说明水环境影响评价的预测模型、预测模型的选用和预测参数的估算，以及水环境影响评价的工作内容和环保对策。水质数学模型是水质预测的主要方法，重点介绍S-P模型在水质影响预测中的应用。水质参数的确定，对模型预测的结果起到关键性的作用。通过一个典型的地表水环境影响评价工程实例，详细阐述了水环境影响报告书的组织编制工作。

思考题与习题

1. 水体是如何分类的？水体污染源、污染物是如何分类的？
2. 水环境评价参数有哪些？
3. 某监测点数据如下，请用单项水质标准指数对其进行评价，标准采用GB 3838—88 Ⅱ类水质标准。

BOD_5/(mg/L)	COD_{Mn}/(mg/L)	DO/(mg/L)	Cd/(mg/L)	Cr^{6+}/(mg/L)	Cu/(mg/L)	As/(mg/L)	石油/(mg/L)	酚/(mg/L)
15	10	9	0.004	0.05	0.6	0.05	0.04	0.01

4. 某一个建设项目，建成投产以后污水排放量为$2.5 m^3/s$，污水中含Pb为1000mg/L，污水排入一条河流中，河水的流量为$100 m^3/s$，该河上游含Pb的浓度为300mg/L，问污水排入河水中后，其污染程度如何？

5. 需预测某一个工厂投产后的污水中的挥发酚对河水下游的影响。污水的挥发酚浓度为 100mg/L，污水的流量为 2.5m³/s，河水的流量为 25m³/s，河水的流速为 3.6m/s，河水中原不含挥发酚，该河流可认为是其弥散系数为零。问在河流的下游 2km 处，挥发酚的浓度为多少？

6. 拟建一个化工厂，其污水排入工厂边的一条河流，已知污水与河水在排放口下游 1.5km 处完全混合，在这个位置，$BOD_5 = 7.8mg/L$，$DO = 5.6mg/L$，河流的平均流速为 1.5m/s，在完全混合断面的下游 25km 处是渔业用水的引水源，河流的 $K_1 = 0.35d^{-1}$，$K_2 = 0.5d^{-1}$，若从 DO 的浓度分析，该厂的污水排放对下游的渔业用水有何影响？

7. 已知某一个工厂的排污断面上 BOD_5 的浓度为 65mg/L，DO 为 7mg/L，受纳污水的河流平均流速为 1.8km/d，河水的 $K_1 = 0.18d^{-1}$，$K_2 = 2d^{-1}$，试求：

    (1) 距离为 1.5km 处的 BOD_5 和 DO 的浓度；

    (2) DO 的临界浓度 C_c 和临界距离 X_c。

8. 对你所在地区河流或饮用水源地的水环境质量现状进行评价，要求完成以下几项工作：

    (1) 通过污染源调查，弄清当地水环境的主要污染源和主要污染物；

    (2) 选择适当的污染指数，评价水环境质量；

    (3) 配合适当的生物学评价作为补充说明；

    (4) 写出 1000 字以上的评价报告。

7

生态环境影响评价

7.1　生态环境影响评价概述

目前的生态环境影响评价可分为两大类：一类是评价开发建设活动对自然生态系统结构和功能的影响；另一类不仅评价人类开发建设活动对自然生态系统的影响，进而还分析和预测对经济、社会环境所造成的影响，其对象是自然-经济-社会复合生态系统。当今世界上完全不受人类活动影响的自然生态系统几乎是不存在的。生态环境影响评价必然要涉及人类社会、经济的诸多方面。因此，在《环境影响评价技术导则—非污染生态影响》中将生态环境影响评价定义为："通过定量揭示和预测人类活动对生态影响及其对人类健康和经济发展作用分析确定一个地区的生态负荷或环境容量。"

由于生态系统具有因素众多、结构复杂、层次交叠、功能综合的特征，其各组成成分之间的相互制约关系和整个生态系统对外界冲击因子响应方式的复杂性，使生态系统影响评价比大气、水、土壤等评价复杂得多，因而在生态环境影响评价理论研究和实践探索中存在着较大的困难。随着人类生态意识、环境意识的提高以及生态学的发展，生态环境影响评价越来越受到世人的关注，成为环境影响评价中的重要组成部分。

7.1.1　生态环境影响评价的内容

中国的环境影响评价技术人员在生态环境评价方面，积累了丰富的经验，国家环保总局于 1998 年颁布了《环境影响评价技术导则—非污染生态影响》，它是中国实施生态环境影响评价的标准和规范，本节将据此讲述生态环境影响评价的工作内容。

区域生态质量的评价指标可概括为 6 项，即多样性，代表性，稀有性，自然性，适宜性和生存威胁。六者之间相互关联，相互依托，相互影响，相得益彰。例如，生态系统的自然性越强越完整则其生物多样性越丰富和代表性越高，其存留的稀有性越好越有价值，从而适宜性越强，其生存威胁却越低。生态质量指标之间的相关性是相当显著的。

生态环境评价的主要内容有 7 项，即生物多样性的完整度与衰减率；生态系统及其服务功能的完整性与演变趋势；环境与景观生态的完善度和破碎性、边缘化、退化程度；生物入侵的现状及其深远影响；生物群落组成结构现状与变异趋势；资源环境的丰度和衰减度；生态环境演变可能引起的对社会经济发展及公众福利的影响。重要的是要树立生态环境的本征价值，分析其实用价值和潜在价值以及其服务功能对社会经济持续发展的重大意义。

生态环境影响评价的基本工作程序可大致分为生态环境影响识别、现状调查与评价、影响预测与评价、减缓措施和替代方案等四个步骤，具体示意见图 7-1。

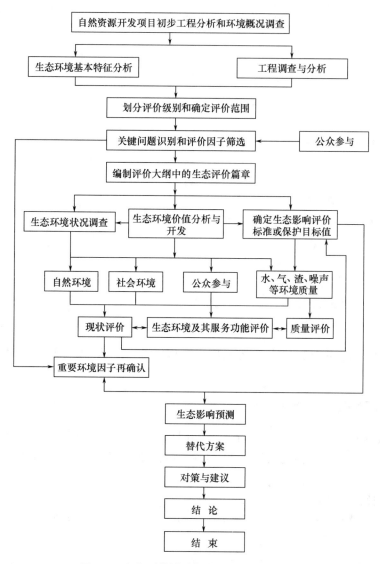

图 7-1　生态环境影响评价的基本工作程序

7.1.2　生态环境影响评价等级和范围

根据评价项目对生态影响的程度和范围的大小，《环境影响评价技术导则—非污染生态影响》（HJ/T 19—1997）将生态影响评价工作等级划分为 1、2、3 级（见表 7-1）。

生态环境影响评价的范围主要根据评价区域与周边环境的生物与生态的多样性及完整性确定。生态环境影响评价的范围应该包括：①直接作用区，指生态系统可能受到拟建项目各种活动的直接影响的区域；②间接作用区，指与污染物环境输运、食物链转移及动物的迁移或洄游有关的间接影响区域；③对照区，为了对比和提供某些背景资料而选择的与评价区自

然生态条件相似的其他地区。而生态系统结构的完整性，运行特点和生态环境功能都是在较

表 7-1　生态影响评价工作等级划分（1、2、3 级）

主要生态影响及其变化程度　　　　工作影响范围	>50km²	20~50km²	<20km²
生物群落			
生物量减少（<50%）	2	3	—
生物量锐减（≥50%）	1	2	3
异质性程度降低	2	3	—
相对同质	1	2	3
物种的多样性减少（<50%）	2	3	—
物种的多样性锐减（≥50%）	1	2	3
珍稀濒危物种的消失	1	1	1
区域环境			
绿地数量减少,分布不均,连通程度变差	2	3	
绿地减少 1/2 以上,分布不均,连通程度极差	1	2	3
水和土地			
荒漠化	1	2	3
理化性质改变	2	3	—
理化性质恶化	1	2	3
敏感地区	1	1	1

大的时空范围内才能完全和清晰的表现出来，因此生态环境影响评价的时空范围宜大不
宜小。

7.1.3　生态环境影响因素识别

生态环境影响识别的目的是明确主要影响因素，受影响的主要生态系统和生态因子，从
中筛选出评价工作的重点内容。影响识别包括影响因素识别、影响对象识别、影响性质与程
度识别。

7.1.3.1　影响因素识别

影响因素的识别，主要是识别影响主体，即开发建设项目的识别。目的是明确主要作用
因素，识别内容包括以下四个方面。

① 作用主体，包括主工程和所有辅助工程。

② 项目实施的时间，包括设计期、施工期、运营期以及死亡期的影响识别。

③ 在项目空间上，识别集中建设地和分散的影响点。

④ 在影响的方式上，识别长期作用和短期作用、物理作用和化学作用等。

7.1.3.2　影响对象识别

影响对象识别主要是对影响受体即主要受影响的生态系统和生态因子的识别。识别的内
容包括以下四个方面。

① 对生态系统的组成要素的影响，如组成生态系统的生物因子和非生物因子。

② 敏感生态保护目标，如水源地、水源林、风景名胜区、自然保护区、珍稀濒危动植
物、特别生境、脆弱生态系统等。

③ 地方要求的特别生态保护目标，如自然古迹、特产地等。

④ 生态环境的完整度或破碎化、边缘化、退化状况及其演化趋势，外来入侵物种的侵蚀状况。

7.1.3.3　影响效应识别

影响效应识别主要是识别影响作用产生的生态效应，即影响后果与程度识别。主要内容包括以下两个方面。

（1）影响的性质　如是正影响还是负影响，是可逆影响还是不可逆影响，可否恢复和补偿，是积累影响还是非积累影响。

（2）影响的程度　如影响的范围大小，持续时间的长短，影响发生的剧烈程度等。

影响识别的方法及其表达可采用列表清单法、矩阵法等。

7.2　生态环境现状评价

生态环境现状评价与影响评价的内容根据建设项目的影响和环境特点而有所不同，一般包括对生态系统的生物成分（生物种、种群、群落等）和非生物成分（水分、土壤等）的评价，即生态系统因子层次上的状况评价；生态系统整体结构与环境功能的评价；区域生态环境问题以及自然资源的评价；生态服务功能及其价值评价。

7.2.1　生态环境现状调查

生态环境现状调查是实施生态环境影响评价的基础性工作。生态系统的地域性特征决定了细致周详的生态环境调查是不可少的工作步骤。生态环境现状调查也要遵循生态体系完整性原则，人与自然控制共生原则和突出重点原则。生态环境调查的主要内容包括自然环境调查和社会经济状况调查。

7.2.1.1　自然环境状况调查

自然环境状况调查要侧重对项目拟建区域生态环境基本特征的调查。它主要包括以下三个方面内容。

① 自然环境的基本特征调查，如评价区内的气象气候因素和地理因素；生态环境状况和自然资源状况调查，如水资源、土壤资源、动植物、珍稀濒危动植物等。

② 生态功能状况调查，如区域自然植被的净生产力、生物量和单位面积物种数量、土壤的理化组成和生产能力等。

③ 图件收集和编制，如地形图、土地利用现状图、植被图、卫片、生物基础图件等的收集和编制。

7.2.1.2　社会经济状况调查

社会经济状况调查内容主要包括以下四个方面。

① 社会结构情况调查，如人口密度、人均资源量、人口年龄构成、人口发展状况等。

② 经济结构与经济增长方式。

③ 移民问题的调查。

④ 自然资源量的调查等。

7.2.2 生态环境现状评价

7.2.2.1 评价内容

生态环境评价的基本要求：生态环境现状调查一般需阐明生物多样性及其生态系统的类型、基本结构和特点，评价区内居优势的生态系统及其环境功能；域内自然资源赋存和优势资源及其利用状况；阐明域内不同的生态系统间的相互关系，各生态因子间的相互关系；明确区域生态系统主要约束条件以及所研究的生态系统的特殊性。

生态环境现状评价的主要内容包括：从生物多样性及生态完整性的角度评价，即注意区域环境的功能与稳定状况，用可持续发展观点评价自然资源现状、发展趋势和承受干扰的能力及植被破坏、荒漠化、珍稀濒危动植物物种消失、自然灾害、土地生产能力下降等重大资源环境问题及其产生的历史现状和发展趋势。

7.2.2.2 评价方法

生态现状评价要有大量数据支持评价结果，可以用定性与定量相结合方法进行。常用的方法有：图形叠置法、系统分析法、生态机理分析法、质量指标法、景观生态法、数学评价法等。

（1）图形叠置法 该方法把两个或更多的环境特征重叠表示在同一张图上，构成一份负荷图，用以在开发行为影响所及的范围内，指明被影响的环境特性及影响的相对大小。重点是将生态质量的 6 大指标和生态评价的 7 大重点内容作为经纬，并科学表征。该方法使用简便，但不能作精确的定量评价。其基本意义在于说明、评价或预测某一地区的受影响状态及适合开发程度，提供选择的地点和线路。目前该方法被用于公路及铁路选线、滩涂开发、水库建设、土地利用等方面的评价，也可将污染影响程度和植被或动物分布，重叠成污染物对生物的影响分布图。

（2）生态机理分析法 以生态质量的 6 大指标和生态评价的 7 大重点内容作为评价分析的基础，由于动物或植物与其生长环境构成了有机整体，当开发项目影响生物生长环境时，对动物或植物的个体、种群和群落也产生影响。按照生态学原理进行影响预测的步骤如下：

① 调查环境背景现状和搜集有关的资料；

② 调查植物和动物分布、动物栖息地和迁徙路线；

③ 根据调查结果分别对植物或动物按种群、群落和生态系统进行划分，描述其生物区系、分布特点、结构特征、演化等级、服务功能、价值评估、演化趋势；

④ 识别有无珍稀濒危物种及具有重要经济、历史、景观和美学科研价值的物种；

⑤ 观测项目建成后该地区动物、植物生长环境的变化，评估其生物多样性与景观生态的可逆性；

⑥ 根据兴建项目后的环境变化，对照无开发项目条件下动物、植物或生态系统演替趋势，预测对动物、植物个体、种群和群落的影响，并预测生态系统的演替方向；

⑦ 自然生态与生态环境、生态产业、生态文化之间的相互关系，并协调自然生态与人文生态的关系。

评价过程中有时要根据实际情况进行相应的生物模拟试验，如环境条件-生物习性模拟试验、生物毒理试验、实地种植或放养试验等，或进行数学模拟，如种群增长模型的应用。

该方法需要较详实的生态学知识，有时需要与生物学、地理学、水文学、数学及其他多学科合作评价，才能得出较为客观的结果。

（3）类比法   类比法是一种比较常用的定性和半定量评价方法，可分成整体类比和单项类比。

整体类比是根据已建成的项目对植物、动物或生态系统产生的影响来预测拟建项目的影响。该方法需要被选中的类比项目，在工程特性、地理地质环境、气候因素、动物和植物背景等方面都与拟建项目相似，并且项目建成已达到一定年限，其影响已基本趋于稳定。在调查类比项目的植被现状，包括个体、种群、群落以及动物、植物分布和生态功能的变化情况之后，再根据类比项目的变化情况预测拟建项目对动物、植物和生态系统的影响。在类比中应突出生态质量 6 大指标和生态评价 7 大内容，综合比较。

由于自然条件的千差万别，在生态环境影响评价时很难找到完全相似的两个项目，因此，单项类比或部分类比可能更实用一些。

（4）列表清单法   该方法是 Little 等人在 1971 年提出的一种定性分析方法。其基本做法是将实施的开发活动和可能受影响的环境因子分别列于同一张表格的列与行，在表格中用不同的符号来表示和判定每项开发活动与对应的环境因子的相对影响大小。该方法使用方便，针对性强。列表清单中应将生态质量的 6 大指标和生态评价 7 大主要内容作为主体，综合系统评估。

（5）质量指标法   质量指标法是环境质量评价中常用的综合指数法的拓展形式。

① 基本原理：以大系统理论为基础，将生态质量 6 大指标和生态评价 7 大内容作为纲目，通过对环境因子性质及变化规律的研究与分析，建立起评价函数曲线，通过评价函数曲线将这些环境因子的现状值（项目建设前）与预测值（项目建设后），转换为统一的无量纲的环境质量指标，由好至差用 1～0 表示，由此可计算出项目建设前、后各因子环境质量指标的变化值。最后，根据各因子的重要性赋予权重，再将各因子的变化值综合起来，便可得到项目对生态环境的综合影响。

② 环境质量指标法的基本公式如下：

$$\Delta E = \sum_{i=1}^{n} W_i \left(E_{hi} - E_{qi} \right)$$

式中 ΔE——项目建设前、后环境质量指标的变化值，即项目对环境的综合影响；

E_{hi}——项目建设后的环境质量指标；

E_{qi}——项目建设前的环境质量指标；

W_i——权值。

该方法的核心问题是建立环境因子的评价函数曲线，通常要先确定环境因子的质量指标，再根据不同标准规定的数值确定曲线的上、下限；对于已被国家标准或地方明确规定的环境因子，如水、大气等，可以直接用标准值确定曲线的上、下限；对于一些无明确标准的环境因子，需要对其进行大量的工作，选择与之相对应的质量标准，再用以确定曲线的上、下限。权值的确定大多采用专家咨询法。

（6）景观生态学方法   景观生态学方法对生态环境质量状况的评判是通过两个方面进行的：一是空间结构解析；二是功能与稳定性解析。这种评价方法可体现生态系统结构与功能匹配一致的基本原理。生态质量的 6 大指标和生态评价的 7 大内容要点同样是景观生态评价法的纲目与经纬。

空间结构分析基于景观是高于生态系统的自然系统，是一个清晰的和可度量的单位。景观由拼块、模地和廊道组成，其中模地是景观的背景地块，是景观中一种可以控制环境质量的组分。因此，模地的判定是空间结构分析的重要内容。判定模地有三个标准，即相对面积大、连通程度高、有动态控制功能。模地的判定多借用传统生态学中计算植被重要值的方法。决定某一拼块类型在景观中的优势，也称优势度值（D_o）。优势度值由密度（R_d）、频率（R_f）和景观比例（L_p）三个参数计算得出。其数学表达式如下。

$$R_d = (拼块 I 的数目/拼块总数) \times 100\%$$

$$R_f = (拼块 I 出现的样方数/总样方数) \times 100\%$$

$$L_p = (拼块 I 的面积/样地总面积) \times 100\%$$

$$D_o = 0.5 \times [0.5 \times (R_d + R_f) + L_p]$$

上述分析同时反映自然组分在区域生态环境中的数量和分布，因此能准确地表示生态环境的整体性。

（7）系统分析法 系统分析法的要点是以可持续发展战略为指导原则，将生物多样性、生态系统及其服务功能同其相关的区域景观生态、人文生态、产业生态、人居生态、经济水平与动态、社会生活质量与动态、环境质量与动态、经济发展实力、社会发展实力、生态建设实力等进行全方位的综合系统分析。同时应该以生态质量的 6 大指标和生态评价的 7 大重点内容作为经纬或纲目来系统分析。当然可以选择或优化组合各项指标与要点，因其能妥善的解决一些多目标动态问题，目前已广泛使用，尤其在进行区域规划或解决优化方案选择问题时，系统分析法可显示出其他方法所不能达到的效果。由于生态环境是开放的远离平衡状态的非线性系统，需要外界输入必要能源物流以维持其正常运行。系统多处于混沌态而可能发生各种突变，在风险分析中应高度关注。

在生态系统质量评价中使用系统分析的具体方法有专家咨询法、层次分析法、模糊综合评判法、综合排序法、系统动力学、灰色关联等方法，这些方法原则上都适用于生态环境影响评价。

7.3 生态环境影响评价

7.3.1 生态环境影响预测

生态环境影响预测是在生态环境现状调查、工程调查与分析、生态现状评价的基础上，有选择有重点的对某些评价因子的变化和生态功能的变化进行预测。预测的重点可以放在生态质量的 6 大指标和生态评价的 7 大内容之上，整合成经纬，科学评价预测。由于拟建项目类型、对环境作用方式、评价级别和目的要求的不同，在许多环境影响报告书中生态环境影响评价采用的方法、内容和侧重点也不尽相同；有的用定性描述，有的用定量或半定量评价方法；有的侧重对生态系统中生物因子的评价，有的侧重对生态系统中物理因子的评价；有的着重评价拟建项目的生态系统效应，有的着重评价生态系统污染水平变化。

7.3.1.1 预测内容

一般而言，生态评价的 7 大内容是其要点和基础。概括而言，生态影响预测内容主要有两方面：不利生态影响和有利生态影响。如自然资源开发项目对区域生态环境（主要包括对土地、植被、水文和珍稀濒危动植物等生态因子）影响的预测内容包括两个方面：一是不利生态影响，如土壤侵蚀、水土流失、栖息地面积或数量减少、动植物数量减少或灭绝；二是有利生态影响，如自然保护区的保持、增加有益物种、增加生物多样性等。

7.3.1.2 评价方法

根据生态环境影响的特点和保护的要求，评价中一般应遵循如下几个基本原则。

① 从可持续发展要求出发，注重保护土地资源（尤其是耕地）和水资源，因为水土资源是关系区可持续发展与生存的关键性资源；要注重研究和保护生态系统对区域的环境功能，确保区域生态安全。

② 遵循生态环境保护基本原理，科学地认识生态系统及其服务功能，从概念开发上揭示其本征价值及现实与潜在的价值意义，识别敏感保护目标，分析生态影响，寻求符合生态学规律的保护措施，提高生态保护的有效性。

③ 建设项目生态环境影响评价应具有针对性，即针对具体的开发建设项目，反映工程的影响特点。

④ 贯彻执行环境保护的政策法规。

⑤ 综合考虑环境与社会经济的协调发展关系。

评价的方法主要有类比分析、生态机理分析、景观生态分析等方法。具体方法见上节。

7.3.2 生态环境防护、恢复、替代方案分析

自然资源开发项目中的生态影响评价应根据区域的资源特征和生态特征，按照资源的可承载能力，论证开发项目的合理性，对开发方案提出必要的修正，提出防止不良影响的措施，以保持生态系统的多样性，使生态环境得到可持续发展。

7.3.2.1 制定减缓措施的原则

制定生态环境影响减缓措施应遵循以下原则：

① 凡涉及珍稀濒危物种和敏感地区等类生态因子发生不可逆影响时必须提出可靠的保护措施和方案；

② 凡涉及尽可能需要保护的生物物种和敏感地区，必须制定补偿措施加以保护；

③ 对于再生周期较长，恢复速度较慢的自然资源损失要制定补偿措施；

④ 对于普遍存在的再生周期短的资源损失，当其恢复的基本条件没有发生逆转时，不必制定补偿措施；

⑤ 需制定区域绿化规划。

7.3.2.2 实施减缓措施的途径

从生态环境的特点及其保护要求考虑，主要采取的保护途径有：保护、恢复、补偿和建设。

7.3.2.3 替代方案

从保护生态环境出发，生态环境影响评价必须考虑各种减轻或消除拟建项目的不利影响的替代方案。替代方案主要指开发项目的规模、选址的可替代方案，也包括项目环境保护措施的多方案比较。这种替代方案原则上应达到与原拟建项目或方案同样的目的和效益，并在评价工作中描述替代项目或方案的优点和缺点。大多数生态环境影响评价报告必须提出替代方案。最终目的是使选择的方案具有环境损失最小、费用最少、生态功能最大的特性。

7.3.3　生态环境风险分析

　　生态环境风险分析的重点是生物多样性衰减与丧失；生态环境的破碎化、边缘化、退化；生态系统演替退化及服务功能衰退或丧失；景观生态与环境资源的衰退、枯竭等风险。生态环境不确定性风险来源于理念与意识/错误之风险；信息不完全的逆向选择风险；体制性冲突风险；法治不健全风险；政策不连续风险；机制障碍风险；资金短缺风险；经济滞后风险；人才短缺风险等。

7.4　案例分析

某煤矿建设项目的生态环境影响评价

一、项目概况

　　煤矿井田面积约为 27.6km²。含煤地层全区可采和局部可采煤层共 6 层，将井田内硫分大于 3% 的煤炭资源划为暂不利用资源，仅开采 2、8 和 9 号煤层，扣除高硫部分煤炭资源后，井田工业储量 8783.91 万吨，设计可采储量 7030.63 万吨，设计开采煤层总厚度 4.16m，煤层倾角 5°～20°，平均采深 50～700m。煤矿开采原煤属于中-富灰、特低-中硫、特低-低磷的低变质无烟煤，各煤层平均含硫量为 0.61%～2.52%，煤中有害元素砷含量较低。原煤经过洗选后主要产品为电煤，定点供应某电厂，另有 12.2 万吨精煤作为化工用煤。本矿井瓦斯平均涌出量 22.89m³/min，属于高瓦斯矿井，设有地面固定式瓦斯抽放站，矿井建设期采用先抽后采方式，矿井投产初期，瓦斯用作场地锅炉和生活燃料，后期用于发电。

　　本项目建设内容为矿井及地面加工生产系统，属于新建工程。矿井设计生产能力 90 万吨/a，配套建设同等规模的选煤车间和 700m 铁路专用线。矿井服务年限 55.8 年，建设工期 41.5 个月。项目总占地 27.22hm²，其中主斜井工业场地占地 11.41hm²，占地类型主要为林草地和坡耕地，无基本农田。

二、生态环境现状

　　评价区位于云贵高原与四川盆地过渡区，属于中低山地貌。区内以农田生态系统为主，其次为林地和灌草生态系统。植被类型以栽培植被为主，面积 44.41km²，占评价区总面积的 73.61%；中覆盖度植被面积 36.85 km²，占评价区总面积的 61.09%；耕地和草地面积分别为 43.51km² 和 8.7km² 占评价区总面积的 72.12% 和 14.44%。评价区为土壤中度侵蚀区，以水力侵蚀为主，面积约为 36.44km²，占评价区总面积的 60.40%。区内基本农田面积为 2906.63hm²。生态系统组成与结构比较简单，野生动物种类较贫乏。井田范围内无自然保护区和风景名胜区。

三、环境影响识别

　　工程建设生产活动与环境影响因子及影响程度分析见表 1。

表 1　对各环境要素的影响因子及影响程度

环境要素	污染因子	井下采煤	矿井通风系统	排矸系统	煤储存洗迁转输	锅炉房	工业场地	现状评价因子筛选	预测评价因子筛选
生态影响	地表水资源	M						√	√
	森林植被	M		S	S	S		√	√
	灌草植被	M		S	S	S		√	√
	动物种群	S							
	景观资源	M			S	S	S		√
	地表塌陷	M							√

　　注：表中所列的要素均为不利影响，S、M、L 分别表示影响小、影响一般、影响大。

通过工程分析和环境因子识别，筛选出评价因子见表2。

表2 评价因子的筛选结果

环 境 要 素	评 价 因 子
生态	土壤侵蚀：土壤侵蚀类型、侵蚀程度、侵蚀模数
	植被：植被类型、组成、盖度等
	土地利用：土地利用构成、分布等
	农作物：农作物种类、分布
	地表沉陷：地表下沉、倾斜曲率、水平移动、水平变形等
	生态恢复：恢复指标

根据评价的环境影响识别，矿井开采产生的地表沉陷对生态环境的影响评价及保护措施等应作为评价的重点。生态环境主要保护目标见表3。

表3 环境保护目标

环 境 要 素	保 护 内 容
生态	井田区的19个村庄、农田、水利设施、植被、位于井田北面边界外4.2km的筠连岩溶风景区，矿区井田内不涉及风景名胜区
	水土流失以控制水土流失量为目标，侵蚀模数以500t/(km² · a)为目标

四、生态环境影响预测及环保措施

（1）建设期生态环境及拟采取的治理措施　工程永久性占地27.22hm²，建设期临时占地0.37hm²，地面土方工程量较大，大量的地表剥离、挖填方，将在局部范围内破坏地表植被，短期内加剧水土流失，产生一定的负面生态影响。

生态保护措施：做好施工场地规划，划定弃土弃渣点和施工范围，减少施工影响，尽量少破坏原有的地表植被和土壤；施工结束后对于临时占地和临时便道等破坏区，按照《土地复垦规定》及时进行土地复垦和植被重建工作。

（2）运营期生态影响及其保护措施

① 地表沉陷的生态影响及拟采取的措施　选择概率积分法进行地表移动变形预测，考虑山区滑动的影响，对预测模式作山区修正。

预测公式（略）。

参数取值主要与煤层开采方法、顶板管理方法、上覆岩层性质、重复采动次数及采深和采厚比等因素相关。根据筠连矿区开发环评中岩石抗压强度试验及区域地质条件选择，根据煤层各分层厚度和响应的岩性评价系数、岩性影响系数、煤层倾角等数据，计算出下沉系数、主要影响角正切、水平移动系数、拐点偏移距及影响传播角。参数计算结果见表4。

表4 矿井地表变形预计参数

序号	参数	符号	单位	参数值	备注
1	下沉系数	q	/	0.56	重复采动取0.65
2	主要影响角正切	$\tan\beta$	/	2.2	重复采动取2.5
3	水平移动系数	B	/	0.34	/
4	拐点偏移距	S	m	$0.2H$	重复采动取$0.1H$
5	影响传播角	θ	deg	$90\sim0.6\alpha$	α为煤层倾角(deg)

预测结果表明，本井田首采区开采后，南一采区地面最大下沉值2095mm，北一采区地面最大下沉值

2587mm；全井田煤层开采后，地表最大下沉值为 2587mm，计算结果见表 5。

表 5　全井田多煤层开采后不同采深地表移动变形最大值

煤层	矿井								
	2			8			9		
煤厚/mm	980			2439			750		
采深最大变形值	$W_m=528$			$W_m=2046$			$W_m=2587$		
	$U_m=179$			$U_m=696$			$U_m=879$		
	i_m /(mm/m)	k_m /(10^{-3}/m)	ε /(mm/m)	i_m /(mm/m)	k_m /(10^{-3}/m)	ε /(mm/m)	i_m /(mm/m)	k_m /(10^{-3}/m)	ε /(mm/m)
50	12.78	0.47	6.61	61.87	2.84	31.98	96.20	5.44	49.72
100	7.18	0.15	3.71	34.01	0.86	17.58	51.99	1.59	26.87
150	5.32	0.08	2.75	24.72	0.45	12.78	37.25	0.82	19.25
200	4.39	0.06	2.27	20.08	0.30	10.38	29.88	0.52	15.44
250	3.83	0.04	1.98	17.29	0.22	8.94	25.46	0.38	13.16
300	3.45	0.03	1.78	15.44	0.18	7.98	22.51	0.30	11.63
350	3.19	0.03	1.65	14.11	0.15	7.29	20.41	0.24	10.55
400	2.99	0.03	1.54	13.11	0.13	6.78	18.83	0.21	9.73
500	2.71	0.02	1.40	11.72	0.10	6.06	16.62	0.16	8.59
600	2.52	0.02	1.30	10.79	0.09	5.58	15.14	0.13	7.83
700	2.39	0.02	1.23	10.13	0.08	5.23	14.09	0.12	7.28

地表沉陷不会改变井田区域总体地貌类型，主要影响为诱发滑坡、造成局部区域的地表裂缝，陡峭山体可能出现崩塌等。首采区开采后，受沉陷影响的总面积为 6.23km²，其中影响耕地和草地的面积分别为 326.55hm² 和 145.24hm²，分别占受影响面积的 52.42% 和 23.31%；受影响基本农田 301.54hm²，占受影响耕地面积的 81.31%。

全井田开采后，井田及周边受地表沉陷影响面积为 28.92km²；井田范围内受影响的土地类型主要为耕地和草地，面积分别为 2085.71hm² 和 417.53hm²，占开采区影响面积的 72.12% 和 14.44%；受影响的耕地中基本农田约 1393.33hm²，占受影响耕地面积的 66.8%。

生态恢复和保护措施为：受地表沉陷影响的土地恢复按照因地制宜、适林则林、宜耕则耕的原则进行土地恢复，采取生态重置与经济补偿相结合的土地整治方案。对宽度小于 100mm 的地表裂缝，以自然恢复为主，对宽度大于 100mm 的地表裂缝，以人工填堵为主，机械封堵为辅；对受中度破坏无法恢复功能的基本农田，由建设单位出资，由当地国土部门负责开垦出同等质量和面积的基本农田，做到"占补平衡"；对占地和耕地受影响的农户进行经济补偿。

生态综合整治目标：沉陷土地复垦率达到 90%，沉陷区植被恢复大于 95%，危害性滑坡、裂缝等沉陷灾害的治理率达到 95%，整治区林草覆盖率达到 30.0%，基本农田恢复率达到 100%。

生态补偿：全井田土地复垦所需费用为 922.87 万元；耕地和林地补偿费共 163.75 万元，整治和补偿费用纳入煤矿生产成本中。由建设单位按吨煤 0.35 元的比例提取，交当地政府，统一安排进行生态整治。

制定生态管理和监控计划，设专人负责该计划的落实。

② 沉陷对村庄的影响及搬迁安置　范围内涉及 19 个行政村 3095 户 12478 人。沉陷预测结果表明，本井田开采后，全井田将有 1238 户居民（5069 人）房屋受到Ⅳ级破坏。

地表沉陷保护措施：对井田范围内的 F89、F90 和 F5 断层点两侧留设保安煤柱，井田边界、煤层露头、井田内的大罗瓦河、巡司河、采区边界及井田内较大的村庄等设保护煤柱。

　　根据村庄分布特征、人口多少和村庄受地表沉陷影响程度和特点，对受影响的村庄采取加固、修复、搬迁或留设保护煤柱相结合的保护措施。

　　搬迁地址选择：避开地质灾害易发区，尽可能地迁入水源比较丰富的大罗瓦河、巡司河两岸，生活用水有保证，方便农业生产，就近搬迁。

　　居民搬迁安置方案：全井田需搬迁 15 个自然村 1238 户 5069 人。根据矿井开采计划及开采时序，井田范围内村庄需相继分批分时段进行搬迁安置，其中首采区有 337 户 1268 人，计划在采区工作面布置之前采用一次性整体搬迁的方式，搬迁地将结合采区煤柱以及断层煤柱的设置，安置在煤柱保护区域内或搬迁出井田影响区域；其他采区将在该采区工作面布置之前采用一次性整体搬迁的方式。

　　预计首采区村庄的搬迁费用为 1348.0 万元，由建设单位出资，当地政府进行协助安置，建设单位已出具承诺函予以保证，县国土资源局已行文同意负责搬迁安置工作。

　　③ 地质灾害影响与防护　采煤诱发滑坡和岩体崩塌等地质灾害是我国西南山区煤矿开采的特点。本建设煤矿可能诱发 H6 滑坡体和 H3 滑坡体，影响铁索桥——魏家村滑坡（H1），可能会伴随小型次级滑动面产生，采煤队大院子——五个田滑坡（H2）影响小。在井田区内无大规模的崩塌体，有局部陡岩。采取措施后，滑坡和坍塌发生不会对居民生命安全造成损失。

　　防治措施：在南一采区中部的 H3 滑坡上的居民位于首采区，提取搬迁；H6 滑坡上的居民位于井田边界，受边界煤柱保护，不用搬迁；加强对 H1 和 H2 滑坡体的岩移观测；增加南六采区南部边界煤柱200～250m，避免诱发 H6 滑坡体发生滑坡；在南一采区中部的 H3 滑坡体前缘舌地，打防滑桩、挡土墙等工程措施，同时采取植物护坡、周围设排水沟等进行综合治理；在大院子——五个田滑坡（H2）和铁索桥——魏家村滑坡（H1）周围设排水沟；严禁在滑坡等不稳定山体下新建房屋；对因矿井开采诱发的次生地质灾害进行治理，治理率达到 95% 以上；在地质灾害易发区设立警示标志；提出具体制定地质灾害应急预案的具体要求，灾害发生时，应及时启动应急预案，灾害放生后，及时恢复受损的农田和植被。

　　本章主要内容有生态环境影响评价的工作程序，生态环境影响评价的工作内容，生态环境影响预测的方法和内容，最后讨论生态环境影响评价的替代方案。

思考题与习题

1. 请写出生态环境影响评价的基本工作程序。
2. 谈一谈对生态环境影响评价的看法。
3. 根据所学内容和学校的实际情况，选择一个企业，对它的实际情况进行调查，假设它将对自己现在的生产线进行改建，请对它的改建工程进行生态环境影响评价，并写出生态环境影响报告书。

8

环境噪声影响评价

建设项目在建设及运行阶段会不同程度地产生噪声，影响周围人群的学习、工作和正常生活及休息。噪声会损害人的听觉，干扰人们的心理与情绪，引起生理学、心理学反应，并可导致病理学反应，严重时甚至诱发疾病（包括神经系统和心血管系统的疾病）。噪声影响评价是分析拟议开发行动产生的噪声对人群和生态环境的影响范围和程度，提出避免、消除和减少其影响的措施，为开发行动或建设项目方案及总图布置优化选择提供依据。

8.1　环境噪声影响评价工作等级

8.1.1　环境噪声影响评价工作等级划分

根据建设项目所在区域的声环境功能区类别、建设项目建设前后所在区域的声环境质量变化程度及受建设项目影响的人口数量，通常将环境噪声影响评价工作划分为三级。

① 对大、中型建设项目、属于规划区内的建设工程、受噪声影响的评价范围内有适用于《声环境质量标准》(GB 3096—2008) 规定的 0 类声环境功能区域，以及对噪声有特别限制要求的保护区等敏感目标，或建设项目建设前后评价范围内敏感目标噪声级增高量达 5dB（A）以上 ［不含 5dB（A）］，或受影响人口显著增多时，进行一级评价。

② 对于新建、扩建及改建的大、中型建设项目，项目所处声环境功能区为《声环境质量标准》(GB 3096—2008) 规定的 1 类、2 类地区，或建设项目建设前后评价范围内敏感目标噪声级增高量达 3dB（A）～5dB（A）［含 5dB（A）］，或受影响人口增加较多时，进行二级评价。

③ 对于建设项目所处声环境功能区为《声环境质量标准》(GB 3096—2008) 规定的 3 类、4 类地区，或建设项目建设前后评价范围内敏感目标噪声级增高量在 3dB（A）以下［不含 3dB(A)］，且受影响人口数量变化不大时，进行三级评价。

8.1.2　环境噪声影响评价工作级别的基本要求

8.1.2.1　一级评价工作的基本要求

① 明确项目声源数量、位置和源强。

② 环境噪声现状需要实测。

③ 预测范围要覆盖全部敏感目标，并绘制等声级线图。

④ 敏感目标高于（含）三层建筑时，绘制垂直方向的等声级线图。

⑤ 不同时段工程预测发生变化的项目，应分别预测不同时段噪声级。

⑥ 存在比选方案时，从声环境保护角度提出推荐方案。

⑦ 提出噪声防治措施，并从经济、技术方面给予可行性论证。

⑧ 明确防治措施的最终降噪效果和达标分析。

8.1.2.2　二级评价工作的基本要求

① 明确项目声源数量、位置和源强。

② 环境噪声现状以实测为主，可适当利用现有资料。

③ 预测范围要覆盖全部敏感目标，并绘制等声级线图。

④ 不同时段工程预测发生变化的项目，应分别预测不同时段噪声级。

⑤ 存在比选方案时，从声环境保护角度进行合理性分析。

⑥ 提出噪声防治措施，并从经济、技术方面给予可行性论证。

⑦ 给出防治措施的最终降噪效果和达标分析。

8.1.2.3　三级评价工作的基本要求

① 明确项目声源数量、位置和源强。

② 重点调查主要敏感目标，充分利用现有资料。

③ 预测项目建成后各敏感目标的噪声值，只做影响分析。

④ 提出噪声防治措施，并进行达标分析。

8.1.3　声环境影响评价范围

8.1.3.1　以固定声源为主的建设项目评价范围

对于工厂、港口、施工工地、铁路站场等以固定声源为主的建设项目，一级评价的评价范围为以建设项目边界向外200m；二级、三级可根据建设项目所在区域和相邻区域声环境功能区类别及敏感目标等实际情况适当缩小，但若依据建设项目声源计算得到的贡献值到200m处仍不能满足相应功能区标准时，可以将范围扩大到满足标准值的距离。

8.1.3.2　以线状声源为主的建设项目评价范围

对于城市道路、公路、铁路、城市轨道交通地上线路和水运线路等建设项目，一级评价的范围为道路中心线外两侧200m以内，二级、三级可根据建设项目所在区域和相邻区域声环境功能区类别及敏感目标等实际情况适当缩小，但若依据建设项目声源计算得到的贡献值到200m处仍不能满足相应功能区标准时，可以将范围扩大到满足标准值的距离。

8.1.3.3　机场周围飞机噪声评价范围

机场周围飞机噪声评价范围应根据飞行量计算到 L_{WECPN} 为70dB的区域。一级评价一般以主要航迹离跑道两端各6～12km、侧向1～2km的范围；二级、三级可以根据建设项目所处区域的声环境功能区类别及敏感目标等实际情况适当缩小。

8.1.4　环境噪声影响评价工作程序

《环境影响评价技术导则——声环境》（HJ 2.4—2009）规定的评价技术工作程序见图8-1。

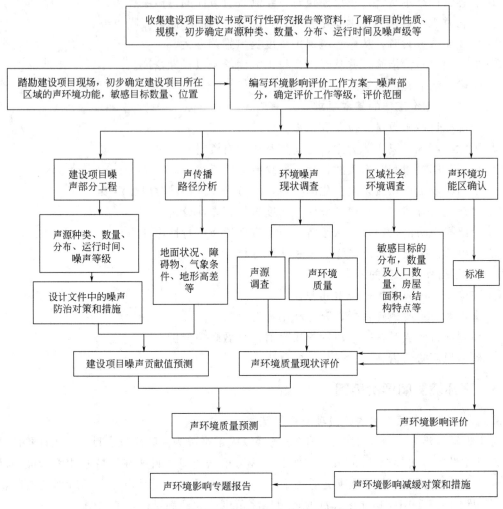

图 8-1   环境噪声影响评价技术工作程序

8.2   环境噪声现状调查与评价

8.2.1   评价标准的确定

根据声源的类别和建设项目所处的声环境功能区等确定声环境影响评价标准，没有划分声环境功能区的区域由地方环境保护部门参照 GB 3096 和 GB/T 15190 的规定划定声环境功能区。

8.2.2   环境噪声现状调查的基本内容和方法

环境噪声现状调查的方法主要包括收集资料法、现场调查法和现场测量法。应根据项目的实际情况及评价工作等级的要求确定需要采用的方法。调查的内容主要有影响声波传播的环境要素、声环境功能区划、敏感目标和现状声源等。

8.2.3 环境噪声现状监测

改扩建项目需要调查现有车间和厂区的噪声现状，新建项目需要调查厂界及评价区域内的噪声水平，一般可以依据 GB 12348—2008《工业企业厂界环境噪声排放标准》、GB 22337—2008《社会生活环境噪声排放标准》、GB 12525—90《铁路边界噪声限值及其测量方法》及 GB 9661—88《机场周围飞机噪声测量方法》进行。

8.2.4 环境噪声现状评价

城市噪声现状评价包括评价范围内现有主要声源种类、数量及相应的噪声级、噪声特性和不同类别的声环境功能区内各敏感目标的超、达标状况、主要噪声源分析等，以图、表结合的方式给出评价范围内的声环境功能区及其划分情况，并确定现有噪声敏感区的分布、调查声环境功能区噪声超标范围的人口数及分布情况。

8.3 噪声环境影响预测

8.3.1 预测模式

8.3.1.1 源强的确定

在对源强进行确定时，根据声源性质以及预测点与声源之间的距离等情况，把声源简化成点声源、线声源或面声源。然后根据已获得的声源源强的数据和各声源到预测点的声波传播条件资料，计算出噪声从各声源传播到预测点的声衰减量，由此计算出各声源单独作用在预测点时产生的 A 声级或等效感觉噪声级。

机械设备的噪声及估算是噪声预测与评价的一个十分重要的内容。预测时应分析建设项目的设备类型、型号、数量，并结合设备类型、设备和工程边界、敏感目标的相对位置确定工程的主要声源，建立坐标系，根据实际情况计算，并编制主要声源汇总表。机电噪声、风机噪声、压缩机噪声、泵类噪声、发动机噪声、机床噪声和排气放空噪声等，都有专门的计算公式和测量方法。一般的工业设备噪声级见表 8-1。

表 8-1 工业设备噪声级

声级/dB(A)	声 源
130	风铲、风铆、大型鼓风机、锅炉排气室
125	轧材热锯(峰值)、锻锤(峰值)、818-No.8 鼓风机
120	有齿锯锯钢材、大型球磨机、加压制砖机
115	柴油机试车、双水内冷发电机试车、振捣台、6500 抽风机、热风炉、鼓风机、振动筛、桥梁生产线
110	罗茨鼓风机、电锯、无齿锯
105	织布机、电刨、大螺杆压缩机、破碎机
100	织机、柴油发电机、大型鼓风机站、矿山平峒、电焊机
95	织带机、棉纺细纱车间、轮转印刷机、经纺机、纬纺机、梳棉机、空压机站、泵房、冷冻机房
90	轧钢车间、饼干成型、汽水封盖、柴油机、汽油机加工流水线
85	车床、洗床、刨床、凹印、铅印、平台印刷机、折页机、装订连动机、造纸机、切草机
80	织袜机、针织机、平印连动机、漆包线机、挤塑机
75	上胶机、过板机、蒸发机、电线成盘机、真空镀膜机、复印机

表 8-1 为按声级排列的工业设备噪声级，若实测和公式计算有困难时，对评价工作等级要求不高的建设项目可直接查用。

典型环境噪声的声压和声压级统计归纳为表 8-2。

表 8-2 典型环境噪声的声压和声压级

典 型 环 境	声压/Pa	声压级/dB	典 型 环 境	声压/Pa	声压级/dB
喷气式飞机的喷气口附近	630	150	繁华街道上	0.063	70
喷气式飞机附近	200	140	普通说话	0.02	60
锻锤、铆钉操作位置	63	130	微电机附近	0.0063	50
大型球磨机旁	20	120	安静房间	0.002	40
8-18 型鼓风机附近	6.3	110	轻声耳语	0.00063	30
纺织车间	2	100	树叶落下的沙沙声	0.0002	20
4-72 型风机附近	0.63	90	农村静夜	0.000063	10
公共汽车内	0.2	80	人耳刚能听到	0.00002	0

8.3.1.2 预测点和预测量

（1）预测点的确定原则 建设项目厂界（或厂界、边界）和评价范围内的敏感目标作为预测点

（2）预测量 等效声级贡献值 L_{eqg} 按下式计算：

$$L_{eqg} = 10\lg\left(\frac{1}{T}\sum_i t_i 10^{0.1L_{Ai}}\right)$$

式中 L_{eqg}——建设项目声源在预测点的等效声级贡献值，dB（A）；

$\quad\quad L_{Ai}$——i 声源在预测点产生的 A 声级，dB（A）；

$\quad\quad T$——预测计算的时间段，s；

$\quad\quad t_i$——i 声源在 T 时段内的运行时间，s。

8.3.1.3 环境噪声预测模型

噪声从声源传播到受声点时，因几何发散、大气吸收、地面效应、屏障屏蔽及其他多方面效应的影响，会使其产生衰减。为了保证噪声影响预测和评价的准确性，对于由上述各因素所引起的衰减值需认真考虑，不能任意忽略。

（1）噪声的几何发散衰减（A_{div}）

a. 无指向性点声源的几何发散衰减的基本公式是：

$$L_p(r) = L_p(r_0) - 20\lg(r/r_0)$$

式中 r_0——参考点距点声源的距离，m；

$\quad\quad r$——预测点距点声源的距离，m。

公式中第二项表示点声源的几何发散衰减：

$$A_{div} = 20\lg(r/r_0)$$

当 $r = 2r_0$ 时，由上式可算出 $A_{div} = 6dB$，即点声源声传播距离增加一倍，衰减值是 6dB。

b. 无限长线声源的几何发散衰减的基本公式是：

$$L_p(r) = L_p(r_0) - 10\lg(r/r_0)$$

公式中第二项表示了线声源的几何发散衰减：

$$A_{div} = 10\lg(r/r_0)$$

当 $r = 2r_0$ 时，由上式可算出 $A_{div} = -3dB$，即线声源声传播距离增加一倍，衰减值是 3dB。

c. 面声源的几何发散衰减

面声源短边是 a，长边是 b，随着距离的增加，引起其衰减值与距离的关系。

当 $r < a/\pi$ 时，几乎不衰减（$A_{div} \approx 0$）；

当 $a/\pi < r < b/\pi$ 时，距离加倍衰减 3dB 左右，类似线声源衰减特征 $[A_{div} \approx 10\lg(r/r_0)]$；

当 $r > b/\pi$ 时，距离加倍衰减趋近于 6dB，类似点声源衰减特征 $[A_{div} \approx 20\lg(r/r_0)]$

（2）噪声被空气吸收的衰减（A_{atm}） 空气吸收声波而引起的声衰减与声波频率、大气压、温度、湿度有关。空气吸收引起的衰减按下式计算：

$$A_{atm} = \frac{a(r-r_0)}{1000}$$

式中 a——空气吸收系数，为温度、湿度和声波频率的函数，预测计算中一般根据建设项目所处区域常年平均气温和湿度选择相应的空气吸收系数。

（3）噪声的地面效应衰减（A_{gr}） 声波越过疏松地面传播（或大部分为疏松地面的混合地面）时，在预测点仅计算 A 声级前提下，地面效应引起的倍频带衰减可依照下式计算：

$$A_{gr} = 4.8 - \left[\frac{2h_m}{r}\left(17 + \frac{300}{r}\right)\right]$$

式中 r——声源到预测点的距离，m；

h_m——传播路径的平均离地高度，m。

若 A_{gr} 计算出负值，则 $A_{gr} = 0$。

（4）噪声因屏障引起的衰减（A_{bar}）

a. 有限长薄屏障在点声源声场中引起的衰减计算公式如下：

$$A_{bar} = -10\lg\left[\frac{1}{3+20N_1} + \frac{1}{3+20N_2} + \frac{1}{3+20N_3}\right]$$

式中 N——菲涅尔数。

当屏障作无限长时，则

$$A_{bar} = -10\lg\left[\frac{1}{3+20N_1}\right]$$

b. 绿化林带对噪声的附加衰减与树种、林带结构和密度等因素密切相关。绿化林带位于声源附近或者预测点附近，均可使声波衰减。通过树叶传播造成的噪声衰减随着在树叶中传播距离的增长而增加。表 8-3 中给出了通过总长为 10～20m 之间的密叶时，由密叶引起的衰减。在一般情况下，松树林带能使频率为 1000Hz 的声音衰减 3dB/10m；杉树林带为 2.8dB/10m；槐树林带为 3.5dB/10m；高 30cm 的草地为 0.7dB/10m。

表 8-3 信频带噪声通过密叶传播时产生的衰减

项目	传播距离 d_f/m	信频带中心频率/Hz							
		63	125	250	500	1000	2000	4000	8000
衰减/dB	$10 \leq d_f < 20$	0	0	1	1	1	1	2	3

另外，噪声还可能因为其他多方面原因而引起衰减（A_{misc}），主要包括工业场所及通过房屋群的衰减等。

8.3.2 预测模式选用

预测模式在工业生产、公路铁路及城市道路交通运输、机场飞机、工程施工和敏感建筑建设项目等方面有着具体的应用。下面仅就环境噪声预测模式在工业噪声和工程施工噪声中的选用做具体讨论。

8.3.2.1 工业噪声预测

工矿企业中的噪声源可以分为室外噪声源和室内噪声源两种，其噪声影响预测应分别对待。

（1）单个室外点声源 如已知声源的倍频带声功率级（从 $63\sim8Hz$ 标称频带中心频率的 8 个倍频带），可采用倍频带声压级法，预测点位置的倍频带声压级 $L_p(r)$ 可按下述公式计算：

$$L_p(r)=L_w+D_c-A$$
$$A=A_{div}+A_{atm}+A_{gr}+A_{bar}+A_{misc}$$

式中　L_w——倍频带声功率级，dB；

D_c——指向性校正，dB；描述点声源的等效连续声压级与产生声功率级 L_w 的全向
　　　点声源在规定方向的级的偏差程度；

A——倍频带衰减，dB；

A_{div}——几何发散引起的倍频带衰减，dB；

A_{atm}——大气吸收引起的倍频带衰减，dB；

A_{gr}——地面效应引起的倍频带衰减，dB；

A_{bar}——声屏障引起的倍频带衰减，dB；

A_{misc}——其他多方面效应引起的倍频带衰减，dB。

（2）室内声源 假如某厂房内共有 N 个噪声源，对观测点的影响可看作是相当于若干个等效室外声源。其计算方法如下所示。

① 假设靠近开口处（或窗户）室内、室外某倍频带的声压级分别为 L_{p1} 和 L_{p2}。若声源所在室内声场为近似扩散声场，则室外的倍频带声压级可按下面的公式近似求出：

$$L_{p2}=L_{p1}-(TL+6)$$

式中　TL——隔墙（或窗户）倍频带的隔声量，dB。

② 计算某一室内声源靠近维护结构处产生的倍频带声压级

$$L_{p1}=L_w+10\lg\left(\frac{Q}{4\pi r^2}+\frac{4}{R}\right)$$

式中　Q——指向性因素；

R——房间常数；

r——声源到靠近维护结构某点处的距离，m。

③ 计算厂房内 N 个声源在围护结构处产生的 i 倍频带叠加声压级：

$$L_{p1i}(T)=10\lg\left(\sum_{j=1}^{N}10^{0.1L_{p1ij}}\right)$$

式中　$L_{p1i}(T)$——靠近维护结构处室内 N 个声源 i 倍频带的叠加声压级，dB；

L_{p1ij}——室内 j 声源 i 倍频带的声压级，dB；

N——室内声源总数。

④ 根据围护结构（一般为门、窗）的面积换算成等效室外声源和室外声源的声压级，计算中心位置位于透声面积处的等效声源的倍频带声功率级。

⑤ 按照上述室外声源的计算方法，计算厂房声源对预测点产生的贡献值（L_{eag}）为：

$$L_{eag} = 10\lg\left[\frac{1}{T}\left(\sum_{i=1}^{N} t_i 10^{0.1L_{Ai}} + \sum_{i=1}^{M} t_j 10^{0.1L_{Aj}}\right)\right]$$

式中　L_{Ai}——第 i 个室外声源在预测点产生的 A 声级；

　　　L_{Aj}——第 j 个等效室外声源在预测点产生的 A 声级；

　　　t_i——在 T 时间内 i 声源工作时间，s；

　　　t_j——在 T 时间内 j 声源工作时间，s；

　　　T——用于计算等效声级的时间，s；

　　　N——室外声源个数；

　　　M——等效室外声源个数。

8.3.2.2　工程施工噪声预测

施工过程发生的噪声与其他重要的噪声源不同。其一是噪声由许多不同种类的设备发出的，其二是这些设备的运作是间歇性的，因此所发噪声也是间歇性和短暂的，其三是一般规定施工应在白天进行，因此对睡眠干扰较少。在做施工噪声影响评价时，应充分考虑上述特点。预测和评价施工噪声影响的步骤如下。

① 应用表 8-4 确定各类工程在各个施工阶段场地上发出的等效声级 L_{eq}。

表 8-4　施工场地上的能量等效声级（dB）的典型范围

工程类型	住房建设		办公建筑、旅馆、学校、医院、公用建筑		工业小区、停车场、宗教、娱乐、休息、商店、服务中心		公共工程、道路与公路、下水道和管沟	
施工阶段	Ⅰ①	Ⅱ②	Ⅰ	Ⅱ	Ⅰ	Ⅱ	Ⅰ	Ⅱ
场地清理	83	83	84	84	84	83	84	84
开挖	88	75	89	79	89	71	88	78
基础	81	81	78	78	77	77	88	88
上层建筑	81	65	87	75	84	72	79	78
完工	88	72	89	75	89	74	84	84

① 所有重要的施工设备都在现场。

② 只有极少数必需的设备在现场。

② 用下式确定整个施工过程中的场地上的 L_{eq}。

$$L_{eq} = 10\lg\frac{1}{T}\sum_{i=1}^{N} T_i (10)^{L_i/10}$$

式中　L_i——第 i 阶段的 L_{eq}；

　　　T_i——第 i 阶段延续的总时间；

　　　T——从开始阶段（$i=1$）到施工结束（$i=N$）的总延续时间；

　　　N——施工阶段数。

③ 在离施工场地 x 距离处的修正系数为

$$ADJ = -20\lg\left(\frac{x}{0.328} + 250\right) + 48$$

式中　x——离场地边界的距离，m。

则　　　　　　　　　　　　　$L_{eq(x)} = L_{eq} - ADJ$

④ 在适当的地图上画出场地周围 L_{eq} 的廓线。

8.4　环境噪声影响评价

噪声环境影响评价的主要目的有两方面，其一通过预测评价建设项目对声学环境的污染程度，从而判断建设项目选址是否合理，同时为优化建设项目总平面布置提供依据；另一方面是进行噪声控制措施的可行性分析，提出各种噪声防治对策，把建设项目建成后的噪声污染控制在现行标准允许的范围内。

8.4.1　环境噪声影响评价主要内容

噪声影响评价就是解释和评估拟建项目造成的周围噪声环境预期变化的重大性，据此提出消减其影响的措施。

（1）主要内容　国内噪声环境影响评价的主要内容包括以下四个方面。

① 评价方法和评价量　根据噪声预测结果和环境噪声评价标准，评价建设项目在施工、运行期噪声的影响程度、影响范围，给出边界（厂界、场界）及敏感目标的达标分析。

进行边界噪声评价时，新建建设项目以工程噪声贡献值作为评价量；改扩建建设项目以工程噪声贡献值与受到现有工程影响的边界噪声值叠加后的预测值作为评价量。进行敏感目标噪声环境影响评价时，以敏感目标所受的噪声贡献值与背景噪声值叠加后的预测值作为评价量。对于改扩建的公路、铁路等建设项目，如预测噪声贡献值时已包括了现有声源的影响，则以预测的噪声贡献值作为评价量。

② 影响范围、影响程度分析　给出评价范围内不同声级范围覆盖下的面积，主要建筑物类型、名称、数量及位置，影响的户数、人口数。

③ 噪声超标原因分析　分析建设项目边界（厂界、场界）及敏感目标噪声超标的原因，明确引起超标的主要声源。对于通过城镇建成区和规划区的路段，还应分析建设项目与敏感目标间的距离是否符合城市规划部门提出的防噪声距离。

④ 对策建议　分析建设项目的选址（选线）、规划布局和设备选型等的合理性，评价噪声防治对策的适用性和防治效果，提出需要增加的噪声防治对策、噪声污染管理、噪声监测及跟踪评价等方面的建议，并进行技术、经济可行性论证。

（2）其他考虑　拟建项目对野生动物的影响有时很关键。例如，海洋石油勘探的噪声对海洋哺乳动物如海豚、鲸等有影响；高压输电线通道的噪声刺激有些野生动物繁殖；噪声也能影响鱼类听力。一般说，噪声的后果是破坏野生动物的正常繁殖形式和使栖息地环境恶化。在靠近珍稀和濒危野生生物保护区边界有开发行动时，应注意评估噪声对其影响。

8.4.2　噪声防治对策

8.4.2.1　噪声防治措施的一般要求

（1）工业（工矿企业和事业单位）建设项目噪声防治措施应针对建设项目投产后噪声影响的最大预测值制订，以满足厂界（或场界、边界）界和厂界外敏感目标（或声环境功能区）的达标要求。

（2）交通运输类建设项目（如公路、铁路、城市轨道交通、机场项目等）的噪声防治措施应针对建设项目不同代表性时段的噪声影响预测值分期制订，以满足声环境功能区及敏感目标功能要求。其中，铁路建设项目的噪声防治措施还应同时满足铁路边界噪声排放标准要求。

8.4.2.2 防治途径

（1）规划防治对策 在整体规划上对噪声污染进行防治主要指从建设项目的选址（选线）、规划布局、总图布置和设备布局等方面进行调整，提出减少噪声影响的建议。如采用"闹静分开"和"合理布局"的设计原则，使高噪声设备尽可能远离噪声敏感区；建议建设项目重新选址（选线）或提出城乡规划中有关防止噪声的建议等。

（2）技术防治措施 噪声环境影响评价中，技术防治对策应该考虑从声源上降低噪声和从噪声传播途径上降低噪声两个环节。同时应重视敏感目标自身的防护以及管理措施。

（3）从声源上降低噪声 从声源上降低噪声是指将发声大的设备改造成发声小的或者不发声的设备，其方法主要包括：改进机械设计，如在设计和制造过程中选用发声小的材料来制造机件，改进设备结构和形状、改进传动装置以及选用已有的低噪声设备等；采取声学控制措施，如对声源采用消声、隔声、隔振和减振等措施；维持设备处于良好的运转状态，因设备运转不正常时噪声往往提高；改革工艺、设施结构和操作方法等。

（4）在噪声传播途径上降低噪声 在噪声传播途径上降低噪声是一种常用的噪声防治手段，以使噪声敏感区达标为目的，具体做法包括：在噪声传播途径上增设吸声、声屏障等措施；利用自然地形物（如利用位于声源和噪声敏感区之间的山丘、土坡、地堑、围墙等）降低噪声；将声源设置于地下或半地下的室内等；合理布局声源，使声源远离敏感目标等。

（5）敏感目标自身防护措施 敏感目标自身的防护措施也可以有效较少噪声的影响，主要包括受声者自身增设吸声、隔声等措施；合理布局噪声敏感区中的建筑物功能和合理调整建筑物平面布局。

（6）管理措施 主要包括提出环境噪声管理方案（如制定合理的施工方案、优化飞行程序等），制定噪声监测方案，提出降噪减噪设施的使用运行、维护保养等方面的管理要求，提出跟踪评价要求等。

（7）通过评价提出的各项噪声防治对策，必须符合针对性、具体性、经济合理性、技术可行性原则。

通过影响预测、评价和采取一定的防治对策后，对拟建项目方案的噪声影响作出评价结论，在噪声环境影响报告书中明确指出该项目是可以接受的、可行的或不可接受的、不可行的。

8.5 案例分析

某公司声环境影响评价与预测

一、声源源强分析

某工程噪声源主要有电机、搅拌、泵、引风机、鼓风机、制冷机、空压机、冷却塔等。某公司主要噪声设备安装在生产车间内，对于露天的引风机、鼓风机等采取安装隔声罩的措施降噪。

某公司生产车间较多，且每个生产车间的电机、泵、搅拌等设备较多，因此，把每个生产车间的设备声级进行叠加后进行等效处理。车间设备的声级在 75～85dB（A）之间，噪声设备个数在 50～100 个。根据噪声叠加公式，叠加后的等效声级为 95～100dB（A）。

原料储罐区泵呈排布置，可按线声源进行处理，声压级按 80dB（A）/m 计算。引风机、鼓风机等按采取隔声罩的措施的声压级进行计算。以某公司厂区西南角作为坐标原点确定声源的空间分布坐标。

工程噪声源见表 1 和表 2。

表 1　点声源统计

序　号	源　名　称	坐　标	白天源强/dB	夜晚源强/dB	室　内
1	乙酰甲胺磷车间等效声源	418,180,1	100.00(500Hz)	100.00(500Hz)	√
2	乙酰甲胺磷车间等效声源	418,137,1	100.00(500Hz)	100.00(500Hz)	√
3	溴虫腈车间等效声源	238,75,1	100.00(500Hz)	100.00(500Hz)	√
4	溴虫腈车间等效声源	236,33,1	100.00(500Hz)	100.00(500Hz)	√
5	嘧菌酯车间等效声源	46,265,1	100.00(500Hz)	100.00(500Hz)	√
6	嘧菌酯车间等效声源	135,266,1	100.00(500Hz)	100.00(500Hz)	√
7	草铵膦车间等效声源	47,222,1	100.00(500Hz)	100.00(500Hz)	√
8	草铵膦车间等效声源	138,222,1	100.00(500Hz)	100.00(500Hz)	√
9	除虫脲车间等效声源	501,264,1	100.00(500Hz)	100.00(500Hz)	√
10	除虫脲车间等效声源	497,222,1	100.00(500Hz)	100.00(500Hz)	√
11	水胺硫磷车间等效声源	417,269,1	100.00(500Hz)	100.00(500Hz)	√
12	水胺硫磷车间等效声源	416,224,1	100.00(500Hz)	100.00(500Hz)	√
13	甲胺基阿维菌素车间等效声源	499,177,1	100.00(500Hz)	100.00(500Hz)	√
14	甲胺基阿维菌素车间等效声源	500,136,1	100.00(500Hz)	100.00(500Hz)	√
15	伊维菌素车间等效声源	597,266,1	100.00(500Hz)	100.00(500Hz)	√
16	伊维菌素车间等效声源	597,222,1	100.00(500Hz)	100.00(500Hz)	√
17	兽药制剂车间等效声源	600,178,1	100.00(500Hz)	100.00(500Hz)	√
18	兽药制剂车间等效声源	597,136,1	100.00(500Hz)	100.00(500Hz)	√
19	伊维菌素车间等效声源	687,266,1	100.00(500Hz)	100.00(500Hz)	√
20	伊维菌素车间等效声源	686,223,1	100.00(500Hz)	100.00(500Hz)	√
21	兽药制剂车间等效声源	685,177,1	100.00(500Hz)	100.00(500Hz)	√
22	兽药制剂车间等效声源	687,136,1	100.00(500Hz)	100.00(500Hz)	√
23	农药制剂车间等效声源	596,324,1	100.00(500Hz)	100.00(500Hz)	√
24	农药制剂车间等效声源	685,326,1	100.00(500Hz)	100.00(500Hz)	√
25	吡虫啉车间等效声源	134,75,1	100.00(500Hz)	100.00(500Hz)	√
26	吡虫啉车间等效声源	133,32,1	100.00(500Hz)	100.00(500Hz)	√
27	制冷机	226,219,1	95.00(500Hz)	95.00(500Hz)	√
28	制冷机	232,219,1	95.00(500Hz)	95.00(500Hz)	√
29	制冷机	237,219,1	95.00(500Hz)	95.00(500Hz)	√
30	制冷机	243,219,1	95.00(500Hz)	95.00(500Hz)	√
31	制冷机	248,219,1	95.00(500Hz)	95.00(500Hz)	√
32	制冷机	308,220,1	95.00(500Hz)	95.00(500Hz)	√
33	制冷机	313,220,1	95.00(500Hz)	95.00(500Hz)	√
34	制冷机	318,220,1	95.00(500Hz)	95.00(500Hz)	√
35	制冷机	324,220,1	95.00(500Hz)	95.00(500Hz)	√
36	空压机	226,179,1	90.00(500Hz)	90.00(500Hz)	√
37	空压机	232,179,1	90.00(500Hz)	90.00(500Hz)	√
38	空压机	237,179,1	90.00(500Hz)	90.00(500Hz)	√
39	空压机	242,179,1	90.00(500Hz)	90.00(500Hz)	√
40	空压机	246,179,1	90.00(500Hz)	90.00(500Hz)	√
41	凉水塔	216,275,1	85.00(500Hz)	85.00(500Hz)	×
42	凉水塔	222,274,1	85.00(500Hz)	85.00(500Hz)	×
43	凉水塔	330,273,1	85.00(500Hz)	85.00(500Hz)	×
44	凉水塔	337,272,1	85.00(500Hz)	85.00(500Hz)	×
45	换热泵	26,61,1	85.00(500Hz)	85.00(500Hz)	√
46	给水泵	25,20,1	85.00(500Hz)	85.00(500Hz)	√
47	给水泵	38,20,1	85.00(500Hz)	85.00(500Hz)	√
48	消防泵	67,57,1	90.00(500Hz)	90.00(500Hz)	√
49	鼓风机	53,390,1	85.00(500Hz)	85.00(500Hz)	×
50	鼓风机	49,341,1	85.00(500Hz)	85.00(500Hz)	×
51	鼓风机	134,391,1	85.00(500Hz)	85.00(500Hz)	×
52	鼓风机	130,339,1	85.00(500Hz)	85.00(500Hz)	×
53	引风机	65,389,1	85.00(500Hz)	85.00(500Hz)	×

表 2　线声源统计

序　号	源 名 称	坐　标	白天源强/dB	夜晚源强/dB	参考点坐标
1	原料泵组	448,369,0 474,369,0	80.00(500Hz)	80.00(500Hz)	—
2	原料泵组	466,349,0 466,322,0	85.00(500Hz)	85.00(500Hz)	—

二、范围、点位与评价因子

1. 预测范围及点位

① 噪声预测范围为：厂界外 1m（由于距离厂界最近敏感点均在 270m 外，因此，不再预测敏感点贡献值）。

② 预测点位：以现状监测点为预测评价点。

③ 厂界噪声：在东、南、西、北厂界各设置一个。

2. 预测因子

厂界噪声预测因子：等效连续 A 声级。

三、预测模式及参数选取

1. 预测模式

预测模式采用《环境影响评价技术导则—声环境》(HJ 2.4—2009) 中推荐的模型。噪声在传播过程中受到多种因素的干扰，使其产生衰减，根据建设项目噪声源和环境特征，预测过程中考虑了厂房等建筑物的屏障作用、空气吸收。预测模式采用点声源处于半自由空间的几何发散模式。

① 室外点声源利用点源衰减公式

$$L_A(r) = L_A(r_0) - 20\lg\left(\frac{r}{r_0}\right) - 8$$

式中，$L_A(r)$，$L_A(r_0)$ 分别是距声源 r、r_0 处的 A 声级值。

② 对于室内声源按下列步骤计算：

a. 由类比监测取得室外靠近围护结构处的声压级 $L_A(r_0)$。

b. 将室外声级 $L_A(r_0)$ 和透声面积换算成等效的室外声源。计算出等效源的声功率级：

$$L_w = L_A(r_0) + 10\lg S$$

式中，S 为透声面积。

c. 用下式计算出等效室外声源在预测点的声压级：

$$L_A(r) = L_w - 20\lg(r_0) - 20\lg\left(\frac{r}{r_0}\right) - 8$$

d. 用下式计算各噪声源对预测点贡献声级及背景噪声叠加。

$$L = 10 \times \lg\left(\sum_{i=1}^{n} 10^{0.1L_{Ai}}\right)$$

式中，L_{Ai} 为声源单独作用时预测处的 A 声级；n 为声源个数。

③ 户外建筑物的声屏障效应　声屏障的隔声效应与声源和接收点、屏障位置、屏障高度和屏障长度及结构性质有关，根据它们之间的距离、声音的频率（一般取 500Hz）算出菲涅尔系数，然后再查表找出相对应的衰减值（dB）。菲涅尔系数的计算方法如下：

$$N = \frac{2\ (A+B-d)}{\lambda}$$

式中　A——声源与屏障顶端的距离；

B——接收点与顶端的距离；

d——是声源与接收点间的距离；

λ——波长。

④ 空气吸收引起的衰减（A_{atm}）　空气吸收引起的衰减按以下公式计算：

$$A_{atm} = \frac{a(r-r_0)}{1000}$$

式中，a 为温度、湿度和声波频率的函数，预测计算中一般根据建设项目所处区域常年平均气温和湿度选择相应的空气吸收系数，见表 3。

表 3　倍频带噪声的大气吸收衰减系数

温度/℃	相对湿度/%	大气吸收衰减系数 a/(dB/km)							
		倍频带中心频率/Hz							
		63	125	250	500	1000	2000	4000	8000
10	70	0.1	0.4	1.0	1.9	3.7	9.7	32.8	117.0
20	70	0.1	0.3	1.1	2.8	5.0	9.0	22.9	76.6
30	70	0.1	0.3	1.0	3.1	7.4	12.7	23.1	59.3
15	20	0.3	0.6	1.2	2.7	8.2	28.2	28.8	202.0
15	50	0.1	0.5	1.2	2.2	4.2	10.8	36.2	129.0
15	80	0.1	0.3	1.1	2.4	4.1	8.3	23.7	82.8

2. 参数选取

项目所在区域的年平均温度为 13.4℃，湿度为 40%。计算过程考虑了建筑物的屏障作用和室内源向室外的传播。

四、预测结果

采用《噪声环境影响评价系统（NoiseSystem）》预测软件进行计算。厂界点预测结果见表 4。厂界噪声最大值见表 5。

表 4　厂界噪声预测结果

离散点信息			昼间/dB(A)			夜晚/dB(A)		
序号	离散点名称	坐标	贡献值	背景值	预测值	贡献值	背景值	预测值
1	1#	736,178,1	38.91	55.40	55.50	38.91	43.60	44.87
2	2#	736,340,1	41.10	54.60	54.79	41.10	43.90	45.73
3	3#	542,445,1	50.27	49.60	52.96	50.27	39.20	50.59
4	4#	331,444,1	47.76	51.50	53.03	47.76	38.00	48.20
5	5#	47,443,1	46.82	52.40	53.46	46.82	38.10	47.36
6	6#	−1,325,1	46.62	50.50	51.99	46.62	37.80	47.15
7	7#	−1,35,1	37.46	49.20	49.48	37.46	38.70	41.13
8	8#	24,−2,1	35.54	52.50	52.59	35.54	42.90	43.63
9	9#	264,−3,1	39.77	52.00	52.25	39.77	39.70	42.74
10	10#	588,−5,1	27.11	54.20	54.21	27.11	53.00	53.01

表 5　厂界噪声最大值

厂　　　界	昼间/dB(A)		夜晚/dB(A)	
	最大贡献值	最大预测值	最大贡献值	最大预测值
东厂界	43.58	55.50	43.58	47.06
南厂界	41.68	54.2	41.68	53.00
西厂界	47.24	52.79	47.24	47.72
北厂界	52.59	54.76	52.59	52.80

由表5可以看出，全厂噪声源对周围声环境影响情况为：厂界噪声最大贡献值为：41.68～52.59dB（A），昼夜间厂界噪声值均符合《工业企业厂界环境噪声排放标准》(GB 12348—2008) 3类区标准。

叠加现状监测值后，厂界噪声昼间预测值在52.79～55.50dB（A）之间，夜间在47.06～52.80dB（A）之间。符合《声环境质量标准》(GB 3096—2008) 3类区标准。

噪声贡献值等值线分布图见图1，昼间噪声预测值等值线分布见图2，夜间噪声预测值等值线分布见图3。

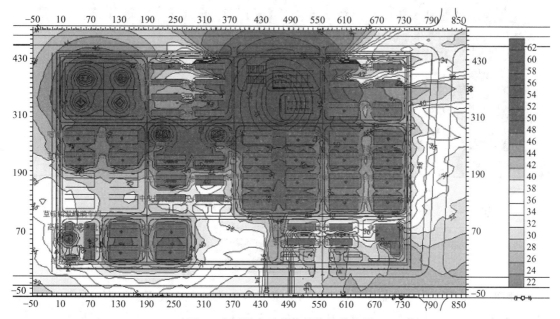

图1 全厂噪声贡献值等值线分布图

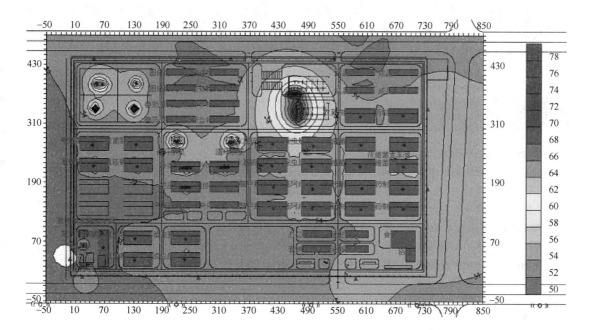

图2 昼间噪声预测值等值线分布图

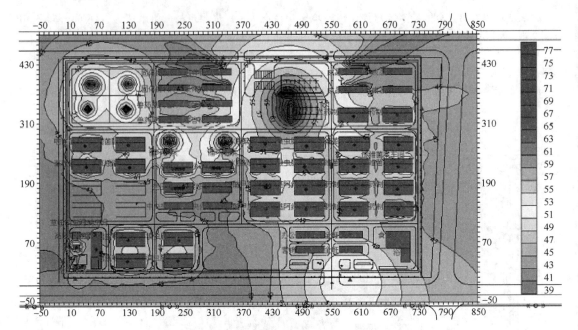

图 3　夜间噪声预测值等值线分布图

　　噪声对环境的污染与工业"三废"一样，是危害人类环境的公害。噪声可分为工厂生产噪声、交通噪声、施工噪声和社会生活噪声等。本章主要介绍噪声环境影响评价的工作等级的划分、环境噪声现状监测的技术要点和采样布点原则方法、环境噪声影响预测模式及其选用、环境噪声影响评价的工作程序和内容。噪声在传播过程中因受传播距离、空气吸收、阻挡物的反射与屏障等影响，会使其衰减。在预测中，需要首先根据声源空间分布形式进行概化，同时考虑声波几何发散、声屏障、空气吸收及其他附加衰减量。对噪声控制技术和城市噪声的综合防治措施，应考虑从声源上降低噪声和从噪声传播途径上降低噪声两个环节。

思考题与习题

1. 环境噪声评价的等级和工作内容是什么？
2. 城市区域环境噪声标准中将城市噪声环境质量分为几类？每类的要求如何？
3. 某工厂风机排气口外 1m 处噪声级为 90dB，厂界值要求标准为 60dB。厂界与锅炉房最少距离应为多少？
4. 一个拟建的住宅小区，计划施工进度为：场地清理 50d，土方开挖 45d，基础工程 80d，上层建筑 300d，工程收尾 25d。在上层建筑施工和工程收尾阶段，只有少数必需设备在现场，设施工场地为 150m×150 的范围，现要求：①试画出场地四周的 L_{eq} 廓线；②算出在离场地 50m 处的民宅噪声是否超标？
5. 简述我国环境影响评价的基本内容有哪些？
6. 噪声污染有哪些特点？
7. 环境噪声影响评价应得出什么结论？
8. 控制噪声污染有哪些切实可行的措施？
9. 城市噪声的综合防治对策有哪些？

9

土壤环境影响评价

　　土壤是自然环境要素的重要组成之一，它是地质应力以及生物地球化学长期演化而成的，一般是指地球陆地表面具有肥力、能生长植物的疏松表层是陆地生态系统中一级生产者赖以生存的营养物质基础，也是各种动植物残体腐化分解回归循环的基地。它由岩石风化而成的矿物质、动植物残体腐解产生的有机质以及水分、空气等组成。一个区域栖息和生长的动植物种类和土壤性质往往有密切联系，而土壤的侵蚀式样是历史上人类活动和自然过程——包括农业上施用的化肥及农药等累积效应产生的后果。开发行动或建设项目的土壤环境影响评价是从预防性环境保护目的出发，依据建设项目的特征与开发区域土壤环境条件，通过监测调查了解情况，预测影响的范围、程度及变化趋势，然后评价影响的含义和重大性；提出避免、消除和减轻土壤侵蚀与污染的对策，为行动方案的优化决策提供依据。生态系统的可持续性在宏观上取决或依赖于土壤资源的可持续性、气候资源的可持续性以及生物物种资源的多样性与可持续性，三者缺一不可。而农林业的可持续性还要有微观经营与宏观经营（市场）的可持续性的紧密配合。因此，土壤环境影响评价的根本目的是生态与生产的可持续发展的评估。

9.1　土壤环境现状评价

　　土壤及其环境现状调查与评价是土壤环境影响预测、分析、影响评价的主要依据，是一项十分重要的基础工作。

9.1.1　土壤环境现状调查及监测

9.1.1.1　现状调查内容

　　土壤是历史演变的轨迹，也是生态环境演化的遗址，其发生、发展都记录了物能交换与转化的踪迹。土壤的基本属性和本质特征反映形成过程中的物理、化学、地理学、生物学等的综合效应与作用。

　　针对土壤环境影响评价工作而进行的现状调查包括以下几方面的内容。

　　① 自然环境特征　如气象、地貌、水文和植被等资料。

　　② 土壤类型　包括土类名称、各类型土壤的分布面积及其所占比例、分布规律等。

　　③ 各种类型土壤的成土条件　包括成土母质、生物特征、所处的地貌类型、地下水埋

藏的特征、气候条件、耕作历史等和各类型土壤的剖面构成，土壤的矿物与化学组成、土壤理化和生物学特征等的调查。

④ 土地利用现状及规划设想　包括城镇、工矿、交通用地面积，农、林、牧、副、渔业用地面积及其分布。

⑤ 水土侵蚀类型、面积及分布和侵蚀模数等。

⑥ 当地植物种类、分布及生长情况。

9.1.1.2　土壤环境监测

在地理环境中，土壤是不断运动着的物质与能量的综合体系。在自然界，土壤是开放的、非平衡的、非均一的系统，它同环境之间不断进行物流、能流的交换与转化，生物多样性与生态系统赖其为依托而生存发展。土壤的组成包括矿物质、有机质、水分和空气。土壤是一定的热力学与动力学系统，包括能量的收入、转化和传递过程；生物群落与生物多样性及生态的运动演化。土壤运动的变化在于土壤内部的矛盾性、地质应力、太阳辐射、生物应力以及生物地球化学等的综合作用。对土壤环境监测需要先正确认识土壤的基本特征、组成、结构与功能，才能设计好的方案，并科学实施。

（1）监测布点　布点是监测工作的关键步骤，因为所选取的样点是否具有代表性，直接关系到监测结果的准确性。因此，布点时要考虑各方面的因素和具体要求。要考虑调查区内土壤类型及其分布，土地利用及地质地貌条件，污染类型等，并且在操作时，要使样点的空间分布均匀并有一定密度，以保证调查结果的代表性和精度。

一般布点多采用网格法布点。具体作法是在地形图上按一定面积分成若干方格，每一方格至少有一个样点，具体取样位置要考虑方格内的主要土壤类型和成土母质，尽可能具有代表性。在土壤类型较复杂的地区，可根据土壤类型布点；也可根据不同的污染发生类型布点，如由于大气而导致的土壤污染，则应以污染源为中心，根据当地风向、风速及污染源强度等，作放射状布点，在上风向布点稀，下风向布点密；污水灌溉区，可根据污水灌溉面积大小，污水灌溉年限长短，不同土壤类型和作物类型布置样点。

（2）植物监测调查　植物监测调查，主要是观察研究自然植物和作物等在评价区内不同土壤环境条件下，各生育期的生长状况及产量、质量变化。植物样品应在土壤样点处多点采取，采样的部位可分别为植物的根、茎、叶、花、果以及混合样。

9.1.2　土壤环境现状评价

9.1.2.1　土壤污染现状评价

（1）土壤污染源调查　土壤污染源一般分为土壤侵蚀源、工业污染源、农业污染源和生物污染源。每种污染源所排放的污染物和污染物进入土壤的途径和机理都有其自身的特点，因此调查的重点也不同。

土壤侵蚀源主要是调查现有的各种人为破坏植被和地貌造成土壤侵蚀的活动。

工业污染源是指工矿企业排放的废水、废气、废渣。一般直接由工业"三废"引起的土壤环境污染仅限于工业区周围数十公里范围内，属点源污染。工业"三废"引起的大面积土壤污染往往是间接的，并经长期作用使污染物在土壤环境中积累而造成的。例如，将废渣、污泥等作为肥料施入农田；或由于大气、水体污染所引起的土壤环境二次污染等。因此，应重点调查通过"三废"排放进入土壤的污染物种类、数量、途径。

农业污染源主要是指由于农业生产本身的需要，向土壤中施入的化学农药、化肥、污泥和垃圾肥料，以及残留于土壤中的农用地膜等，应对其来源、成分及施用量进行调查。

生物污染源主要是指含有致病的各种病原微生物和寄生虫的生活污水、医院污水，以及被病原菌污染的河水等，这是造成土壤环境生物污染的主要污染源。应主要调查污水来源、浓度、污灌量及污水灌溉面积和年限。

（2）评价因子的选择　应根据评价区域的土壤污染物的类型和评价的目的要求来选择评价因子。

土壤中一般选取的基本因子有以下几个方面：

① 重金属及其他无机有毒物质　镉、汞、铅、锌、铜、铬、砷、氟、氰等；

② 有机毒物　酚、DDT、六六六、石油、3,4-苯并芘、三氯乙醛、多氯联苯、对硫磷、敌敌畏等；

③ 土壤中 pH、总氮量、硝态氮量及总磷量等；

④ 有害微生物　如肠细菌、肠寄生虫卵、破伤风菌、结核菌等；

⑤ 土壤微生物　如细菌、真菌以及相应的酶（脲酶、碱性磷酸酶、蛋白酶、固氮酶等）；

⑥ 放射性元素　如 ^{317}Cs、^{90}Sr。

此外，以土壤污染物质积累、迁移和转化影响较大的土壤物质和特性，也应选取一些参考因子，以便研究土壤污染的运动规律，但不参与评价。这类参考因子主要包括有机质、石灰反应、氧化还原电位等。根据需要和可能，也可选取离子交换量、可溶盐、不同价态重金属的含量等。

（3）评价标准　土壤污染对人体产生的危害是间接的，而且土壤和人体之间的物质平衡关系比较复杂，故确定土壤污染物的环境标准难度很大。另外，土壤有其固有的地域成因，均一性差，这也是难以制定统一的土壤污染物的环境质量标准的原因之一。因此，各地应结合实际情况选用如下的各类标准。

① 以《土壤环境质量标准》(GB 15618—1995) 为评价标准　该标准仅对土壤中镉、汞、砷、铜、铅、铬、锌、镍做了规定，对其他重金属和难降解危险性化合物未做规定。

② 以区域土壤背景值为评价标准　区域土壤背景值是指在不受人为污染的情况下，在某地区的自然条件长期综合作用下，土壤本身化学元素的含量。它反映了土壤在自然界的发生、发展过程中本身原有的化学元素的本质特征。但由于人类的活动，一些地区已受到污染物质的严重影响，在地球上要找一块绝对不受污染的区域是不可能的。因此，土壤背景值实际上是一相对的概念，即它相对于不受或少受人为污染的情况下，化学元素在土壤中保持一定平衡关系时的含量。其算式为

$$C = \bar{C} \pm S \tag{9-1}$$

$$S = \sqrt{\sum_{i=1}^{n} \frac{(C_i - \bar{C})^2}{n-1}} \tag{9-2}$$

式中　C——区域土壤中某污染物的背景值，mg/kg；

$\bar{C}$——区域土壤中某污染物的平均值，mg/kg；

C_i——土壤样品中该污染物的实测含量，mg/kg；

S——标准差；

n——统计样品数。

③ 以区域性土壤自然含量为评价标准　区域性土壤自然含量是指在清水灌区内采用与

污水灌区的自然条件、耕作栽培措施大致相同、土壤类型相近的土壤中污染物的平均含量。以区域土壤中某污染物的平均值加减 2 倍标准差表示。

$$C = \overline{C} \pm 2S \tag{9-3}$$

④ 以土壤对照点含量为评价标准　土壤对照点含量是指与污染地区自然条件、土壤类型和利用方式大致相同，相对未受污染或少受污染的土壤中污染物质的含量，往往以一个对照点的平均值作为对照点或几个对照点的含量水平。

综上所述，区域土壤环境背景值代表了自然和社会环境发展到一定历史进程，在一定的科学技术活动水平的影响下，土壤中化学元素的平均含量。它代表范围较小，有显著区域特点，适宜于污染环境的土壤质量评价。土壤对照点含量则适用于评价范围小、要求不高的土壤评价。

（4）评价模式　评价模式包括单因子评价和多因子综合评价两种。

① 单因子评价　单因子评价是指分别计算各项污染物的污染指数。计算方法如下：

$$P_i = \frac{C_i}{C_{si}} \tag{9-4}$$

式中　P_i——土壤中污染物 i 的污染指数；

　　　C_{si}——污染物 i 的评价标准，mg/kg；

　　　C_i——土壤中污染物 i 的实测浓度，mg/kg。

通过单因子评价，可确定出主要的污染物及危害程序，同时也是多因子综合评价的基础。

② 多因子综合评价　单因子评价只能分别反映各个污染物的污染程度，不能全面、综合地反映土壤的污染状况。多因子综合评价是综合考虑土壤中各污染因子的影响，计算出综合指数进行评价。常见的有以下几种方法。

a. 将土壤各污染物的污染指数叠加，作为污染综合指数。

$$P = \sum_{i=1}^{n} P_i = \sum_{i=1}^{n} \left(\frac{C_i}{C_{si}} \right) \tag{9-5}$$

式中　P——土壤综合指数；

　　　n——土壤中污染物的种类数。

此算法适合于各个单位污染指数相差不大，对综合污染指数贡献大致相同的简单情况。

b. 当要兼顾到污染指数最大值对土壤环境质量影响时，可用内梅罗污染指数计算土壤污染综合指数。

$$P = \sqrt{\frac{\left(\dfrac{C_i}{C_{si}} \right)_{max}^2 + \left(\dfrac{1}{n} \displaystyle\sum_{i=1}^{n} \dfrac{C_i}{C_{si}} \right)^2}{2}} \tag{9-6}$$

式中　$\dfrac{1}{n} \displaystyle\sum_{i=1}^{n} \dfrac{C_i}{C_{si}}$——土壤中各污染指数平均值；

　　　$\left(\dfrac{C_i}{C_{si}} \right)_{max}$——污染物中最大污染指数。

此法强调了最大综合污染指数，与其他方法相比，其综合指数常常偏高。

c. 若考虑到各种污染物的毒性和危害程度不同，对土壤环境质量的影响也不同，则应对土壤中各污染物污染指数进行加权，然后加和求综合指数。

$$P = \sum_{i=1}^{n} P_i W_i \qquad (9\text{-}7)$$

式中　W_i——污染物 i 的权重。

d. 以均方根的方法求综合指数。

$$P = \sqrt{\frac{1}{n} \sum_{i=1}^{n} P_i^2} \qquad (9\text{-}8)$$

（5）质量分级　用评价模式计算出的综合污染指数，必须进行土壤环境质量的分级，才能更清楚地反映区域土壤环境质量。一般采用如下几种分级方法。

① 根据综合质量指数 P 值划分质量等级　一般 $P \leqslant 1$ 为未污染；$P > 1$ 为已污染；P 值越大，土壤污染越重。根据各地具体的 P 值变幅，结合作物受害程度和污染物积累状况，再划分轻度污染、中度污染和重度污染。例如北京西郊土壤环境评价，根据 P 值的分级见表 9-1。

表 9-1　北京西郊土壤质量分级

级　　别	土壤污染综合指数	主　要　区　域
Ⅰ 清洁	<0.2	广大清水灌溉区
Ⅱ 微污染	0.2~0.5	北灰水管区，莲花河系污灌区外 47.5km²
Ⅲ 轻污染	0.5~1	莲花河灌区附近土壤 18km²
Ⅳ 中度污染	>1	莲花河上游主河道两侧污灌区 1.5km²

② 根据系统分级法划分质量等级　首先根据土壤污染物含量和作物生长的相关关系以及作物中污染物的累积与超标情况，对各污染物浓度进行分级，然后将土壤污染物浓度分级标准转换为污染指数，将各污染指数加权综合为土壤质量指数分级标准，据此而划分土壤环境质量级别。

9.1.2.2　土壤退化现状评价

（1）土壤退化现状调查　由于自然因素和人为因素而引起土壤退化现象，如土壤侵蚀、土壤沙化、土壤盐渍化和土壤沼泽化等。引起每种退化现象的原因不同，则调查内容也不相同。

土壤侵蚀是指土壤中通过水力及重力作用而搬运移走土壤物质的过程，主要发生在中国黄河中上游黄土高原地区、长江中上游丘陵地区和东北平原微有起伏的漫岗地形区。主要调查地形、地质、气候、植被、耕作栽培方式。

土壤沙化包括草原土壤的风蚀过程和风沙堆积过程。因草原植被破坏，或草原过度放牧，或开垦为农田，土壤中水分减少，土壤颗粒缺乏凝聚分散而被风吹蚀，细颗粒量逐步降低呈现沙化。而在风力减弱的地段，风沙颗粒逐渐堆积在土壤表层而使土壤出现沙化。土壤沙化一般发生在干旱荒漠及半干旱和半湿润地区，半湿润地区主要发生在河流沿岸地带。调查内容为沙漠特征、气候、河流水文、植被、农、牧业生产情况。

土壤盐渍化是指可溶性盐分在土壤表层积累的现象或过程。一般发生在干旱、半干旱和半湿润地区以及部分滨海地带。主要调查内容为灌溉状况、地下水情况、土壤含盐量、农业生产情况。

土壤沼泽化是指土壤长期处于地下水浸泡中，土壤剖面中下部某些层次发生 Fe、Mn 还原而生成青灰色斑纹层或青泥层（也称潜育层）或有机质层转化为腐泥层或泥炭层的现象或过程。土壤沼泽化一般发生在地势低洼、排水不畅、地下水位较高的地区。主要调查内容为地形、地下水、排水系统、土地利用。

（2）评价因子的选择 土壤侵蚀评价因子，一般选取土壤侵蚀量或以未侵蚀土壤为对照，选取已侵蚀土壤剖面的发生层次厚度等。

土壤沙化评价因子筛选，一般选取植被覆盖度、流沙占耕地面积比例、土壤质地，以及能反映沙化的景观特征等。

土壤盐渍化评价因子一般选取表层土壤全盐量或 CO_3^{2-}、HCO_3^-、SO_4^{2-}、Cl^-、Ca^{2+}、Mg^{2+}、K^+、Na^+ 等可溶性盐的主要离子含量。

土壤沼泽化评价因子，一般选取土壤剖面中潜育层出现的高度。

（3）评价标准 土壤侵蚀评价标准，对黄土地区，按被侵蚀的土壤剖面保留的发生层厚度拟定评价标准（见表9-2）。

表 9-2 土壤侵蚀评价标准

土壤侵蚀程度	无明显侵蚀	轻度侵蚀	中度侵蚀	强度侵蚀
土壤侵蚀标准（土壤发生层保留厚度）	土壤剖面保存完整	A 层保存厚度50%	A 层全部流失或保存厚度<50%	B 层全部流失或保存厚度<50%

土壤沙化评价标准，可根据评价区的有关调查研究，或咨询有关专家、技术人员的意见拟定。如宁夏盐池地区根据植被覆盖度和流沙面积占耕地面积比例，并参考景观特征等参数拟定的土壤沙化标准（见表9-3）。

表 9-3 土壤沙化评价标准

土壤沙化标准		综合景观特征	土壤沙化程度
植被覆盖度	流沙面积比例		
>60%	<5%	绝大部分土地未出现流沙,流沙分布呈斑点状	潜在沙化
30%～60%	5%～25%	出现小片流沙、坑丛沙堆和风蚀坑	轻度沙化
10%～30%	25%～50%	流沙面积大,坑丛沙堆密集,吹蚀强烈	中度沙化
<10%	>50%	密集的流动沙丘占绝对优势	强度沙化

土壤盐渍化评价标准，一般根据土壤全盐量或各离子组成的总量拟定标准，在以氯化物为主的滨海地区，也可以 Cl^- 含量拟定标准。如以全盐量为依据，其标准见表9-4。

表 9-4 土壤盐渍化评价标准

土壤盐渍化程度	非盐渍化	轻盐渍化	中盐渍化	重盐渍化
土壤盐渍化标准（土壤含盐量）	<2%	2%～5%	5%～10%	>10%

土壤沼泽化评价标准根据土壤潜育化程度拟定（见表9-5）。

表 9-5 土壤沼泽化评价标准

土壤沼泽化程度	非沼泽化	轻沼泽化	中沼泽化	重沼泽化
土壤沼泽化标准（土壤潜育层距地面高度）	<60cm	60～40cm	40～30cm	<30cm

（4）评价指数计算 一般都采用分级评分法，如以潜在沙化评价为1、轻度沙化为

0.75、中度沙化为 0.50、强度沙化为 0.25，指数值越大，沙化程度越轻。也可采用百分制或 10 分制，如拟对多种土壤退化趋势进行综合评价，评分制必须统一。

9.1.3　土壤环境容量

9.1.3.1　土壤环境容量概念

土壤是成分众多、结构复杂、功能综合的多相体系，任何有生产力的土壤都充满着生命，其中大量活跃的微生物、原生动物、土壤动物等生命体进行着各种反应和相互作用，把复杂有机物腐化分解为简单无机物，使物质得以不断循环，维持地球上无休止的生物源泉。在生物地球化学循环中，土壤有着特殊的作用，它既是陆生生物的源泉，又是生态系统中物质循环的重要转化场。土壤受到污染会影响土壤中生命活动和土壤代谢功能，它是环境影响评价中土壤质量的重要指标，它包括土壤微生物现存量、土壤呼吸强度、土壤酶活性等几项内容。

为保持土壤的生产力，必须严格控制进入土壤的各种污染物的量，这就是土壤环境容量或土壤环境的总量控制概念。土壤环境容量大多是以重金属为污染控制对象，因为受到重金属污染的土壤会有长期的负面效应，严重影响生态系统及景观生态的退化。

土壤环境容量是指在维持土壤正常功能的前提下，土壤环境所能容纳污染物的最大负荷量或临界值。土壤环境质量标准与评价应以土壤环境容量作为基础。土壤环境容量的概念有两个要点：

① 土壤环境容量是在维持土壤正常功能和遵循土壤环境基准条件下，合理分配人类活动的基础。

② 土壤环境容量是在保持自然与农业生态系统稳定的条件下，规定人类活动界限的依据。

9.1.3.2　土壤基准

土壤容量的核心是土壤基准的确定，土壤基准的内涵有以下几点。

（1）土壤基准值的确定是以土壤生态系统的整体服务功能稳定为依据，重点是：维持土壤的正常生产功能并保证农产品的质和量；土壤生态代谢功能（特别是土壤微生物系统）；土壤的营养丰富促进农作物优质高产，物质良性循环等。

（2）同土壤系统有关的其他环境条件，如气候稳定，地下水和地表水的供给适度等环境要素。

土壤环境容量是多种因素的函数，包括：①土壤类型，其元素组成，理化特性，土壤形态，土壤矿物质，土壤有机质，土壤的水分，空气和热量，土壤胶体与土壤吸附性，土壤溶液，土壤结构等；②区域性气候，地貌、水文等条件；③污染物本身的物理、化学与生物学代谢特征；④社会技术因素；⑤生物地球化学效应。

土壤环境容量是确定土壤环境标准与总量控制的基本依据与理论基础。环境影响评价中不可能充分掌握和研究其有关问题，但需要有相应的思路、理念与方法，以利于抓住土壤环境影响评价的要点。土壤环境容量是以土壤生态作为主要判别依据，并充分综合考虑环境效应，采用各种土壤的生态效应与环境效应的综合临界指标，得出土壤生态和环境质量相关的综合临界含量，并建立数学模型计算土壤环境容量。

9.1.3.3　土壤中重金属污染影响评估

（1）土壤-植物或农作物的关系　土壤受重金属污染会影响植物或农作物的植株生长，植株矮化，分蘖数显著减少，叶片呈现缺绿症状，引起"黄化症"，使不孕穗增加，有效穗数降低，空秕粒率明显增高。同时籽粒中重金属含量相对增高，严重影响其品质，食用之后会危害人群健康。土壤受重金属污染，可使植物根系对铁的吸收受到抑制。铁是叶绿素生成的必需元素，铁缺乏使叶绿素生成受阻，影响植物光合作用，引发"黄化症"，使干物质累积下降，产量降低。同时，重金属还会抑制农作物体内的过氧化氢酶、脱氢酶、蔗糖酶的活性，进而影响其产量与质量。

（2）土壤-微生物的关系　土壤受重金属污染对土壤生态和代谢功能产生不同程度影响，一是对土壤中的细菌、真菌、放线菌等三大菌类有不同程度的抑制影响，抑制三大菌的活性作用与代谢功能；二是影响土壤呼吸作用，土壤呼吸作用代表了土壤代谢作用的旺盛强度，而呼吸作用强弱与微生物数量及其活性有关，也是有机质、氮、磷等营养物质的转化循环的重要表征，重金属污染抑制微生物活性，就必然影响土壤的代谢功能与呼吸作用；三是影响土壤酶的活性，重金属污染对土壤酶的活性有不同程度的抑制作用，如对脲酶、碱性磷酸酶、蛋白酶、硝酸盐还原酶、固氮酶、水解酶等都有不同机制和不同程度的抑制效应，进而影响土壤的纤维素分解、固氮作用等功能。

9.2　土壤环境影响预测与评价

预测开发项目在建设中及投产后对土壤的污染状况，必须分析土壤中污染物的累积因素和污染趋势，建立土壤污染物累积和土壤容量模式，计算主要污染物在土壤中的累积或残留数量，预测未来的土壤环境质量状况和变化趋势。

9.2.1　土壤中污染物运动及其变化趋势预测

9.2.1.1　土壤中污染物累积和污染趋势的预测

（1）土壤污染物的输入量　土壤污染物的输入量，决定于评价区原有污染源排入土壤的各种污染物的数量和建设项目新增加的土壤污染数量的总和。因此，对于污染物输入量的计算，除必须进行污染源现状调查外，还要收集建设项目工程分析中的"三废"排放类型与数量的资料，并分析、计算其中可能进入土壤的途径、形态和数量。

（2）土壤污染物的输出量　土壤污染物的输出途径复杂，必须根据多种途径计算输出量。

① 随土壤侵蚀的输出　根据土壤侵蚀模数与土壤中污染物含量计算污染物的输出量。

② 随作物吸收的输出　根据作物收获量与作物中污染物浓度计算污染物被作物吸收的输出量。

③ 随淋溶作用的输出　根据通过土壤的水分含量和水中可淋溶的污染物含量计算。这两项数据可用模拟试验求得。

④ 随物质的降解转化的输出　多数有机污染物在土壤中可以降解转化，如农药就可在各种因素影响下发生降解，其降解量可根据农药残留计算。

（3）土壤污染物的残留率　土壤污染物的残留率是指输入土壤中的污染物，通过土壤侵蚀、作物吸收、淋溶和降解等输出后，保留在土壤中的污染物的残留浓度值（用实测值减去本底值）占污染物年输入量的百分比。一般由模拟试验求取残留率，其计算公式为

$$K = \frac{残留浓度(mg/kg)}{年输入量(mg/kg)} \times 100\% \tag{9-9}$$

式中　K——土壤污染物年残留率。

（4）土壤污染的趋势　土壤污染趋势的预测是根据土壤中污染物的输入量与输出量相比，说明土壤是否被污染和污染的程度，或根据土壤污染物的输入量和残留率的乘积，说明污染状况及污染程度。也可以根据污染物输入量和土壤环境容量比较说明污染积蓄及趋势。

9.2.1.2　农药残留量预测

农药输入土壤后，在各种因素作用下，会产生降解或转化，其最终残留量可以按下式计算：

$$R = Ce^{-kt} \tag{9-10}$$

式中　R——农药残留量，mg/kg；

　　　C——农药施用量；

　　　k——降解常数；

　　　t——时间。

从上式可以看出，连续施用农药，特别是施用持久性有机农药（如有机氯农药等）后，土壤中的农药累积量会不断增加，但不会无限增加，达到一定值后便趋于平衡。

如一次施用时，土壤中农药浓度为 C_0，一年后的残留量为 C，则农药残留率 f 可用下式表达：

$$f = \frac{C}{C_0} \tag{9-11}$$

如果每年一次连续施用农药，则数年后土壤中农药残留总量可用下式计算：

$$R_n = (1 + f + f^2 + f^3 + \cdots + f^{n-1})C_0 \tag{9-12}$$

式中　R_n——残留总含量，mg/kg；

　　　f——残留率，%；

　　　C_0——一次施用农药在土壤中的浓度；

　　　n——连续施用年数。

当 $n \to \infty$ 时，则

$$R_a = \left(\frac{1}{1-f}\right)C_0 \tag{9-13}$$

式中　R_a——农药在土壤中达到平衡时的残留量。

9.2.1.3　土壤中重金属污染物累积模式

根据土壤中污染物的迁移转化及累积规律，提出如下模式进行预测：

$$W = K(B + E) \tag{9-14}$$

式中　W——污染物在土壤中年累积量，mg/kg；

　　　B——区域土壤背景值，mg/kg；

　　　E——污染物的年输入量，mg/kg；

　　　K——污染物在土壤中的年残留率，%。

若计算 n 年内污染物在土壤中累积量时，则用下式计算：

$$W_n = K_n\{K_{n-1}\{\cdots K_2[K_1(B + E_1) + E_2] + \cdots + E_{n-1}\} + E_n\}$$

当　　　　　　　　$K_1 = K_2 = K_3 = \cdots = K_n = K$

$$E_1 = E_2 = E_3 = \cdots = E_n = E$$

则 $$W_n = BK^n + EK\frac{1-K^n}{1-K} \tag{9-15}$$

由上式可见，年残留率 K 值的大小对计算结果影响很大，在不同地区，由于土壤特性各异，K 值也不完全相同。因此，不同地区应根据盆栽和小区模拟试验，力求准确地求出残留率。

9.2.1.4　土壤环境容量计算模式

土壤存在一个可承受一定程度污染而不致污染作物的量。一般将土壤所允许承纳污染物质的最大数量，称为土壤环境容量。其计算公式如下：

$$Q_i = (C_i - B_i) \times 2250 \tag{9-16}$$

式中　Q_i——土壤中某污染物的固定环境容量，g/hm^2；

　　　　C_i——土壤中某污染物的容许含量，g/t；

　　　　B_i——土壤中某污染物的环境背景值，g/t；

　　　2250——每公顷土地的表土计算质量，t/hm^2。

由上式可见，在一定区域的土壤及环境条件下，B_i 值确定后，土壤环境容量便与土壤临界含量（污染物容许含量）密切相关，因而，制定适宜的土壤临界含量至关重要。计算土壤环境容量，再结合土壤污染物输入量，可以反映土壤污染程度，说明土壤达到严重污染的时间，并可从总量控制上提出环境治理、环境管理的途径和措施。

9.2.2　土壤退化趋势预测

土壤退化预测主要预测建设项目开发引起土壤沙化、土壤盐渍化、土壤沼泽化、土壤侵蚀等土壤退化现象的发生和程序、发展速率及其危害，预测方法一般用类比分析或建立预测模型估算。以土壤侵蚀为例，主要介绍土壤侵蚀模型。

9.2.2.1　土壤侵蚀量计算

目前，国内外提出的土壤侵蚀模式很多，但应用最广泛的模型是由美国威西米勒和斯密思（Wischmeier 和 Smith）提出的通用土壤流失方程。此式适用于土壤侵蚀、面蚀、片蚀和细沟侵蚀量的计算，不适用于预测切沟侵蚀、河岸侵蚀、耕地侵蚀和流域性土壤侵蚀量。

$$E = 0.247 R_e K_e L_1 S_1 C_t P \tag{9-17}$$

式中　E——平均土壤流失率，$kg/(m^2 \cdot a)$；

　　　　R_e——年平均降雨量的侵蚀潜力系数，$kg/(m^2 \cdot a)$；

　　　　K_e——土壤可侵蚀系数；

　　　　L_1——坡长系数；

　　　　S_1——坡度系数；

　　　　C_t——作物和植物覆盖系数；

　　　　P——实际侵蚀控制系数。

式中各因子的意义如下。

（1）年平均降雨量的侵蚀潜力系数（R_e）　它是一次降雨的总动能与该场雨 30min 最大强度的积。降雪的 R_e 值相当于同等降雨值的 2/3。经研究，美国干旱少雨的西部地区的 R_e 值为 $4.5 \sim 10 kg/(m^2 \cdot a)$，而雨量丰盛的南东部地区的阿拉巴马州和路易斯安那州的 R_e 值可达 $78 \sim 135 kg/(m^2 \cdot a)$。

（2）土壤可侵蚀系数（K_e）　不同的土壤有不同的 K_e 值，它反映了土壤对侵蚀的敏感性及降水所产生的径流量与径流速率的大小。表 9-6 是一般土壤 K_e 的平均值。

表 9-6　土壤可侵蚀系数 K_e 的平均值

土　壤　类　型	有机物含量			土　壤　类　型	有机物含量		
	<0.5%	2%	4%		<0.5%	2%	4%
沙	0.05	0.03	0.02	壤土	0.38	0.34	0.29
细沙	0.16	0.14	0.10	粉沙壤土	0.48	0.42	0.33
特细沙土	0.42	0.36	0.28	粉沙	0.60	0.52	0.42
壤性沙土	0.12	0.10	0.08	沙性黏壤土	0.27	0.25	0.21
壤性细沙土	0.24	0.20	0.16	黏壤土	0.28	0.25	0.21
壤性特细的沙土	0.44	0.38	0.30	粉沙黏壤土	0.37	0.32	0.26
沙壤土	0.27	0.24	0.19	沙性黏土	0.14	0.13	0.12
细沙壤土	0.35	0.30	0.24	粉沙黏土	0.25	0.23	0.19
很细沙壤土	0.47	0.41	0.33	黏土		0.13~0.29	

注：据美国农业部 Agricultural Research Survice 出版的《Control of Water Pollution from Cropland》。

（3）作物和植物覆盖系数（C_t）　C_t 是指地表覆盖情况，如植被类型、作物及其种植类型等对土壤侵蚀的影响。表 9-7 列出各种农作物及其种植方式的 C_t 值，表 9-8 列出地面不同植被覆盖率的 C_t 值。

表 9-7　典型农作物及其种植方式的 C_t 值

作　物	种　植　方　式	C_t	作　物	种　植　方　式	C_t
裸土	—	1.0	棉花连作	未翻耕的休耕地	0.30~0.45
草和豆科植物	全年平均	0.004~0.01		苗田	0.50~0.80
苜蓿属植物	全年平均	0.015~0.025		生长作物	0.45~0.55
胡枝子	全年平均	0.01~0.02		残根、残梗保留	0.20~0.50
谷物连作	休耕期清除残根	0.60~0.85	青草覆盖	—	0.01
	种子田,残根已清除	0.70~0.90	土地被火烧裸	—	1.00
	残留生长作物已清除	0.60~0.85	种子和施肥	18~20 个月的建设周期	0.60
	残根或残梗已清除	0.25~0.40	种子、施肥和干草覆盖	18~20 个月的建设周期	0.30
	种子田保留残根	0.45~0.75			
	保留生长作物残留物	0.25~0.40			

表 9-8　地面不同植被覆盖率的 C_t 值

植　　被	覆盖率/%					
	稀少	20	40	60	80	100
草地	0.45	0.24	0.15	0.09	0.043	0.011
灌木	0.40	0.22	0.14	0.085	0.040	0.011
乔灌混交	0.39	0.20	0.11	0.09	0.027	0.007
茂密森林	0.10	0.08	0.06	0.02	0.004	0.001
裸土	1.0					

（4）坡长系数（L_l）按式（9-18）计算。

$$L_l = \left(\frac{\lambda}{22.1}\right)^m \tag{9-18}$$

式中　λ——斜坡长度，m；

　　　　m——指数。

　　指数 m 一般等于 0.5。但是，当坡度大于 10％，建议采用 0.6；而对于坡度小于 0.5％ 的缓坡，m 减为 0.3。

　　（5）坡度系数（S_I）可按式（9-19）计算。

$$S_I = \frac{0.43 + 0.30S + 0.043S^2}{6.613} \quad\quad (9\text{-}19)$$

　　式中，S 为坡度，％，例如坡度为 3％，则 $S=3$。

　　（6）土壤实际侵蚀控制系数（P）　它是说明不同的土地管理技术或水土保持措施，如构筑梯田、平整、夯实土地对土壤侵蚀的影响。表 9-9 表示不同管理技术对 P 值的影响。

表 9-9　土壤实际侵蚀控制系数 P

实际情况	土地坡度/％	P	实际情况	土地坡度/％	P	实际情况	土地坡度/％	P
无措施	—	1.00	等高耕作，带状播种	1.1～2.0	0.45	梯田	1.1～2.0	0.45
等高耕作	1.1～2.0	0.60		2.1～7.0	0.40		2.1～7.0	0.40
	2.1～7.0	0.50			0.45		7.1～12.0	0.45
	7.1～12.0	0.60		7.1～12.0	0.45		12.1～18.0	0.60
	12.1～18.0	0.80		12.1～18.0	0.60		18.1～24.0	0.70
	18.1～24.0	0.90		18.1～24.0	0.70	顺坡直行耕作	—	1.00

　　如果评价区内有多个土壤性质和状态不同的地块，则应分别计算后累加，这时总的侵蚀量 G 按式（9-20）求得。

$$G = \sum_{i=1}^{n} E_i A_i = 0.247 \sum_{i=1}^{n} (R_{ei} K_{ei} L_{Ii} S_{Ii} C_{ti} P_i) A_i \quad (\text{kg/a}) \quad\quad (9\text{-}20)$$

　　式中　i，n——第 i 地块和总地块数；

　　　　　A_i——第 i 地块的面积，m^2。

　　【例 9-1】　估算一块在沙壤土上开垦出来的草地的年平均侵蚀量。设土壤含有机物 2％，坡度 10％，斜坡长 45m，降雨系数 $R_e=30$，作物沿等高线成行播种。

　　解：查表 9-6 得 $K_e=0.24$，计算 $L_I S_I=1.67$，查表 9-7 得苜蓿项 $C_t=0.02$，查表 9-9 得 $P=0.60$，则

　　$E = 0.247 \times 30 \times 0.24 \times 1.67 \times 0.02 \times 0.60 = 0.036 \text{kg}/(m^2 \cdot a) = 0.36 \text{t}/(hm^2 \cdot a)$

　　【例 9-2】　如果上例的地区是一块裸土，则预测的侵蚀率是 $R_e=30$，$K_e=0.24$，$L_I S_I=1.67$，$C_t=1$，$P=1$，则

　　$E = 0.247 \times 30 \times 0.24 \times 1.67 \times 1 \times 1 = 2.97 \text{kg}/(m^2 \cdot a) = 29.7 \text{t}/(hm^2 \cdot a)$

9.2.2.2　通用的土壤流失方程评价拟建项目的影响

　　式（9-20）还可以用于估算侵蚀率的差异。对一个地区、一种给定的土壤，R_e 和 K_e 系数为恒定，$L_I S_I$ 系数通常也是恒定的。因此，一个项目的年侵蚀率可用式（9-21）估算。

$$E_1 = E_0 \frac{C_1 P_1}{C_0 P_0} \quad\quad (9\text{-}21)$$

　　式中　E_0，E_1——项目建设前、后的侵蚀率；

　　　　　C_0，C_1——项目建设前、后的作物系数；

　　　　　P_0，P_1——项目建设前、后的实际侵蚀控制系数。

另外，对土壤侵蚀的预测，不但需要预测建设项目开发引起土壤侵蚀的总量，还应由此预测对该区域土壤环境质量和环境承载力下降的影响，以及对沉积地区土壤的影响。

9.2.3 土壤环境影响评价

9.2.3.1 土壤环境影响评价

由污染物的累积计算就可以预测某个时段的土壤的环境质量状况，进而作出评价。评价内容包括以下几个方面。

（1）工程建设对土壤环境的影响 对建设项目土壤环境影响的评价，首先要尽可能全面地识别其对土壤的环境影响，然后根据土壤环境影响预测与影响重大性的分析，指出工程在建设过程和投产后可能遭到污染或破坏的土壤面积和经济损失状况。通过费用-效益分析和环境整体性考虑，判断土壤环境影响的可接受性，由此确定该拟建项目的环境可行性。

任何开发行动或拟建项目必须有多个选址方案，应从整体布局上进行比较，从中筛选出土壤环境的负面影响较小的方案。

（2）土壤环境质量的发展变化评价 土壤环境质量变化评价，是指在土壤质量现状评价的基础上，根据土壤污染、退化和破坏的预测值，以及土壤污染、退化和破坏所造成的土壤肥力、质量和承载力下降的程度，评价后对其他环境要素和人类社会经济生活造成的影响程度。对建设项目开发前后的土壤环境质量进行对比，评价土壤环境质量变化的程度和发展趋势，并结合评价区的环境条件和土壤类型，以及土壤环境背景值、土壤环境容量、土壤抗逆能力等各种影响因素，综合分析建设项目对土壤环境影响的大小是否可以接受，并根据区域和项目的具体情况提出适当的土壤污染、退化、破坏的防治对策、措施和建议，最后给出评价结论。

（3）土壤环境质量变化对农作物的影响 土壤-农作物构成的生态体系是土壤环境中的一个重要组成部分。如果农作物的生存环境之一的土壤受到污染，就有可能导致农作物体内有害物质的积累，这势必通过食物链危害人体健康。因此通过对农作物的产量、品质、污染物残留量以及家畜、家禽通过食物链的受害情况的调查，采用作物指示法，以此来判断土壤-农作物的环境质量。

因此，对土壤不能仅仅评价土壤环境质量变化的程度和变化趋势，更重要的是要评价土壤环境质量变化对农作物、植物、水体等的作用关系，即土壤作为资源被利用的一种价值关系。

9.2.3.2 土壤污染防治对策和措施

① 控制和消除土壤污染源是防止污染的根本措施。通过控制进入土壤中的污染物的数量和速度，使其小于或等于土壤自然净化能力和速度。同时在生产中不用或少用在土壤中易积累的化学原料。

② 防止或减弱其他污染土壤的过程，如通过洒水，提高固态物质的湿度来减少飞扬；通过加强密封管理以减少撒落，在渣的堆放处采取防飞扬、防淋溶渗透的措施等。

③ 对于在施工期破坏植被、造成裸土的地块应及时覆盖沙、石和种植速生草种并经常性管理，以减少土壤侵蚀。

④ 对于农副业建设项目，应通过休耕、轮作以减少土壤侵蚀；对于牧区建设，应降低过度放牧，保证草场的可持续利用。

⑤ 加强土壤与作物或植物的监测和管理，如在建设项目周围地区加快森林和植被的
生长。

9.3 案例分析

土壤、农作物现状监测与评价

以有色冶炼（铜冶炼）烟气制备硫酸的技改工程环境影响评价为例来说明大冶有色金属公司对周围环境的影响。

1 监测布点

评价区土壤、农作物污染类型大多属于气型污染、三里七垦区属水气混合污染。本地区常年主导风向为东南风，以冶炼厂作为污染源，受污染的主要地带应是烟源的西、西北方向。参照本次评价大气现状监测点的布设，在拟定监测围内（主要是监测期间主导风向下风向地区）布设 5 个土壤、植物采样点，具体是：东方山、陈家畈、双岗、吴朋、谢家湾，对照点设在评价区西南方向距冶炼厂 8～10km 较清洁的两塘村。

因时间所限，评价期内能采到的有代表性的农作物样品仅有油菜和蚕豆，监测数据由湖北省黄石市环境监测站提供。其余数据则引用 1991 年该公司进行反射炉改造工程时环境影响评价期间的监测数据。

2 采样时间与方法

土壤采样方法参照国家环保总局的《环境监测分析方法》、《土壤元素的近代分析方法》（国家环境监测总站编）中的有关章节进行。

采样时间：2002 年 3～4 月

3 监测项目及分析方法

大冶有色金属公司对周围环境的污染以大气污染为主，主要污染因子为 Cu、Cd、F、As、S 等，故土壤和农作物监测项目为 Cu、Cd、F、As、S、pH，见表1。

表1 土壤和农作物监测项目及方法

样 品	监测项目	测定方法	分析方法来源
土壤、油菜、蚕豆等	pH	玻璃电极法	《环境监测分析方法》食品卫生检验法、GB/T 17138—1997、GB/T 17140—1997、土壤元素的近代分析方法
	S	亚甲基蓝分光光度法	
	Cu	原子吸收分光光度法	
	Cd	原子吸收分光光度法	
	F	离子选择电极法	
	As	二乙基二硫代氨基甲酸银分光光度法	

4 评价标准

本评价将湖北省土壤环境背景值（按层分）作为评价区的土壤背景值（见表2），所适用的土壤环境质量标准为 GB 15618—1995《土壤环境质量标准》中的二级标准。

表2 湖北省土壤环境背景值/(mg/kg)

项 目	Cu		Cd		As	
	背景值	背景值范围	背景值	背景值范围	背景值	背景值范围
A 层土壤	23.3	11.5～69.7	0.115	0.021～0.624	10.26	3.51～30.0
B 层土壤	28.1	11.5～68.4	0.102	0.018～0.568	10.9	3.78～34.1

5 监测结果

土壤监测结果见表 3，油菜及蚕豆的监测结果见表 4，蚕豆、油菜中 As 含量与 A 层土壤中 As 含量的比较见表 5。

表 3　土壤监测结果/(mg/kg，pH 除外)

序　号	采样地点	A 层土壤					B 层土壤				
		Cu	Cd	As	S	pH	Cu	Cd	As	S	pH
1	罗桥	76.67	0.526	3.75	0.07	6.13	18.06	0.46	0.20	0.01	6.54
2	红峰	194.95	1.076	0.20	0.13	5.88	21.18	0.631	2.00	0.02	6.46
3	梁河	73.27	0.250	6.28	0.03	6.40	23.33	0.333	1.16	0.03	5.62
4	张克成	23.53	0.615	5.04	0.07	5.90	16.00	0.27	3.22	0.04	5.93
5	三里七	36.97	0.303	0.20	0.02	5.68	16.81	0.192	5.06	0.02	6.66
6	七里界	34.96	1.158	5.69	0.05	5.67	10.08	0.2	3.05	0.01	6.42
7	徐家铺	941.11	0.500	9.93	0.26	6.64	21.51	0.193	0.2	0.06	6.22
8	吴朋	813.39	1.000	13.08	0.09	6.42	30.83	0.428	5.35	0.05	6.32
9	厂界	221.83	1.105	6.89	0.02	6.33	13.44	0.25	1.04	0.02	6.14
10	徐隆伍	392.59	2.091	9.39	0.05	7.05	183.52	0.762	4.46	0.01	6.45
11	谢家湾	83.54	0.468	2.30	—	6.77	21.46	0.445	1.50	—	6.81
12	双岗小学	75.44	0.532	4.50	—	4.50	18.76	0.408	3.00	—	6.84
13	陈家畈	121.32	0.835	6.80	—	6.80	26.86	0.642	4.50	—	6.74
14	东方山	64.75	0.130	2.40	—	7.24	21.46	0.095	1.80	—	7.14
	两塘(对照点)	—	0.200	25.17	0.02	7.24	—	—	—	—	—

表 4　油菜及蚕豆的监测结果/(mg/kg)

采样点		谢家湾(蚕豆)	双岗小学(油菜)	陈家畈(油菜)	东方山(油菜)
Cd	根	0.045	0.036	0.055	0.017
	茎	0.030	0.050	0.060	0.020
	叶	0.037	0.033	0.048	0.016
As	根	11.5	7.6	6.3	3.8
	茎	5.0	4.0	7.5	3.0
	叶	4.0	3.0	4.0	2.2
Cu	根	4.85	3.75	4.29	2.16
	茎	4.29	3.75	3.75	2.16
	叶	3.75	3.20	3.75	1.60

表 5　蚕豆、油菜中与 A 层土壤中 As 含量的比较/(mg/kg)

采样点		谢家湾(蚕豆)	双岗小学(油菜)	陈家畈(油菜)	东方山(油菜)
作物	根	11.5	7.6	6.3	3.8
	茎	5.0	4.0	7.5	3.0
	叶	4.0	3.0	4.0	2.2
	平均	6.8	4.9	5.9	3.0
A 层土壤		2.3	4.5	6.8	2.4

6　分析评价结论

通过对评价区内土壤和作物污染现状调查和评价，可以得出以下结论。

6.1　从各金属元素污染状况分析来看，本地区 Cu 元素的本底值较高，土壤中 Cu 和 Cd 的含量大多超出了《土壤环境质量标准》中二级标准规定的最大值。其中，Cu 的超标率为 71.4%，多为中污染和重污染；Cd 的超标率高达 85.7%，但多属于轻污染。

6.2　土壤中 As 的含量均低于《土壤环境质量标准》GB 15618—1995 中的二级标准（pH 为 6.5～7.5 时水田为 25mg/kg，旱地为 30mg/kg），且都低于湖北省环境背景值。

6.3　农作物的监测结果表明，油菜和蚕豆对 As 具有很强的生物富集作用。

总之，评价区环境质量状况一般，上述环境污染问题部分与该地区排污大户之一冶炼厂污染贡献有关。

　　土壤环境现状评价包括土壤环境的调查与监测、评价因子的选择、评价标准确定、应用评价模式求取土壤污染指数、土壤质量分级和土壤环境质量现状评价。通过评价，掌握土壤环境的现状及其空间分布。开发行动或建设项目对土壤环境的影响不仅表现为土壤污染，还可能发生土壤退化现象，如土壤侵蚀、沙化、盐渍化、沼泽化等。土壤环境污染影响预测是通过污染物在土壤中的输入量、输出量、残留率来计算的，依据预测的内容有农药残留模式、重金属累积模式、土壤环境容量计算模式。土壤退化趋势预测应用最广泛的模式是通用土壤流失方程。通过预测和评价不同建设项目对土壤环境质量的影响，为基础项目的合理布局和环境对策、环保措施的设计与实施提供依据。

思考题与习题

1. 影响土壤环境污染、土壤退化的因素主要有哪些？
2. 土壤环境质量评价的标准如何选择？有哪几种方法？
3. 什么是土壤环境容量？
4. 减轻土壤污染的主要措施有哪几种？
5. 一项大型工程施工破坏了两块地的植被使土地裸露。设两块地的 R_e 均为 45kg/(m² · a)，地块（1）面积为 $A_1 = 3hm^2$ 的沙壤土，坡长 $\lambda = 150m$，坡度 $S = 5\%$，土中有机质含量 2%，草皮覆盖率 10%，无侵蚀控制措施；地块（2）面积 $A_2 = 2hm^2$ 的壤土，$\lambda = 70m$，坡度 $S = 10\%$，土中有机质含量 3.5%，裸土且无侵蚀控制措施。试求每块地的年平均土壤流失率以及两块地的土壤总流失量。

10 社会经济环境影响评价

10.1 社会经济环境影响评价概述

10.1.1 社会经济环境影响评价的分类

社会经济环境影响评价的目的是分析项目对社会经济产生的各种影响,提出防止或减少负面影响和损失的方法、措施与途径,以实现减少或免除风险与损失的目的。其最根本的原则是要实行污染者承担,使环境成本内部化,使外部不经济性减至为零,并因势利导,化险为夷,化害为利,修复生态,促进经济,安定社会。

在社会经济评价中要善于判别和筛选项目对社会经济可能造成的正负两面影响,并适度分类。

Ⅰ类:对社会经济无影响或影响很小,可省略评估。

Ⅱ类:对社会经济可能有负面影响,对敏感区可能影响大,要作评价。

Ⅲ类:对社会经济可能有正面影响,如脱贫、农村与农业发展、公共卫生、教育、市政公共工程、社会福利、基础设施等,这类项目旨在提高与改善社会福利总水平,有些是属于公共资产和公共经济学范畴。对这类项目要认真做好社会经济影响评价,充分论证评估其内容,并要分析由于"市场失灵"和信息不完全可能导致的"逆向选择"以及"政府失灵"可能带来的风险。

Ⅳ类:大型建设项目可能对生态环境造成不可逆影响(如水利工程),也可能对社会经济带来各种不同方面的敏感问题。如移民是社会经济评价中的重大课题,也是环境影响评价中最棘手的难题,诸如水电站、机场、高速公路等项目均有移民之类问题,一般可立专题评价。

10.1.2 社会经济评价范围

10.1.2.1 社会经济评价范围

评价范围大多以目标人口来确定。目标人口是指拟建项目可能直接或间接影响的部分人口数。目标人口所涉及的社区范围即为社会经济的重点评价范围。

评价敏感区是指评价范围中具有特殊性质和意义或价值的空间,主要是少数民族区、农业区、森林区、沿海区、文物古迹区、自然保护区等。特别是涉及自然遗产和文化遗产地更要高度关注,要注意保护其完整性与多样性,保护其原有的状态,其景观风貌不得受任何损害。

10.1.2.2　社会经济评价因子识别

社会评价因子主要有目标人口数（总数、密度、组成、结构、区域、迁移损益），科技文化，公共卫生，公共设施，社会安全，社会福利。

经济评价因子主要有 GDP 总量，人均 GDP，产业特征与结构，产业布局，就业与失业，收入分配，需求水平。

美学与历史文化评价因子有美学（自然遗产、自然景观、风景、游览等）和历史文化（文化遗产、文化古迹、人文生态、民族风情、文化艺术等）。

10.1.3　社会经济环境影响评价的经济学概念

边际效用是指消费量每增加一个单位所增加的满足程度。在人类社会分析中，人有生理和心理上的生存需要、安全需要、享受需要、社会需要、自我发展需要，人类的社会行为基本上都受这些心理需求约束和指导。于是以行为心理学所建立的消费经济学为基础而引申出边际效用。由于同一商品每增加一个单位对消费者的满足程度不相同，随着所消费商品的增加，该商品对消费者的边际效用是递减的，这就是边际效用递减规律，见图 10-1。

所谓边际效用的经济分析，指的是在信息完全或对称的前提条件下，最后增加一个消费单位对消费者来说所增加的效用。此种计算是每个消费者必然要考虑的。因为消费者进入市场时，如果他拥有安全充分的信息，他以手中一定的货币面对市场上不同的商品，购买何者，他总有个先后次序的考虑，他总是要先购买对他边际效用最大的商品。可见，这种每增加一单位的效用变动率的计量，是消费者对不同商品或对当前消费与未来消费进行选择，以及生产者对一定资源的不同用途进行选择时经常使用的。因此，根据人的需求和行为心理学为基础的消费经济学及其核心的边际效用概念是我们进行经济分析的一个有用的工具。

费用和效益分类如下。

（1）费用分类　从经济学角度讲，按外部费用和内部费用来划分更为合理。内部费用是企业为了防止污染而安装的防治设备的投资和运行费用，这一部分费用由企业支付，并以提高产品的出售价格的方式把这笔费用转嫁到消费者身上。在这里，市场经济规律起作用。外部费用则是由于开发利用环境资源或对环境质量造成的损害费用，未考虑市场规律，目前以纳税或其他形式支付。环境是公共资产，在企业经济活动中环境具有外部性，不受市场约束和控制，是"市场失灵"，造成"公地悲剧"的原因所在，也是环境污染转嫁给社会公众的经济学根由。

内部费用包括环保设备的基建费和运行费。

外部费用包括社会的，如因污染致害的医疗费、赔偿费；包括经济的，如水体污染使鱼产量下降、农作物减产造成的经济损失；包括自然的，如因污染造成生态破坏，珍稀动植物消失或濒危等。为消除环境污染的外部不经济性，必须重新确定环境的使用权，并规定外部不经济性的受害方有权向造成污染的行为责任方依法索赔，法律应强制使行为责任方把外部不经济性数量削减为零，即法定要求环境成本内部化。实行污染者承担原则。

（2）效益分类　效益一般分为货币效益和非货币效益。

货币效益是指可以用市场价格直接估值的部分。如建造水库增加发电量、供水量，综合利用多种经营带来的收益等。

非货币效益是指那些不能以货币表示的效益。如自然风光、娱乐游览的改善带来的收益等。以人（人体或人群）为中心，由人类创造的一切产品和副产品及其关系、状态和过程的总体称为社会经济环境。为了避免或补偿对社会经济环境的不良影响，或者改善社会经济环境质量，在待建项目或计划、政策实施之前，通过深入全面的调查研究，对被影响区及周围区域社会经济环境可能受到影响内容、作用机制、过程、趋势等进行系统的综合模拟、预测和评估，并据此提出评断意见和预防、补偿与改进措施，从而为科学决策和管理提供切实依据的一整套理论、方法、手段，统称为社会经济环境影响评价。

社会经济环境影响评价的目的就是要充分揭示经济活动中的外部不经济性可能对环境造成的损害，由于市场的缺陷而导致的"市场失灵"和"公地悲剧"，给生态环境和社会公众带来危害或灾难，应依据法律和污染者承担的原则，要切实执行环境成本内部化，以有效防治污染和保护环境。可以通过分析一些开发建设项目或政策建议对社会经济环境可能带来的各种影响，提出防止或减少在获取效益时可能出现的各种不利社会经济环境影响的途径或补偿措施，进行社会效益、经济效益和环境效益的综合分析，使开发建设项目的论证更加充分可靠，项目的设计和实施更加完善。

10.2   社会经济环境影响评价内容

根据社会经济环境影响现状调查分析，给出拟建项目的社会经济环境影响评价因子，并分析影响程度和类别，进而给出各类影响可能产生的主要环境问题及其效果。

10.2.1   社会经济环境影响及主要环境问题

一些开发建设项目或政策建议对社会经济环境的影响包括：有利影响和不利影响、直接影响和间接影响、现实影响和潜在影响、长期影响和短期影响、可逆影响和不可逆影响等。

建设项目对社区的影响包括：人口迁移，信息的公开和透明，信息及时传播动员公众参与，就业结构调整，改变社会结构，扰乱社区的稳定性，同时也可能增加社区的经济发展潜力以及提高或降低社区人口的收入水平等。在实际开展评价中应根据需要来确定拟建项目社会经济环境影响的一些典型特征，并由此明确该项目所带来的主要社会经济问题。

10.2.2   社会经济效果

开发建设项目所产生上述各类影响的程度和后果可以通过社会经济效果来加以评价和度量。因此，我们根据影响方式的不同以及社会经济效果的性质对其分类，由项目所产生的社会经济效果是社会经济环境评价的主要内容。

10.2.2.1   正效果与负效果

这是与项目有利影响和不利影响相对应的。一般来说有利影响产生正的社会经济效果，这是项目受益人所期望的。例如，项目投产后生产的产品满足了社会的需求而且生产者能够从中获利，因此产生了正的社会经济效果。相反不利影响则产生负的社会经济效果，这也是项目建设者与受益人所不期望或要避免的。特别是潜在性的不确定性因素可能导致危机与灾害，评价应有忧患意识，以理性的战略思维认真分析未来面对的挑战与隐患。

10.2.2.2   内部效果与外部效果

内部效果是通过项目自身的财务核算反映出来的。例如，项目的效益、获利及投资回收等都属于内部效果。而外部效果并不能在项目的效益或支出中直接反映出来，且不是项目本意要达到的效果。例如，项目投产后排出的废水污染了附近水域，使鱼类产量下降，这并不是项目建设者的目的。也就是说产生了负的社会经济效果。许多评价注意内部效果，特别是注意项目的内部回报率（FIRR），而忽视了外部的宏观效果，忽视国民经济外报率（EIRR），忽视外部不经济性可能导致 EIRR 为负值的严重问题。评价中应坚持只有 EIRR 和 FIRR 为正值时坚决支持；当 FIRR 为正，EIRR 为负时应坚持抵制，并认真揭示其风险，否则遗患未来，丧失评价的责任与使命。

10.2.2.3　有形效果与无形效果

作为有形的社会经济效果一般都是可以用货币加以度量的。例如，项目建成后生产的产品以及生产过程排放污染物带来的直接经济损失都可以通过货币来计算效益的多少。难以用货币计量的社会经济效果统称为无形效果。例如，空气污染造成的人体健康和经济损失、城市绿化对净化空气所带来的效果、犯罪率的变化等。这些事物不会在市场上出现，因而没有市场价格，但事实上这类社会经济效果又是客观存在的，并表现为一定的支付愿望。

10.3　社会经济环境影响评价方法

在社会经济环境影响评价中，由于环境资源服务功能的多样性，使环境费用-效益分析的方法种类繁多，至今仍在发展之中。以下为几种常用的环境费用-效益分析方法。

10.3.1　专业判断法

专业判断法是通过专家来定性描述拟建项目所产生的社会、经济、美学及历史学等方面的影响和效果，该方法主要用于对该项目所产生的无形效果进行评价。如拟建项目对景观、文物古迹等影响难以用货币计量，所产生的效果是无形的。对于此类影响和效果可以咨询美学、历史、考古、文物保护等有关专家，通过专业判断来进行评价。

10.3.2　调查评价法

在缺乏价格数据时，不能应用市场价值法。这时可以通过向专家或环境的使用者进行调查，以获得对环境资源价值或环境保护措施效益的估价。常用以下几种方法。

10.3.2.1　群众调查法或投标博弈法

该方法是通过对环境资源的使用者或环境污染的受害者进行调查，反复应用投标过程求得人们对该环境愿意支付的最大金额，或者同意接受的最小赔偿数，作为评估环境损益的量度。

10.3.2.2　函询调查法或德尔斐法

这种方法应用十分广泛，它通过直接询问专家，对环境资源确定价格，并用图或表的形式将初值列出。然后对那些偏离的数据请有关专家解释，再把这些数据重新估价或校正，以得到新的数据，通过几个循环，得到分布比较集中的数据。

除了上述介绍的方法外，在调查评价法中还包括优先评价法、无费用选择法等。

10.3.3　费用-效益分析

费用-效益分析是鉴别和量度一个项目或规划的经济效益和费用的方法。一个项目的收益或效益是该项目可能得到的商品或劳务产出的增值价值，其中也包括环境劳务和环境商品，而费用则是该项目所使用的实际资源的价值。衡量一个建设项目对环境影响经济效果，除了计算其费用外，还需计算它的收益。费用-效益分析的目的，就是全面衡量一个建设项目在经济上的优劣。费用-效益分析中应重视外部不经济性可能造成的"公地悲剧"，EIRR与FIRR的比较分析与判别公正，微观/宏观的最小费用比较与判别，微观/宏观的最佳效果比较判别，微观/宏观的直观效果比较判别。特别是对其中的潜在性、间接性、长远性、负面性、不可逆性、无形性、外部性的影响更要认真分析和综合评估。

10.3.3.1　基本原理

费用-效益分析的一个基本假定是，可以按照人们为消费商品和劳务准备支付的价格来计量消费者的满意程度。因此，环境影响的费用-效益评价是以人们对改善环境质量的支付愿望，或由于破坏接受补偿的愿望为基础的。

下面对费用-效益分析的一些基本原理及概念予以简单介绍。

（1）效用、边际效用理论　费用-效益分析首先引用有关边际效用的理论。边际效用曲线见图10-1。这是一种以人们主观评价来解释价值的经济学理论。

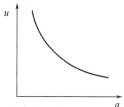

图 10-1　边际效用曲线

效用是一个人通过消费商品或劳务所得到的需求上的满足。在一定的范围内，一个人消费得越多则他的总效用水平越高。它说明了商品或劳务对个人的使用价值，也代表着个人本身的收益。见图10-2。图中 u 表示效用；q 表示商品的消费单位。

（2）外部不经济性　外部不经济性是经济外部的一种表现形式。当一个人或企业的经济活动依赖或影响着其他人或企业的经济活动时，就产生外部性，外部性可以有正效益或负效益。外部性的负效益也称外部不经济性。企业生产活动造成的环境污染是外部不经济性的典型例子。费用-效益分析研究的对象是全社会，因此，外部不经济性造成的危害是它的研究重点。外部不经济性是污染环境、破坏生态、危害公众的隐蔽性有害因素，是造成各种环境问题的根由，是社会经济环境影响评价的核心内容。

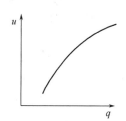

图 10-2　总效用曲线

（3）经济效益与环境效益的统一　环境与经济存在着互相依赖、互相制约的双向联系，发展经济、改善环境都是为了满足人们日益增长的物质和文化需求。环境的变化一方面要以外部不经济性的形式在生产活动中反映出来，另一方面在消费活动中，直接影响满足人们对环境需求的有效供给。所以，在计量生产活动获得的全社会的直接经济效益的同时，必须以环境效益的形式计量生产活动对环境的影响；对生产活动的评价不仅要评价其经济效益，而且要评价其环境效益，以经济、社会和环境效益的统一为评价的准则。为了便于统一考虑和权衡这三种效益，将它们用货币化的形式来描述，这是环境费用-效益分析的重要任务。

（4）费用、效益和净效益现值　建设项目从投资建设到投产运行，一般都涉及一个较长时间段的问题。而在一时段中，效益和费用都是动态的，是随着时间变化而变动的。如图10-3所示，B_t 是某一建设项目的效益流，C_t 是费用流，二者相减得到净效益流 NB_t。投资方案一般可分为三个时期：第一期是计划和设计，包括可行性研究和环境影响评价，需不断投入基建费用。第二期是施工、安装和试车，费用逐渐增多，在达到最大值后逐渐减少，至完工和试车为止。第三期是运转使用或生产，开始时得到的效益仍小于运转费用，以后逐渐增多而趋于稳定，末期由于设备、技术等陈旧，运转费用增大，而且效益也减少。最后，当净效益为零时，工程即报废不能用，经济寿命至此为止，以后净效益则为负值。当然，这都是基于以项目的内部效果来分析的，未充分考虑其外部效果。如以 EIRR 表示外部效果，FIRR 表示内部效果。在社会经济环境影响评价中只有 EIRR 和 FIRR 均为正时，才是可行的。任何项目如果 EIRR 为负均应否定。

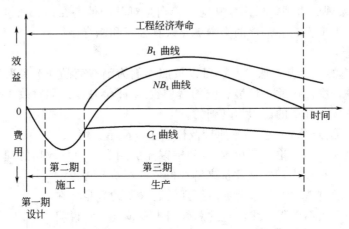

图 10-3　建设项目费用与效益的时间流图

因此费用-效益分析中必须考虑时间因素。为了便于比较不同时期费用和效益，经打折扣使它小于现有的费用和效益，用社会贴现率作为折扣的量度。社会贴现率是由国家规定的把未来的各种效益和费用折算成现值，运用社会贴现率把不同时期的费用或效益作为同一水平的现值，使整个时期的费用或效益具有可比性。

① 费用现值

$$PVC = \sum_{t=0}^{n} \frac{C_t}{(1+r)^t} \tag{10-1}$$

式中　PVC——总费用的现值；

　　　　C_t——第 t 年的费用；

　　　　r——社会贴现率；

　　　　t——年度变量；

　　　　n——项目服务年限。

在每年发生等量费用的情况下，上面公式可以简化为下式：

$$PVC = C_t \frac{(1+r)^{t+1} - 1}{r(1+r)^t} \tag{10-2}$$

② 效益现值

$$PVB = \sum_{t=0}^{n} \frac{B_t}{(1+r)^t} \tag{10-3}$$

式中　PVB——总效益的现值；

　　　　B_t——第 t 年的效益。

在每年发生等量效益的情况下

$$PVB = B_t \frac{(1+r)^{t+1} - 1}{r(1+r)^t} \tag{10-4}$$

③ 净效益现值　净效益现值为效益现值和费用现值之差。

$$PVNB = PVB - PVC = \sum_{t=0}^{n} \frac{B_t - C_t}{(1+r)^t} \tag{10-5}$$

式中 $PVNB$——净效益现值。

在每年发生等量费用和效益的情况下

$$PVNB = (B_t - C_t)\frac{(1+r)^{t+1} - 1}{r(1+r)^t} \tag{10-6}$$

按照净效益现值准则的一般要求，只要项目的净效益现值大于零，即 $PVNB > 0$，就认为项目是可行的，但在实际中，人们当然是希望项目的净效益现值越大越好。

10.3.3.2 费用-效益分析法

（1）市场价值法 这种方法将环境看成是生产要素，揭示环境的本征价值，分析其现实和潜在价值。生态环境的稀缺性、有限性和多方位的综合服务功能性表征出环境不可替代的价值，环境的公共通用性、服务功能多样性、可变性和脆弱性表示其有直接市场价值，而其状态的好坏直接影响生产率和生产成本，从而导致生产利润和产量的变化，而产品的价值、利润是可以利用市场价格来计量的。市场价值法就是利用计量因环境质量变化引起的产品产量和利润的变化来计量环境质量变化的经济效益或经济损失。用公式表示为

$$L_1 = \sum_{i=1}^{i} P_i \Delta R_i \tag{10-7}$$

式中 L_1——环境污染或破坏造成产品损失的价值；

P_i——i 种产品市场价格；

ΔR_i——i 种产品污染或生态破坏减少的产量。

市场价值法中另一个常用的方法是机会成本法。

这种方法是在自然资源使用选择的各备选方案中，找出经济效益最大的方案。资源是有限的，选择了这种使用机会就放弃了用于其他用途的机会，也就失去了后一种获得效益的机会，把其他使用方案获得的最大经济效益称为该资源利用选择方案的机会成本。用公式表示为

$$L_2 = \sum_{i=1}^{i} S_i W_i \tag{10-8}$$

式中 L_2——资源损失机会成本的价值；

S_i——i 种资源单位机会成本；

W_i——i 种资源损失的数量。

（2）影子市场价值法替代市场价值法 这种方法是设想影子市场或利用替代或相辅产品的价格，来估计无价格的环境商品或劳务。如清洁空气价值、不同水平的环境舒适性价值，都可成为销售商品价格中的一个因素。资产价值法和旅行费用法就是基于这个原理。

资产价值法是根据建设项目引起周围环境质量发生变化，进而引起资产的出售价格发生变化，并以此来计算资产效益的变化，也就是人们在不同环境质量情况下对资产的支付愿望是不同的。例如，由于建设项目引起周围环境质量的变化，则附近的房产价格受其影响，由此使人们对房产的支付愿望或房产的效益发生变化。

旅行费用法是根据消费者为了获得娱乐享受或消费环境商品所花费的旅行费用，以此来评价娱乐性环境商品的效益。例如，较为常见的到户外环境去旅游，其效益就可以通过旅行费用法来进行评价。当不考虑其他因素影响时，由旅行者的人数、天数和边际旅行费用来建立起一定的需求函数或描绘出一条需求曲线，由此计算出的总费用即代表娱乐性环境商品的

效益。

（3）恢复和防护费用法　前面介绍了完全依赖于以支付意愿为基础的环境质量效益分析法。但是，在很多情况下，全面估计到保护和改善环境质量的经济效益是一件很困难的事情。实际上，许多有关环境质量的评价是在没有对效益进行货币估计的情况下做出的，对环境质量效益的最低值估计可以从消除或减少有害环境影响的经验中获得。一种资源被破坏了，我们可以把恢复它或防护它不受污染所需的费用，作为该环境资源被破坏带来的经济损失。用公式表示为

$$L_3 = \sum_{i=1}^{n} C_i \qquad\qquad (10\text{-}9)$$

式中　L_3——防护或恢复前的污染损失；

　　　　C_i——第 i 项防护或恢复费用。

（4）影子工程法　影子工程法是恢复费用技术的一种特殊形势。影子工程法是在环境破坏以后，人工建造一个工程来代替原来的环境功能。例如一个旅游海湾被污染了，则另建造一个海湾公园来代替它。就近的水源被污染了，需要另找到一个水源替代，其污染损失就是新工程的投资费用。

10.3.3.3　环境费用-效益分析的程序

（1）弄清问题，明确目标　环境经济评价的基本目标首先是对项目本身的宏观经济效益或国民经济回报率（EIRR）作科学评价，以判断项目的社会经济价值与意义，其次是对解决环境问题各方案的费用和效益进行分析评比，从中选出净效益最大的方案提供决策。因此，首先弄清费用-效益分析的对象。由于环境经济评价的对象极为复杂，涉及环境系统和经济系统的不同要求、环境质量标准、技术和经济合理性与可行性等问题，在确定分析目标时，除了弄清问题所涉及的地域范围，还要弄清楚为解决这一环境问题的各方案和对策方案跨越的时间范围。

（2）功能分析与可行性鉴定　环境问题带来的经济损失，是由于环境资源的功能遭到破坏，反过来影响经济活动。例如森林的功能，既可采伐提供木材和林产品，同时又可涵养水分、调节小气候。对这些功能的损害，可能造成错综复杂，多端不一的经济效果。因此，对环境功能应全面分析，作为可行性鉴定的主要依据之一。其分析结果对备选方案是否可行关系很大。

（3）环境影响损害的定量化　环境被破坏或污染了，环境功能就受到了损害，两者之间的定量关系是进行费用-效益分析的关键。通常可以利用科学实验或统计对比调查而求得。

（4）费用和效益估值　估计各备选方案的环保费用与效益，应尽量用货币形式来表示，并求得其总币值以资比较。对不能用币值表示的则定性地描述，以便评比抉择。

（5）损益分析，提出评价结果　最后，将以上估算与分析评价的结果及建议意见，及时提出综合经济评价信息，作为最后决策的科学依据。

环境费用-效益分析的程序可用图 10-4 简要说明。

10.3.3.4　**环境费用-效益分析的判别依据**

如果设项目的内部效益以企业内部回报率（FIRR）为

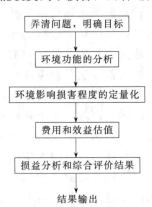

图 10-4　环境费用-效益分析程序

代表，项目的外部效果或宏观的社会经济效果或效益以国民经济回报率（EIRR）为代表。评估判断该项目的整体效果或效益时，必须综合评估内外效果，并且外部效果的国民经济回报率（EIRR）是决定性的。

EIRR 与 FIRR 的综合比较有如下四种情况。

第一种情况：内部和外部效果或效益都为正的影响，这类项目应于肯定和支持。

第二种情况：内部效益不一定好，FIRR 可能为零或是负，而外部效益或效果是正的，即国民经济回报率（EIRR）为正值。这类项目大多是社会公益工程或公共卫生和公共环境工程，如污水处理厂和垃圾处理场，它们是社会经济发展必不可少的项目，但其内部效益不一定理想。对于这类项目应该调整政策予以支持，例如实行服务付费和污染者承担的原则，开征环境税或制定污染收费的规定，以保证公共事业工程在保本微利下正常运行。由于公共公益事业项目属公共经济学范畴，既无排他性又无（或只有弱）竞争性，易于导致"市场失灵"，为此，可以明确产权、纳入市场机制，实施特许专业经营，并要防止垄断，以保护消费者权益，特别是保护社会弱势群体利益。

第三种情况：项目内部效果与效益可能是正的，但其表现出外部不经济性，对于生态环境、社会公众、社会生活和宏观的国民经济产生负效应，EIRR 为负。对于这类项目应予否定，否则劳民伤财、遗患社会、危害生态环境、损害国民经济。如小造纸、小化工、小冶炼、小电镀、小煤矿、小火电、小炼焦等都应予以否定。

第四种情况：内部与外部效益或效果均为负，应该坚决否定。

10.4　环境保护措施投资及效益分析

根据环境影响评价的程序和要求，选择经济合理行之有效的环境治理方案和环境保护措施，是环境影响报告书中的重要内容，而方案和措施的选取不仅是技术问题，也是经济问题，应通过技术经济分析，对环境效益和经济效益进行全面评价，求得技术先进可靠、环境达标、经济合理的方案措施，以提高环保投资的综合效益。

环保投资项目与一般建设项目的评价有相同之处，即都是使投资尽可能地发挥效益，以有限的资金取得最大的成果。但环保投资又不同于一般建设项目的投资，它是以发挥环境效益，达到环保标准为主要目的，所以在经济评价的方法上有不同之处。环保投资评价时考虑相关因素多一些，但计算方法上简单些，除了以回收"三废"产品为主的项目外，一般不进行内部收益率，净现值等指标的计算，也无需进行风险分析。

10.5　案例分析

现以某经济技术开发区环境影响评价中的社会经济环境影响分析为例，说明社会经济环境影响评价的程序、内容和方法。

该开发区规划总面积约 $30km^2$，内有 2 个乡，6000 余户，人口约 23400 余人。开发区地处城市与农村的交界部，目前区内主要从事农业生产和乡镇企业生产活动。

根据总体规划，开发区建设主要以工业生产为主，并集科研、贸易、医疗、商业服务、生活居住为一体的综合性经济技术开发区。

1 评价目的

该项专题评价作为开发区总体环境影响评价的重要部分，将评价开发建设活动可能产生的社会经济环境影响，为了避免和减轻不利影响而提出防治或补偿措施，为开发区的建设实施有效的环境管理提供基本的依据。

2 项目筛选

由于开发区的建设和发展属于大规模开发项目，同时在开发区建设中将会出现大量工业，且有较多数量的移民。因此，该项社会经济环境影响评价属于 S4 类，即需要进行社会经济环境影响详细评价，同时要提交专题报告书。

3 影响因子识别与筛选

利用已收集和现有资料，并通过专业判断社会经济环境影响因子见表 1。该表通过社会经济环境影响因子识别初步判断，筛选出在以建设为主阶段，主要的社会经济影响活动为征地拆迁，并表现为不良影响，而主要的影响因子为人口迁移、住房、公共设施、就业、自然景观。在以营运为主阶段，主要社会经济影响活动为生产营运活动，且表现为有利影响，主要的影响因子为公共设施、经济基础、需求水平、收入分配、就业等因子。在实际开展评价时，要有针对性对主要的社会经济影响活动和影响因子进行重点评价。

表 1　社会经济环境影响因子识别

活动影响因子		以建设为主阶段			以营运为主阶段		
		征地拆迁	开发建设	营运	征地拆迁	开发建设	营运
社会	人口迁移	−3s	−2s	0	−1s	0	0
	住房	−3s	−1s	+1r	−1s	0	+2r
	科研单位	−1r	−1r	+1r	−1r	0	+2r
	学校	−1r	−2r	+1r	−1r	−1r	+2r
	医院	−1r	−2r	+1r	−1r	−1r	+3r
	公共设施	−3r	−1r	+2r	−1r	0	+3r
	社会福利	−2r	−1r	+2r	−1r	+1r	+2r
经济	经济基础	−2r	−1r	+2r	−1r	−1r	+3r
	需求水平	−2r	+1r	+2r	−1r	+2r	+3r
	收入及分配	−1r	+1r	+2r	−1r	+2r	+3r
	就业	−2r	+1r	+2r	−1r	+2r	+3r
美学	自然景观	−2s	−1s	0	−1s	0	0
	人工景观	−1s	0	+1r	0	+1r	+2r

注："+"为有利影响，"−"为不利影响，"r"为可逆影响，"s"为不可逆影响；3、2、1、0 表示强、中、弱、无影响。

4 评价范围

在开发建设期目标人口 23400 人，在营运期目标人口 247800 人（包括建设期目标人口），根据目标人口所在区域确定评价范围为开发区规划面积 30km² 及其周边环境。

5 社会经济环境影响评价

5.1 经济环境影响评价

（1）经济基础　开发区建设主要以发展工业，创办三资企业、高新技术及出口创汇企业为主，继而带动第三产业的发展，建设宗旨即与国际接轨、条件优越、布局合理、综合效益明显。规划 2000 年社会总产值达 80 亿元。由此来看，开发区建设将会对区域经济带来长期重大的有利影响。

（2）需求水平　开发区的建设在经济发展中起着重要的作用，它是对外开放和通向国际市场的窗口和桥梁。所以它的建设具有较高的需求水平。

（3）收入及分配　随着开发区的建设，人均收入水平将会有大幅度提高。职工工资收入分配也将趋于接近，贫富差距也将缩小。

（4）就业　对于拆迁户及征地的农民，将解决其中的部分就业问题。所以，开发区建设，特别是在运营期将会对社会就业问题带来长期的、重大的有利影响。

5.2　美学环境影响评价

随着开发区的建设，开发区也将从单纯的农业生态景观变成城市生态和现代化建筑景观。

5.3　社会经济环境影响费用-效益分析

开发区的社会经济费用主要表现在征地、拆迁以及建设的投入方面，而社会经济效益主要表现在产值的增加、就业、增加税收等方面。以开发区 2000 年实现产值 80 亿元为目标，1992 年作为基准年，选取社会贴现率为 14.9%，费用-效益分析及评价指标见表 2。

表 2　开发区 1992～2000 年社会经济环境影响费用-效益分析及评价指标

项目类别	静态分析				动态分析			
	费用/万元	效益/万元	净效益/万元	效费比	费用/万元	效益/万元	净效益/万元	效费比
征地	59520				59520			
居民拆迁补偿	8000				8000			
居民住房补偿	32000				32000			
基建设施	180000				180000			
农村社会损失	258991				109534			
新增投资	745066				425859			
原始资本存量	151000				151000			
社会总产值		2381000				136250		
城乡收入差别		6000				3695		
新增就业收入		418530				216468		
总计	1434577	2805530	1370953	1.96	965913	1582663	616750	1.64

从表 2 可以看出在 8 年时间里，效益-费用比大于 1，说明开发区建设的效益将是非常明显的。

5.4　自然生态环境费用-效果分析

针对开发建设活动对自然生态环境的影响，采取了有效的防护措施。采用环保措施的费用-效果分析见表 3。

表 3　开发区自然生态环境费用-效果分析

项目环境要素	费用分析		效果分析			
	环保措施	费用/万元	效果指标	无环保设施环境效果	环保设施效果	有环保措施环境效果
大气环境	除尘器	375	TSP	$-2r$	$+1r$	$-1r$
	烟囱		SO_2	$-1r$	0	$-1r$
	其他	170	NO_x	$-1r$	0	$-1r$
	合计	545	综合效果	$-2r$	$+1r$	$-1r$
地面水环境	污水处理厂	5850	COD	$-3r$	$+2r$	$-1r$
			SS	$-3r$	$+2r$	$-1r$
	合计	5850	综合效果	$-3r$	$+2r$	$-1r$
地下水环境	监测、地质实验	45	水质	$-1r$	$+1r$	0
	污染治理	22	水位	$-2s$	$+1r$	$-1s$
	合计	67	综合效果	$-2s$	$+1r$	$-1s$
生态环境	生态代价	451	绿地	$-3s$	$+2r$	$-2s$
	绿化	169	自然景观	$-3s$	$+1r$	$-2s$
	生物群落		物种	$-3s$	0	$-3s$
	合计	620	综合效果	$-3s$	$+1r$	$-3s$
噪声	隔声消声屏障	400	厂界噪声	$-2r$	$+1r$	$-1r$
	监测	10	交通噪声	$-2r$	$+1r$	$-1r$
	合计	410	综合效果	$-2r$	$+1r$	$-1r$
固体废物	处理处置	200	综合效果	$-2r$	$+1r$	$-1r$

从表 3 中可看出，在开发区建设中如不采取环保措施，各类环境要素都将受到中等程度以上的不利影响，特别是地表水环境和生态环境将受到严重的不利影响。当采取各项措施后，开发区建设活动除对生态环境产生中等程度不利影响外，对其他环境要素产生较弱的不利影响。

5.5　社会经济环境影响评价结论

① 开发区现状属于市郊农业区域，具有人口密度小，土地生产率水平低以及固定资产价值低等特点，由此决定了要在区域开发建设的社会经济代价小，开发费用低。

② 开发区建设活动最主要的社会经济环境影响是征地拆迁过程中所产生的人口迁移和就业方面的问题。对于现实的受损人能够从政府所提供的补偿或潜在的效益中获益来补偿他们所受到的损失，目标人口中近 90％的人支持或赞成开发区建设。

③ 在开发区建设活动中所产生的对社会经济和自然生态环境的不利影响，完全能够从环保措施和开发区潜在效益中得到补偿。

④ 随着开发区的建设和发展，社会经济环境将得到明显改善，社会经济效益也是相当显著的，社会总产值从 1992 年的 6.4 亿元上升到 2000 年的 80 亿元，开发区到 2000 年将新增就业人口近 25 万人。同时，区内公共设施条件也将随着开发区的建设和发展逐步得到完善。

社会经济环境影响评价是开发建设项目环境影响评价的重要组成部分。一些开发建设项目对外界社会经济环境常常带来一些极为显著的影响，其影响既包括有利方面也包括不利方面，而环境质量影响的费用-效益分析是主要的评价方法。本章对费用-效益分析作了非常详细的分析，利用费用-效益分析的基本原理，对那些间接的、无形的或难以计量的环境影响都加以考虑，进而从社会、环境和经济的全面观点来论证建设项目的可行性。

思考题与习题

1. 解释效用和边际效用。
2. 费用和效益包含哪些主要内容？试举例说明。
3. 简述何谓"费用-效益分析法"。
4. 简述社会经济环境影响评价的程序（最好结合一个实例）。

11

环境风险评价

环境风险评价是在安全分析理论与技术的基础上发展起来的环境影响评价的一个重要分支，是当前环境保护工作中的一个新兴领域。其目的是通过评价寻求经济有效的措施来预防风险事故，以减少项目的风险。它的出现标志着环境保护工作由原来的污染后治理转变为污染前的预测并实行有效管理，是环境保护的一次重要战略转折。与其他的环境评价不同，环境风险评价既是定量的又是概率的，对风险事故的可能性及其后果都需要进行评价。一般按照评价对象的不同，将环境风险评价分为三类，即自然灾害的风险评价、危险化学品风险评价和建设项目及相关系统的风险评价。本章着重讨论建设项目及其相关系统，当发生突发性灾难事故时，对环境造成的风险进行评价。

11.1 概述

11.1.1 基本概念

环境风险是指突发性事故对环境（或健康）的危害程度，用风险值 R 表征，其定义为事故发生概率 P 与事故造成的环境（或健康）后果 C 的乘积，用 R 表示，即

$$R[危害/单位时间]=P[事故/单位时间]\times C[危害/事故]$$

环境风险是由自发的自然原因和人类活动（对自然或社会）引起的，并通过环境介质传播的，是能对人类社会及自然环境产生破坏、损害乃至毁灭性作用等不幸事件发生的概率及其后果。环境风险事件指的是可能对环境构成危害并具有风险性的事件。这些事件具有不确定性和危害性的特点。不确定性是指人们对事件发生的时间、地点、强度等事先难以准确预料；危害性是针对事件的后果而言，具有风险的事件对其承受者会造成威胁，并且一旦事件发生，就会对风险的承受者造成损失或损害，包括对人身健康、经济财产、社会福利乃至生态系统等带来程度不同的危害。例如，货船运输的毒物泄漏事故会使大片水面污染并导致生态灾害，核电站的放射性物质泄漏将会造成区域性环境污染等，都是典型的环境风险事件。

《建设项目环境风险评价技术导则》（HJ/T 169—2004）将建设项目环境风险评价定义为："对建设项目建设和运行期间发生的可预测突发性事件或事故（一般不包括认为破坏及自然灾害）引起有毒有害、易燃易爆等物质泄漏，或突发事件产生的新的有毒有害物质，所造成的对人身安全与环境的影响和损害，进行评估，提出防范措施、应急与减缓措施。"在建设项目环境风险评价中，往往只对所有可能发生的事故中对环境（或健康）危害最严重的

重大事故展开评价，这类事故被称为最大可信事故。

11.1.2　环境风险评价工作级别和评价范围

根据评价项目的物质危险性和功能单元重大危险源判定结果，以及环境敏感程度等因素，将环境风险评价工作划分为一、二级。物质危险性、重大危险源和环境敏感程度的判定根据《建设项目环境风险评价技术导则》（HJ/T 169—2004）中的有关规定进行。表 11-1 为建设项目环境风险评价工作级别。

表 11-1　建设项目环境风险评价工作级别

项　　目	剧毒危险性物质	一般毒性危险物质	可燃、易燃危险性物质	爆炸危险性物质
重大危险源	一	二	一	一
非重大危险源	二	二	二	二
环境敏感地区	一	二	一	一

对危险化学品按其伤害阈和 GBZ 2 工业场所有害因素职业接触限值及敏感区位置，确定影响评价范围。大气环境影响一级评价范围，距离源点不低于 5km；二级评价范围，距离源点不低于 3km 范围。地面水和海洋评价范围按照《环境影响评价技术导则——地面水环境》规定执行。

11.1.3　风险评价内容与程序

环境风险评价通过确认危害人类或环境的行为，列出各种选择方案的可接受与不可接受

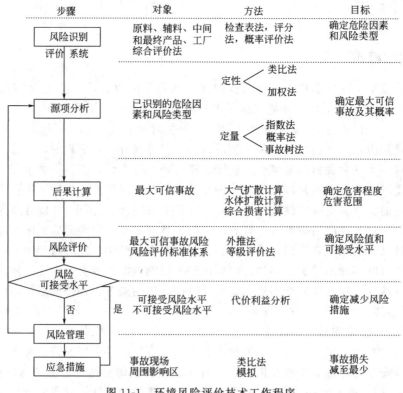

图 11-1　环境风险评价技术工作程序

后果，最大限度地减少不想要或不期望的后果。只考虑利用环境资源的短期效益或利益，将造成长期有害的环境后果。环境风险评价过程的适当运用将确认潜在的环境资源领域，并可让决策者选择负面影响最小的管理方案。

环境风险评价分为风险识别、源项分析、环境后果计算、风险计算及评价和风险管理五个阶段。亚洲开发银行推荐的风险评价程序为：危害甄别→危害框定→环境途径评价→风险表征（或评价）→风险管理。我国建设项目环境风险评价的技术工作程序见图 11-1。

11.2　环境风险评价与分析

环境风险评价与环境影响评价既有区别又有联系。环境影响评价在一定的条件下可以扩展为环境风险评价，环境风险评价是在环境影响评价确定了某些重大的危险因素的基础上所做的进一步分析。两者最本质的区别在于环境影响评价所考虑的是相对确定的事件，其影响程度相对比较容易测量和预测；而环境风险评价所考虑的是不确定的危害事件或潜在的危险事件，这类事件具有概率特征，危害后果发生的时间、范围、强度等都难以事先预测。例如，对于化工厂而言，环境影响评价主要集中讨论正常工作条件下，SO_2、TSP 的排放人群及周围环境的影响；而环境风险评价则考虑非正常运转条件下的影响，如考虑工段化学物质泄漏、爆炸等意外事故的发生而导致对环境的严重影响。因此，环境风险评价与环境影响评价有着不同的分析步骤和方法。

11.2.1　环境风险的识别

环境风险识别就是根据因果分析的原则，采用一定的方法，把具有风险的因素从纷繁复杂的环境系统中识别出来的过程，属于定性分析。它包括生产设施风险识别和生产过程所涉及的物质风险识别两大部分。生产设施风险识别范围为主要生产装置、贮运系统、公用工程系统、工程环保设施及辅助生产设施等；物质风险识别范围为主要原材料及辅助材料、燃料、中间产品、最终产品以及生产过程排放的"三废"污染物等。

风险识别内容包括资料收集、物质危险性识别和生产过程潜在危险性识别三部分。

（1）资料收集　对可行性研究、工程设计资料、建设项目安全评价资料、安全治理体制及事故应急预案资料等建设项目工程资料进行收集；利用环境影响报告书中有关厂址周边环境和区域环境资料，重点收集人口分布资料；参考国内外同行业事故统计分析及典型事故案例资料。

（2）物质危险性识别　对项目所涉及的有毒有害、易燃易爆物质进行危险性识别和综合评价，筛选环境风险评价因子。物质危险性的判定可依据《建设项目环境风险评价技术导则》（HJ/T 169—2004）附录中相关标准进行。

（3）生产过程潜在危险性识别　根据建设项目的生产特征，结合物质危险性识别，对项目功能系统划分功能单元，确定潜在的危险单元及重大危险源。

11.2.2　事故源项分析及源强估算

事故源项分析的目的是通过对建设项目的潜在危险识别及事故概率计算，筛选出最大可信事故，估算危险化学品泄漏量。在此基础上进行后果分析，确定该项目风险度，与相关标准比较，评价能否达到环境可能接受的风险水平。

11.2.2.1　事故源项分析方法

定性分析方法：类比法、加权法、因素图分析法等，首推类比法。

定量分析方法：故障树分析法、事件树分析法、道化学公司火灾、爆炸危险指数法等。其中故障树、事故树分析法是定量分析中广泛运用的方法。

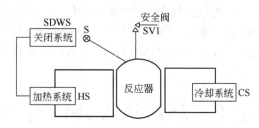

图 11-2　反应器的控制流程图

（1）故障树分析法　故障树是一种演绎分析工具，用以系统描述能导致一个过程达到顶事件的一种特定危险状态的所有可能的故障关系。顶事件可以是一个事故序列，也可以是风险定量分析中认为重要的任一状态。通过故障树分析，还能估算顶事件的发生概率。

以反应器爆炸事故为例：一个反应器内的物料要保持在一定温度下才能反应，温度过高会引起爆炸。如图 11-2 反应器的控制流程图，图 11-3 给出反应器因失控导致爆炸这一顶事件的故障树。

（2）事件树分析法　故障树分析只能给出事故（顶事件）的发生概率，但不能表述事故的风险影响，也不能给出事故的其他性质，这需要通过事件树来完成。事件树分析就是确定所要分析的起始事件，针对起始事件设计其安全功能，描述导致事故发生诸事件的序列，绘制事件树。

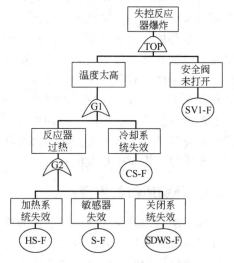

图 11-3　失控导致反应器爆炸顶事件的故障树

图 11-4 给出冷却系统失效初因事件的事件树，由此事件树可知，这一失冷事故可能导致气体从阀门泄入环境，也可导致爆炸。

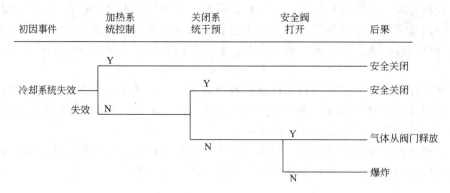

图 11-4　冷却系统失效初因事件的事件树

其他定性定量分析方法可参考《环境风险评价使用技术和方法》（胡二邦主编，中国环境科学出版社出版），《危险化学品安全评价》（国家安全生产监督管理局编，中国石化出版社出版）。

11.2.2.2 事故源强估算

事故源强是为指导事故防范和风险应急的模拟情景设定，与重大危险源直接相关，能反映事故的最大可信危害后果，具有参考性和安全性。事故源强设定采用计算法和经验估算法。其中计算法适用于以腐蚀或应力作用等引起的泄漏型为主的事故；经验估算法适用于以火灾爆炸或碰撞等突发性事故为前提的危险物质释放。

危险化学品泄漏量的计算需要确定泄漏时间，估算泄漏速率。泄漏量计算包括液体泄漏速率、气体泄漏速率、两相流泄漏、泄漏液体蒸发量计算等。见表 11-2。

表 11-2　危险化学品泄漏量相关计算公式

泄漏量计算	计 算 公 式	备 注
液体泄漏速率	$Q_L = C_d A \rho \sqrt{\dfrac{2(P-P_0)}{\rho} + 2gh}$	本法的限制条件为液体在喷口内不应有急剧蒸发
气体泄漏速率	$Q_G = Y C_d A P \sqrt{\dfrac{Mk}{RT_G}\left(\dfrac{2}{k+1}\right)^{\frac{k+1}{k-1}}}$	需判定气体流动属临界流还是次临界流
两相流泄漏	$Q_{LG} = C_d A \sqrt{2\rho_m(P-P_C)}$	假定液相和气相是均匀的，且相互平衡
泄漏液体蒸发量	$W_P = Q_1 t_1 + Q_2 t_2 + Q_3 t_3$	蒸发量为闪蒸蒸发、热量蒸发和质量蒸发三种之和

注：字母代表的意义及各种公式的适用条件可参考导则中相关说明。

11.2.3 风险计算和评价

根据引起危害事件的因素可以将风险评价分为大气环境风险评价、水环境风险评、对以生态系统损害为特征的事故风险评价。有毒有害物质在大气中的扩散，采用多烟羽模式或分段烟羽模式、重气体扩散模式等计算；在水中的扩散，可采用《环境影响评价技术导则—地面水环境》（HJ/T 2.3）推荐的相关数学模式进行。对以生态系统损害为特征的事故风险评价，按损害的生态资源的价值进行比较分析，给出损害范围和损害值。

11.2.3.1 风险值

风险值是风险评价的表征量，包括事故的发生概率和事故的危害程度。定义为：

$$风险值\left(\frac{后果}{时间}\right) = 概率\left(\frac{事故数}{单位时间}\right) \times 危害程度\left(\frac{后果}{每次事故}\right)$$

最大可信灾害事故对环境所造成的风险 R 按下式计算：

$$R = PC$$

式中　R——风险值；

　　　P——最大可信事故概率（事件数/单位时间）；

　　　C——最大可信事故造成的危害（损害/事件）

风险评价需要从各功能单元的最大可信事故风险中，选出危害最大的作为本项目的最大可信灾害事故，并以此作为风险可接受水平的分析基础。

一般概率是根据大量试验所取得的足够多的信息用统计学方法进行计算的。用这种方法得到的概率值是客观存在的，不以计算者或决策者的意志而转移，称为客观概率。但在环境风险评价中，经常不可能获得足够多的信息，如核电站的泄漏事故不可能做大量的试验，且危险事件都是将来发生的。因此，很难计算其客观概率。但由于决策的需要，必须对事件出现的可能性做出估计，只好由决策者或专家对事件出现的概率做一个主观估计，这就是主观概率。主观概率是用较少的信息量做出估计的一种方法。

11.2.3.2　危害计算

任一毒物泄漏，从吸入途径造成的效应包括：感官刺激或轻度伤害、确定性效应（急性致死）、随机性效应（致癌或非致癌等效致死率）。鉴于目前毒理学研究资料的局限性，风险值计算对急性死亡、非急性死亡的致伤、致残、致畸、致癌等慢性损害后果目前尚不计入，仅考虑急性危害。

毒性影响通常采用概率函数形式计算有毒物质从污染源到一定距离能造成死亡或伤害的经验概率的剂量。对于部分有成熟参数的物质可以按照下列公式计算：

$$Y = A_t + B_t \log_e [D^n t_e]$$

式中　　A_t、B_t 和 n——参数与毒物性质有关；

　　　　　　D——接触的浓度，kg/m^3；

　　　　　　t_e——接触时间，s；

　　　　　　$D^n t_e$——毒性负荷。

实际应用中，可用简化分析法，用半数致死浓度 LC_{50} 来求毒性影响。最大可信事故所有有毒有害物质泄漏所致环境危害 C，为各种危害 C_i 的总和。

11.2.3.3　风险评价

风险评价的最终目的是确定什么样的风险是社会可接受的，因此也可以说环境风险评价是评判环境风险的概率及其后果可接受性的过程。判断一种环境风险是否能被接受，通常采用比较的方法，将最大可信灾害事故风险值 R_{max} 与同行业可接受风险水平 R_L 进行比较。

$R_{max} \leqslant R_L$ 则认为本项目的建设，风险水平是可接受的。

$R_{max} > R_L$ 则对该项目需要采取降低风险的措施，以达到可接受水平，否则项目的建设是不可接受的。

11.3　风险管理

环境风险管理就是提出减缓或控制环境风险的措施或决策，达到既满足人类活动的基本需要又不超出当前社会对环境风险的接受水平。它包括三方面的内容：①提出减缓或控制环境风险的措施或决策。其实质是采用技术的、经济的、法律的、教育的、政策的和行政的各种手段对人类的行动实施控制性的影响，使人们按生态规律、自然规律和经济规律办事。②人类的需要与环境相协调。人类的需要必须与社会发展水平相协调，包括对自然资源、环境资源的合理利用，因此，人类活动的基本需要必须与环境相协调。③以环境风险制约人类的活动。人类要生存、发展就必须承担环境风险。但环境风险的可接受性又与各种因素有关，因此，在制定人类活动方案时要充分考虑各种可能产生的环境风险。

11.3.1　减少风险危害的措施

环境风险是可以预测的，也是可以控制的，为了减轻风险后果、频率和影响，有必要采取减少风险危害的措施并给予实施。

常用的减少风险危害的措施有以下几种：①减轻环境风险。通过改革生产工艺或改进生产设备使环境风险降低。厂址及周围居民区、环境保护目标设置卫生防护距离，厂区周围工矿企业、车站、码头、交通干道等设置安全防护距离和防火间距。厂区总平面布置符合防范事故要求，有应急救援设施及救援通道、应急疏散及避难所。在工艺技术中设计安全防范措施，设置自动检测、报警、紧急切断及紧急停车系统；防火、防爆、防中毒等事故处理系统；应急救援设施及救援通道；应急疏散通道及避难所。危险化学品贮运安全防范措施。对贮存危险化学品数量构成危险源的贮存地点、设施和贮存数量提出要求，与环境保护目标和生态敏感目标的距离符合国家有关规定。②转移环境风险。利用迁移厂址、迁出居民等措施使环境风险转移。③替代环境风险。通过改变生产原料或改变产品品种可以达到另一种较小的环境风险替代原有的环境风险。④避免环境风险。要完全避免环境风险，只有完全关闭造成这一环境风险的工厂或生产线。

11.3.2 风险应急管理计划

工程项目建设必然伴随着潜在的危害，如果安全措施水平高，则事故的概率必然会降低，但不会为零。一旦发生事故，需要采取工程应急措施，控制和减小事故危害。一旦有毒有害物质泄漏至环境，则可能危害环境，需要实施风险应急措施。其内容包括：①应急计划分区；②应急组织及其职责划分；③预案分级响应条件；④应急救援保障设备与器材；⑤报警、通信联络方式；⑥应急环境监测、抢险、救援及控制措施；⑦应急防护措施、清除泄漏措施和器材；⑧人员紧急撤离、疏散，应急剂量控制、撤离组织计划；⑨事故应急救援关闭程序与恢复措施；⑩应急培训计划；⑪开展公众教育与培训。

11.4 案例分析

某扩建项目风险评价分析

1. 风险类型及识别

（1）风险类型 根据工程分析确定本项目存在具有潜在危险因素为原料氯甲烷、环氧乙烷、异丙醇、硫酸二甲酯、氯乙酸、丙烯酰胺等在贮存、运输和生产中发生泄漏和火灾爆炸事故。根据对同类化工项目的类比调查分析，以及鉴于火灾爆炸事故评价在安全评价范畴之内，本次环评重点进行毒物泄漏污染事故风险影响评价。

（2）物质危险性识别

① 物料毒理毒性及分级 按照《环境风险评价使用技术和方法》规定，在进行化工、医药项目潜在危害分析时，首先要评价有害物质，确定项目中哪些物质属应该进行危险性评价以及毒物危害程度的分级。根据毒物的中毒危害程度可分为四级：Ⅰ—极度危害、Ⅱ—高度危害、Ⅲ—中度危害、Ⅳ—轻度危害。本项目主要原料的毒性指标及危害程度分级判定结果见表1。

表1 原料的毒性指标及判定结果

物质名称	毒性指标	危害分级	物质名称	毒性指标	危害分级
氯化烷	LC_{50} 5300mg/m³ 大鼠吸入（4h）	Ⅲ	三乙醇胺	LD_{50} 5000～9000mg/kg（大鼠经口）	Ⅳ
环氧乙烷	LD_{50} 330mg/kg（大鼠经口）	Ⅱ	丙烯酰胺	LD_{50} 150～180mg/kg（大鼠经口）	Ⅱ
硫酸二甲酯	LD_{50} 205mg/kg（大鼠经口）	Ⅱ	乙酸	LD_{50} 3530mg/kg（大鼠经口）	Ⅲ
氯乙酸	LD_{50} 76mg/kg（大鼠经口）	Ⅱ	异丙醇	LD_{50} 5045mg/kg（大鼠经口）	Ⅳ
二乙烯三胺	LD_{50} 1080mg/kg（大鼠经口）	Ⅲ			

由表 1 可知，本项目所使用的原、辅材料中，环氧乙烷、硫酸二甲酯、氯乙酸、丙烯酰胺属高度危害物质，毒性级别均为Ⅱ。

② 主要原、辅材料的火灾爆炸危险性的确定　参照《石油化工行业安全评价实施办法》进行火灾爆炸危险度的确定，本项目原、辅材料中部分材料的火灾爆炸危险性结果见表 2。

表 2　原、辅材料中部分材料的火灾爆炸危险性结果

名　　称	状态	爆炸极限/V%	危险度	闪点/℃	火灾危险分类
氯化烷	气体	7～19	1.57	<−50	甲类
环氧乙烷	气体	3～100	32.3	−17.8	甲类
硫酸二甲酯	液体			83	丙类
氯乙酸	固体	8		126	丙类
二乙烯三胺	液体			94	丙类
三乙醇胺	液体			185	丙类
丙烯酰胺	固体				丙类
乙酸	液体	4～17	3.25	39	乙类
异丙醇	液体	2～12.7	5.35	12	甲类

由表 2 可知，本项目所使用的主要原辅材料中环氧乙烷、氯甲烷、异丙醇的火灾危险性分类为甲类，其中环氧乙烷危险度最大。

③ 物质和生产设施风险识别　本项目环境风险识别主要是判断工程各功能单元（包括生产、加工、原材料及产品运输、贮存等）中所存在的重大危险源。重大危险源的识别是依据《重大危险源辨识》中有关危险物质的定义，以及危险物质生产场所和贮存场所临界量来进行筛选。

某评价功能单元内存在的危险物品的数量，若等于或超过规定的临界量，则该功能单元被视作重大危险源。当该单元存在一种以上危险物质时，有下列公式：

$$q_1/Q_1 + q_2/Q_2 + \cdots + q_n/Q_n \geqslant 1$$

式中，q 代表危险物质实际存在量；Q 代表与危险物质对应的临界量。本项目危险物质生产场所、贮存场所存在量及其临界量如表 3 所示。

表 3　本项目危险物质存在量、临界量

危险物质名称	危险类别	存在量/t	临界量/t	q/Q	备注
环氧乙烷	易燃物质	1.8	1	1.8	生产场所
硫酸二甲酯	有毒物质	1.3	20	0.065	生产场所
		18	50	0.36	贮存场所
异丙醇	易燃物质	27.5	20	1.37	贮存场所
		5.4	2	2.7	生产场所

注：本项目不设环氧乙烷贮罐，利用某公司现有 3 个 80m³ 贮罐。其中异丙醇临界量参照甲醇。

由表 3 可知，环氧乙烷、异丙醇的 q/Q 值大于 1，而硫酸二甲酯无论是在生产区还是在贮存区的 q/Q 值均小于 1，说明环氧乙烷生产单元、异丙醇生产单元和贮存单元均为明显的重大危险源。

2. 源项分析

(1) 最大可信事故的确定及其概率　本项目导致环境风险的危害物质为环氧乙烷、异丙醇和硫酸二甲酯，它们既具有易燃性和可燃性，又均具有毒性。当物料发生泄漏后，首要风险在于有毒有害物质在大气中的弥散，对周边人群和环境的影响。

从这几种物质的理化性质及毒性可知，环氧乙烷、硫酸二甲酯毒物危害程度均为Ⅱ级，异丙醇为Ⅳ级，并考虑 q/Q 比值，环氧乙烷、异丙醇、硫酸二甲酯三种物质中，环氧乙烷危害性大于后两者。环氧乙烷作为本项目主要环境风险评价因子，其次为异丙醇。本节主要考虑环氧乙烷。

通过功能单元风险识别和类比调查分析可知，本项目环氧乙烷泄漏可信事故主要有：一是环氧乙烷计量槽发生泄漏，环氧乙烷迅速气化排放弥散到周围环境中；二是环氧乙烷汽车槽在运输途中发生交通事故，导致环氧乙烷泄漏在公路沿线；三是环氧乙烷贮罐发生泄漏，环氧乙烷迅速气化排放弥散到周围环境中。鉴于环氧乙烷贮存及运输均利用公司现有装置，本次环评仅将环氧乙烷计量槽发生泄漏作为最大可信事故进行环境风险预测和评价。

环氧乙烷计量槽泄漏事故概率的估算虽然已有一些可靠性工程研究方法，但仍需要大量的历史事故统计数据资料为样本。目前尚缺少国内环氧乙烷计量槽泄漏事故有针对性的大量数据统计样本。因此将参照国内类似化学品物料计量槽的泄漏事故概率进行分析。

综合相关统计资料分析，国内贮罐、管道、计量槽发生泄漏性事故概率一般在 $10^{-3} \sim 10^{-4}$ 数量级。

依据概率原理，某一特定气象条件下的环境风险事故概率可按下式推倒：

$$P(AB) = P(A)P(B)$$

式中　$P(AB)$——某一特定气象条件下事故概率；

　　　$P(A)$——指定事故概率；

　　　$P(B)$——某一特定气象条件出现概率（比如相关风向年出现频率）。

本地区主导风风向频率为 11%，年静风频率为 9.1%。因此，在参照确定环氧乙烷、异丙醇贮罐泄漏事故概率为 10^{-4} 数量级时，利用上述公式可求出，对评价区内任一下风向或静风时区域，其最大可信事故概率在 10^{-3} 左右。风险事故概率水平属于中等偏下概率的工程风险事件，应有防范措施，并指定事故应急预案。

（2）最大可信事故源强　环氧乙烷计量槽发生泄漏事故时，其泄漏量可采用伯努利方予以计算，公式为：

$$Q = C_d A \rho [2(p_1 - p_0)/\rho + 2gh]^{0.5}$$

式中　Q——液体泄漏速度，kg/s；

　　　A——裂口面积，m^2；

　　　C_d——液体泄漏系数（可取 0.60～0.64）；

　　　p_1——容器内介质压力，Pa；

　　　p_0——环境压力，Pa；

　　　h——裂口之上液位高度，m；

　　　ρ——液体密度，g/cm^3。

参照类比调查相关资料设定，泄漏点之上的环氧乙烷液位高度 2m，裂口大小等效于直径 100mm 圆，内外压力差为 298870Pa，泄漏时间 5min，估算得出环氧乙烷计量槽事故泄漏量源强为 220kg/min 左右。与同类事故泄漏比例大体相当，可作为最大可信事故源强。

（3）最大可信事故疏散距离　在危险化学品泄漏事故发生时，应根据不同危险物质的理化特性和毒性，结合当时气象条件，迅速做好泄漏点周围人员及居民的紧急疏散工作。根据最大可信事故源强，确定紧急疏散距离是危险化学品事故救援工作的一项重要课题。

鉴于国内目前尚无这方面的系统研究成果。本次环评采用美国、加拿大、墨西哥联合研究编制的 ERG2000 中的环氧乙烷数据参数。这些参数是通过以下数据综合分析而成，即：

① 释放速率和扩散模型；

② 美国运输部有害物质事故报告系统（HMIS）数据库资料；

③ 美国、加拿大、墨西哥三国 120 多个地方 5 年的每小时气象观察资料；

④ 各种化学物质毒理学接触数据。

疏散距离的划分确定分为两种。一种是紧急隔离带。它是以紧急隔离距离为半径的圆，该圆内非事故处理人员不得入内。二是下风向疏散距离。它是指必须采取保护措施的范围，该范围内的居民处于有害接触的危险之中，应采取撤离、密闭住所门窗等有效避险措施，并保持通信畅通以听从紧急指挥。疏散距离的划分可见图 1。

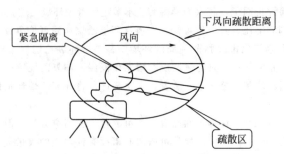

图 1 紧急疏散范围的分类与划分示意

ERG2000 标准中，环氧乙烷的疏散距离列于表 4 中，该标准以环氧乙烷的大小包装（以 200L 为量限）泄漏将疏散距离分为两个级别。

表 4 环氧乙烷的疏散距离

项 目	泄漏量等级					
	少量泄漏——小包装（<200L）			大量泄漏——大包装（>200L）		
疏散类别	紧急隔离带	白天下风向疏散距离	夜间下风向疏散距离	紧急隔离带	白天下风向疏散距离	夜间下风向疏散距离
疏散距离/m	30	200	200	60	500	1800

在确定紧急隔离带半径和疏散距离时，由于夜间气象条件对化学品烟云的混合扩散作用要比白天效果差，化学品烟云不易扩散，因此夜间疏散距离要比白天远一些。在标准中白天与黑夜的区分以太阳升起和降落为准。

3. 环境风险预测和评价

（1）环氧乙烷计量槽泄漏事故风险预测结果 根据设定的环氧乙烷泄漏最大可信事故源强，采用导则中推荐的有风、小风静风非正常排放模式，对环氧乙烷泄漏事故造成的环境风险进行了预测。气象条件选取依据最大出现概率原则。有风时，稳定度取 D 类；静风时稳定度取 F 类，有风时选取全年平均风速 3.5m/s；静风时选取风速 0.4m/s。

有风气象条件和静风气象条件下，环氧乙烷泄漏事故风险预测结果分别见表 5 和表 6。

表 5 环氧乙烷泄漏事故风险预测结果（一）

泄漏点下风向距离/m	最大浓度出现时刻（事故发生后）/min	该距离环氧乙烷最大浓度/(mg/m³)	评价标准/(mg/m³)				预测结果分析
			工作场所容许浓度	人员遭危害浓度			
				轻度	中毒	重度	
100	1	5253					超过重度危害浓度
200	2	2739					
300	3	1702					
600	8	327					超过中毒危害浓度
800	10	136					
1100	12	76	5	19.9	199	497.5	超过轻度危害浓度
1600	15	42					
2400	20	21					
3100	25	12					低于轻度危害浓度
3800	30	8					
4500	35	5					

表6　环氧乙烷泄漏事故风险预测结果（二）

距泄漏点距离 /m	事故发生后时间 /min	该时刻环氧乙烷浓度 /(mg/m³)	评价标准/(mg/m³)				预测结 果分析
			工作场所 容许浓度	人员遭危害浓度			
				轻度	中度	重度	
50	3	3946					超过重度危害浓度
	5	4184(最大)					
200	3	843					
	6	1081(最大)					
300	3	236					相距400m处，超过 中度危害浓度
	6	452					
400	5	185	5	19.9	199	4975	
	7	235					
	8	306(最大)					
500	5	86					小于中度危害浓度， 但超过轻度危害浓度
	7	132					
	8	191(最大)					
700	5	3					
	7	25					
	9	39(最大)					
800	7	8					低于轻度危害浓度
	9	17(最大)					

对于空气中环氧乙烷浓度风险评价标准，短时间接触容许浓度可选用《工作场所空气中有毒物质容许浓度》，其值为5mg/m³；对人员身体造成危害的浓度，依据环氧乙烷的毒理特性，参照国外急性毒性实验剂量浓度，可分为三个标准等级，即：轻度危害19.9mg/m³，中度危害199mg/m³，重度危害497.5mg/m³。

（2）物料泄漏事故风险评价　由预测结果可知，环氧乙烷泄漏最大可信事故发生时，有风气象条件下，事故发生0～3min后，下风向300m之内区域，环氧乙烷超过重度危害浓度，应立即划分为紧急隔离带。事故发生4～8min后，下风向300～600m区域，环氧乙烷浓度将相继超过重度危害浓度。下风向600～2400m区域，环氧乙烷最大浓度都将超过轻度危害浓度。下风向2400m可定为下风向疏散距离。

静风气象条件下，周围半径200m区域，环氧乙烷将超过重度危害浓度，应立即划分为紧急隔离带。周边半径400m区域，环氧乙烷最大浓度将超过重度危害浓度，周边半径700m区域，环氧乙烷最大浓度将超过轻度危害浓度，700m可定为下风向疏散距离。

4. 风险防范措施和事故应急预案

（1）物料泄漏事故风险防范措施

① 火灾和爆炸的预防措施：控制与消除火源；严格控制设备质量及其安装质量；加强管理、严格工艺纪律；安全措施的实施。

② 物料泄漏的预防：泄漏事故的防止是产生和储运过程中最重要的环节，发生泄漏事故可能引起火灾和爆炸等一系列重大事故。经验表明：设备失灵和人为的操作失误是引发泄漏的主要原因。因此选用较好的设备、精心设计、认真的管理和操作人员的责任心是减少泄漏事故的关键所在。

③ 危险化学品安全对策与措施：危险化学品的包装内应附有与危险化学品完全一致的化学品安全技术

说明书，并在包装（包括外包装件）上加贴或者拴挂与包装内危险化学品完全一致的化学品安全标签；在生产、储存和使用化学危险品的场所设置通信、报警装置，并保证在任何情况下处于正常适用状态；危险化学品专用仓库，应当符合国家标准对安全、消防的要求，设置明显的标志。危险化学品专用仓库的储存设备和安全设施应当定期检测。

④ 加强安全管理和安全教育：企业应该开展安全生产定期检查，及时发现并消除隐患；制定防止事故发生的各种规章制度并严格执行；建立由厂主要领导负责的安全小组，对安全工作做到层层落实、真抓实干。按规定对操作人员进行安全操作技术培训，考试合格后方可上岗。企业的安全工作应做到经常化和制度化。

（2）物料泄漏事故应急预案

① 企业事故应急处理组织机构 根据精细化工企业的行政隶属特点，建议由企业法人负责协调成立两级事故应急处理组织机构，即厂级和车间级。人员组成包括：厂级主要领导干部，车间主要负责人，以及安全、消防、环保、设备、医院（或卫生站）保卫、技术、后勤等部门有关人员。并专设事故应急指挥中心，下设通信组、技术组、急救组、抢修组、监测组和后勤供应组。

② 事故应急状态分类及报警 当有毒物质发生泄漏事故后，为了迅速、准确做好事故等级预报，减少伤害和损失。首先应当确定应急状态类别及报警响应程序。当事故发生后，车间领导小组在积极组织人员进行事故应急处理的同时，应立即上报上级指挥中心。由指挥中心根据事故等级确定报警范围。

a. 环氧乙烷贮罐泄漏事故主要应急处理方法：迅速撤离泄漏污染区人员至上风向无影响处，并立即设置紧急隔离带，严格禁止非事故处理人员入内。迅速切断火源。应急处理人员带自给正压式呼吸器，穿消防防护服。尽可能切断或堵住泄漏源。用吸附/吸收剂盖住泄漏点附近的下水道等地方，防止泄漏气体进入。合理通风，加速扩散。用蒸汽或喷雾状水稀释、溶解有毒气体。构筑围堤或挖坑收集产生的废水，使废水进入废水处理系统。如有可能，可将漏出气体用排风机送往空旷地方或装适当喷头烧掉。泄漏贮罐要妥善处理，经修复、检验合格后方可再用。

b. 灭火方法：切断气源。若不能立即切断气源，则不允许熄灭正在燃烧的气体。可喷水冷却贮罐。灭火剂应采用雾状水、抗溶性泡沫、干粉、二氧化碳、沙土。

c. 眼接触救治：立即提起眼睑，用大量流动清水或生理盐水彻底冲洗至少 15min 后就医。

d. 毒气吸入救治：迅速脱离现场至空气新鲜处。保持呼吸道畅通。如呼吸困难，给输氧。如呼吸停止，立即进行人工呼吸。呼吸心跳停止时，立即进行人工呼吸和胸外心脏按压术。

12 区域环境影响评价

20世纪80年代中期，中国环境界的专家从理论上提出了区域环境影响评价的概念，并逐渐得到了国内外环境学界的认同。80年代中后期和90年代初期，环境质量评价专业委员会先后召开研讨会，交流区域环境影响评价的问题，并在1987年召开的"区域规划与区域环境影响评价学术研讨会"上建议：为了有效地控制区域性环境污染，实现总量控制的原则，应该把建设项目环境影响评价与区域环境规划、区域环境影响评价结合起来进行。据此，80年代末、90年代初先后选择了甘肃省白银市、福建省湄州湾和云南省开远市等作为区域环境影响评价的试点，同期还进行了云南滇池地区磷资源开发的环境影响评价分析研究，北京燕山化学工业区的环境影响评价分析研究，京、津、渤区域环境演化开发与保护途径研究等。原国家环保总局于2003年8月颁布了《开发区区域环境影响评价技术导则》，对区域环境影响评价做出了统一的要求与规定。自此，区域环境影响评价走向标准化、程序化。

规划环境影响评价实质上属于战略环境影响评价，是环境影响评价的原则与方法在战略层次的应用，是对一项政策、计划或规划及替代方案的环境影响进行正式的、系统的、综合的评价过程。早在20世纪90年代政府的重要文件中已经提出了战略环境影响评价的重要性。1996年《国务院关于环境保护若干问题的决定》中规定，"在制订区域和资源开发，城市发展和行业发展规划，调整产业结构和生产力布局等经济建设和社会发展重大决策时，必须综合考虑经济、社会和环境效益，进行环境影响论证。"

90年代以来，随着改革开放的进一步深入，各种类型的开发区建设越来越多，规划环境影响评价及区域环境影响评价也随之日益发展完善。2002年颁布的《中华人民共和国环境影响评价法》于2003年9月1日实施，将规划纳入了环境影响评价范围，标志着我国环境影响评价领域的重大转折和动向。

12.1 区域环境影响评价概念与特点

随着中国经济建设的迅猛发展，出现了众多的区域性开发建设项目，如经济技术开发区、高新技术产业开发区、旅游度假区、仓储保税区及边贸开发区等，即同一地区在相近的时间内相继开展多个（或一批）建设项目，此时，对单要素、单建设项目进行环境影响评价，不能全面识别区域开发的环境影响，也就不可能采取合理的环境保护对策，难以保证区域环境质量目标的实现。因此应把区域内的开发建设项目看作一个整体，考虑所有的开发建设行为，开展区域环境影响评价。

12.1.1　建设项目环境影响评价的有限性

建设项目的环境影响评价（EIA）制度是中国强化环境管理的一项重要法治措施。二十余年来，它为建设项目的优化选址、合理布局、最佳设计、防治污染、强化管理提供了科学依据，对预防和控制污染及生态破坏发挥了较大作用，起到了一定成效。但是，由于受到法律政策的约束，其评价范围、对象、时空、内容等受到不同因素的限制，其局限性越来越明显，科学性与实用性也受到一定影响，特别是从可持续发展原则和战略来看，建设项目 EIA 的局限性有如下几点。

（1）单项建设项目的 EIA 只能从项目本身出发来评价，难以顾及项目所在区域的全局或总体目标，缺乏宏观大系统的理念思维和观念方法。

（2）难以系统地有效考虑在同域内而时序不同的多个项目建设与营运中的叠加、累积、协同影响。

（3）对各项目的决策和理性指导作用的范围与力度有限，由于各项目的时序差别，往往在运行时相互矛盾，难以总体协调。

（4）区域总量控制的科学性与可操作性较差。由于缺乏区域总体环境影响评价，没有区域总体控制的科学规划和目标，各项目实施的时序差异以及项目评价只能进行污染物总量的战术控制。而总量控制有明显区域性，而建设项目总量控制与区域环境容量或目标总量之间的不相容性与不确定性较多。

（5）区域建设是长远的战略规划与计划行为，重要的总体目标及其相应的方针政策与程序规则需要完善的法治和透明的信息，以免发生"逆向选择"。而如果事先没有区域环境影响评价，则可能因为缺乏健全的法治、明智的政策、完全的信息、科学的规划、有效的运作而引起失误、失灵、失控，并且受损害的首先是生态环境和资源资产。

12.1.2　区域环境影响评价的概念

区域开发活动是指在特定的区域、特定的时间内有计划进行的一系列的重大开发活动，这些开发活动区域一般称为开发区。开发区一般具有以下的特征：

① 占地面积大，一般开发区占地面积都在 1km² 以上；

② 性质复杂，一般一个开发区涉及多种行业；

③ 管理层次多，除有专门的开发区管理机构外，每个开发项目一般都有其独立的法人；

④ 不确定因素多，许多开发区初期仅仅确定其开发性质，但具体的开发项目往往不确定；

⑤ 环境影响范围大，程度深；

⑥ 有条件实施污染物集中控制和治理。

总之，区域开发活动具有规模大、开发强度高及经济密集度高于一般地区的特点。因此区域开发活动的环境影响评价涉及因素多，层次复杂，相对于建设项目环境影响评价有很大的不同。

所谓区域环境影响评价就是在一定区域内以可持续发展的观点，从整体上综合考虑区域内拟开展的各种社会经济活动对环境产生的影响。区域环境影响评价应该提升到战略层次，从长远和总体的角度将区域发展的规划、计划、政策、法规、方案、措施等进行系统综合评价，把生态环境的理念、目标、指标、要求、项目渗透到社会经济发展战略中，把可持续发展原则贯彻到规划、计划、政策、方针和方案中。并据此制定和选择维护区域良性循环、实现可持续发展的最佳行动规划或方案，同时也为区域开发规划和管理提供决策依据。

自然资源和生态环境是可持续发展的物质基础，是区域社会经济发展的基石与边界条件。生态环境的可持续性本身取决于与资源密切相关的几个因素：如环境资源的持续可获量；生态服务功能的持续性；受干扰系统的恢复能力和缓冲能力；环境资源的利用中科技进步对减缓环境压力的贡献。区域环境中的江河湖泊、湿地沼泽、森林草原、土地矿产、生物多样性、景观生态、城镇乡村、道路交通、桥梁隧道、水坝沟渠、工厂企业、街道商店、学校医院、文化古迹等一切自然生态与人文生态都是区域环境影响评价中要在时空上予以评估的，并要在指标体系、模型模式、技术方法、费用效益等诸多方面予以论证、评估，把握区域长远的总体发展战略。

1998 年 11 月颁布的中华人民共和国《建设项目环境保护管理条例》第五章规定，"流域开发、开发区建设、城市新区建设和旧区改建等区域开发，编制建设规划时，应当进行环境影响评价"。2002 年颁布的《中华人民共和国环境影响评价法》第七章规定，"国务院有关部门、设区的市级以上地方人民政府及其有关部门，对其组织编制的土地利用的有关规划、区域、流域、海域的建设、开发利用规划，应当在规划编制过程中有组织进行环境影响评价，编写该规划有关环境影响的篇章或者说明"。"未编写有关环境影响的篇章或者说明的规划草案，审批机关不予审批"。由此进一步明确了区域环境影响评价的对象和时段，并为开展区域环境影响评价提供了法规依据。

12.1.3 区域环境影响评价的特点

区域环境影响评价相对于单个建设项目的环境影响评价，具有以下的特点。

12.1.3.1 广泛性和复杂性

区域环境影响评价是系统工程。它包含有生态环境、资源资产、经济产业、社会生活、公众福利与健康等诸多内涵，相当广泛而复杂，环境影响评价中要注意：经济社会与生态环境协调发展原则，景观生态与环境资源合理配置原则，生态保护与防治污染并重的原则，全面评价与重点规划结合原则，务实与超前相结合原则等，坚持可持续发展原则。区域环境及其发展是时空广延、因素众多、结构复杂、层次交错、功能综合的大系统。环境影响评价要遵循这个特征与规律。

区域环境影响评价的对象包括区域内所有的开发行为和开发项目，其影响范围在地域上、空间上和时间上都远远超过单个建设项目，一般小至几十平方公里，大至一个地区一个流域；其影响包括区域内所有开发行为对自然、社会、经济和生态的全面影响。因此，相对于单个建设项目评价，区域环境影响评价具有范围广、内容复杂的特点。

12.1.3.2 战略性

区域环境影响评价实质上是区域性战略环境影响评价，要考虑将宏观战略、中观战略、微观战略融为一体，统一评估，其目的在于确保环境保护纳入区域战略发展的总体规划和计划之中，能在规划、计划、决策、实施中使开发活动与生态环境同步规划、设计和实施，并尽可能降低由于决策失误带来的消极影响。在评价标准中强调价值判断，明确评价必须具有明显的目的性、层次性、策略性、可操作性、充分性、有效性，特别是要强调环境与社会经济的总体性、全局性。并要建立包括环境指标、经济指标、社会指标、资源指标、生态指标等 5 个层次的评价指标体系。并在产业发展上要考虑产业生态，实现循环经济。

区域环境影响评价是从区域发展规模、性质、产业布局、产业结构及功能布局、土地利用规划、污染物总量控制、污染综合治理等方面论述区域环境保护和经济发展的战略性对策。

12.1.3.3　不确定性

区域开发一般都是逐步、滚动发展的，在开发初期只能确定开发活动的基本规模、性质，而具体入区项目、污染源种类、污染物排放量等不确定因素多。随着时间的推移，区域发展规划会有适当的调整，甚至发生较大的改变，因此区域环境影响评价具有一定的不确定性。

12.1.3.4　评价时间的超前性

区域开发在空间上是广泛的、多方位的，在时间上具有长远性和历史性，这是区域发展的本质特征。为此，在环境规划与环境影响评价中必须要有超前意识，根据发展目标，在区域建设中要有战略眼光的现代化发展规划，要有高起点和前瞻性，要重视区域发展中的生态环境建设，抓好产业生态、景观生态、人居生态的规划设计，力求人文生态与自然生态相协调，从总体上实现"天人合一"，人与自然和谐。

区域环境影响评价应在制定区域环境规划、区域开发活动详细规划之前进行，以作为区域开发活动决策不可缺少的参考依据。只有在超前的区域环境影响评价的基础上才能提出对区域环境影响最小的整体优化方案和综合防治对策，以最小的环境损失获得最大的社会、经济和生态效益。

12.1.3.5　评价方法多样性（定量和定性相结合）

区域环境影响评价具有广泛性和复杂性，评价内容较多，预测的内容也较多，可能涉及社会经济影响评价、生态环境影响评价和景观影响评价等，而同一预测项目又常采用几种预测方法，且某些评价指标是很难量化的，必须是定性分析与定量预测相结合。因此，评价方法也随区域开发的性质和评价内容的不同而有所不同，呈现出多样性。

12.1.3.6　更强调社会、生态环境影响评价

区域开发活动涉及的地域范围较广，人口较多，对区域的社会、经济发展有较大影响，同时区域开发活动是破坏一个旧的生态系统，建立一个新的生态系统的过程，因此，社会和生态环境影响评价应是区域环境影响评价的重点。

区域环境影响评价中重视生态建设，通常以景观生态、产业生态、人居生态、人文生态为重点。其中景观生态是基础，是区域生态环境的总纲，景观生态的景观特征要评估景观的布局，包括由形状、线条、颜色、组成、结构等基本要素与景观特性的多样性、美学性、强度、协调等，这些因素表明了该区域和周围地区的区别与差异。景观生态是由自然生态与人文生态的客观物质组成，它既要有自然与人文、生命与非生命的协调和谐；又要有鲜明的光、线、型、形态和性质等总体综合呈现出的特定形式或格局的景观，既具有满足人类审美要求的客观意义，又具有生机盎然、朝气蓬勃的发展势态，使区域显现"天人合一"和自然-人文和谐的持续发展气势。

区域环境影响评价与项目环境影响评价的区别和联系详见表 12-1。

表 12-1　区域与项目环境影响评价对比表

比较内容	区域环境影响评价	建设项目环境影响评价
评价对象	包括区域社会经济发展规划中所有拟开发行为和开发项目	单一建设项目或几个建设项目联合,具单一性
评价范围	地域广,空间大,属区域性	地域小,空间小,属局地性
评价方法	多样性,全方位性,长远总体战略性	专一性
评价人员知识结构	注重具有较强识别环境问题,解决环境问题能力的评价单位牵头,涉及学术领域广,需多学科结合,跨学科综合	除一般评价专业人员外,强调与建设项目有关的工程技术人员参与
评价精度	采用系统分析方法对整体进行宏观分析,反映全局合理性,宜粗不宜细,粗中有细,关键是区域长远总体战略	精度要求高,强调计算结果的准确性和代表性
评价所处时段	在区域规划期间进行,对于开发活动来讲,具有超前性、时空广泛性	一般在项目可行性研究阶段完成,具有与开发项目同步性
评价任务	不仅分析区域经济发展规划中拟开发活动对环境影响程度,而且重点论证区域内未来建设项目的布局、结构、资源的合理配置,提出对区域环境影响最小的整体优化方案和综合防治对策,为制定环境规划提供依据(微观与宏观相结合管理)	根据建设项目的性质、规模和所在地区的自然环境、社会环境状况,通过调查分析和影响预测,找出对环境的影响程度,在此基础上做出项目是否可行的结论,提出环保对策建议(微观管理)
评价指标	反映区域环境与经济协调发展的各项环境、经济、生活质量等指标(体现核心:可持续发展)	注意环境质量指标(水、气、噪声等)

12.1.4　区域环境影响评价的主要类型

　　区域环境影响评价的类型与环境规划的类型是相互对应的。一般来讲,制定某种类型环境规划,就应开展相同类型的区域环境影响评价。与开发建设项目紧密相连的主要有两种。

12.1.4.1　开发区建设环境影响评价

　　中国进行对外开放以来,全国各地特别是沿海省市开辟了一系列新经济开发区、高科技园区、保税区等,这些区域一般都有各自的经济发展规划,有的制定了区域环境规划,因此,应在此基础上开展相应区域环境影响评价。

12.1.4.2　城市建设和开发环境影响评价

　　城市建设与开发包括城市新区建设和老区改造。前者主要是具有相当规模的居住、金融、商贸和娱乐区域的开发,以及城市化过程中的城镇建设;后者的显著特点是依托现有工业基地,以老骨干企业为主,利用它们的经济基础和技术优势进行新建、扩建和改造,以扩大再生产,从而形成了许多以大型企业为主的老工业开发区。这些区域也应进行相应的环境影响评价。

12.2　区域环境影响评价的工作程序与内容

通常情况下，区域环境影响评价发生在区域开发规划纲要编制之后和区域开发规划方案编制之前。在实际工作中，区域开发规划设计方案编制和环境影响报告书编制是一个交互过程。环境影响评价在区域开发规划的一开始就介入，从区域环境特征等因素出发，考虑区域开发性质、规划和布局，帮助制定区域开发规划方案，并对形成的每一个方案进行评价，提出修改方案并进行环境影响分析，直至最终形成区域经济发展与区域环境保护协调的区域开发规划和区域环境管理规划，促进整个区域开发的可持续性。

12.2.1　区域环境影响评价的原则、目的及意义

12.2.1.1　区域环境影响评价原则

区域环境影响评价是区域规划的重要组成部分，着重研究环境质量现状、确定区域环境要素的容量以及预测开发活动的影响，并在此基础上，为新开发区的功能分区、产业配置及污染防治提供依据。因此，它是一项科学性、综合性、预测性、规划性和实用性很强的工作。根据区域环境影响评价的特点，在评价中应遵循以下原则。

（1）同一性原则　即要把区域环境影响评价纳入环境规划之中，应该在制定环境规划的同时开展区域环境影响评价工作。

（2）整体性原则　区域评价涉及协调和解决开发建设活动中产生的各种环境问题，应全面评价各建设项目的开发行为以及各开发项目之间的相互影响。因此，必须以整体观点认识和解决环境影响问题。不但要提出各建设项目的环境保护措施，还要提出区域开发集中控制的方案对策。

（3）综合性原则　在评价分析中由于评价的广泛性和复杂性、评价方法的多样性，决定了环境影响评价必须采用综合的方法，综合是思维再创造，跨学科综合就是要运用多学科的原理和方法在综合中再创造和开发出新概念、新观点、新战略、新思路、新方法、新措施，以期得到科学的评价结论。

（4）战略性原则　区域环境影响评价不仅要评价区域开发活动对周围环境的污染影响，还应从战略层次，评价区域开发活动与其所在区域的发展规划的一致性，区域开发活动内部功能布局的合理性，并从总量控制的思想上提出开发区入区项目和限制项目划分原则，污染物排放控制总量和削减方案。

（5）价值性原则　区域发展和区域环境影响评价中要重视开发和展示该区域的特征结构以及其现实与潜在价值，特别是地理区位、自然景观、生物多样性、生态系统、文化古迹、民族风情、人文生态、产业生态、建筑风格、城乡布局、人居生态等形成的价值体系，从中开发出各种功能价值。以可持续性观点评估，真正树立生态环境的本征价值，在发挥现实价值、开发潜在价值中，使生态环境能适当增值。

（6）实用性原则　区域环境影响评价的实用性集中在制定优化方案和污染防治对策方面，应该是技术上可行、经济上合理、效果上可靠，能为建设部门所采纳。

（7）可持续性原则　区域开发活动往往是一个长期滚动发展过程，应该通过对区域开发

活动及其环境影响的分析与评价，建立一种具有可持续改进功能的环境管理体制，以确保区域开发的可持续性。

12.2.1.2 区域环境影响评价的目的和意义

区域环境影响评价的目的是通过对区域开发活动的环境影响评价，完善区域开发活动计划，保证区域开发的可持续发展。充分发挥区域中心城市的聚集功能与辐射效应，提升其综合实力与发展水平，推进城市化进程，带动区域经济稳健持续发展。

根据区域环境影响评价在区域开发与区域环境管理中的地位和作用，区域开发活动的环境评价具有如下重要意义。

（1）区域环境影响评价是从宏观长远战略角度对区域开发活动的选址、规模、性质的可行性进行论证，可避免重大决策失误，最大限度的减少对区域自然生态环境和资源的破坏。

（2）在区域总体战略目标和方略下，为提升区域的总体生态环境与社会经济素质，增强综合竞争力的前提下，可为区域开发各功能区的合理布局、入区项目的筛选提供决策依据。

（3）有助于了解区域的环境状况和区域开发带来的环境问题，从而有助于区域环境污染总量控制规划和建立区域环境保护管理体系，促进区域真正的可持续发展，增强区域的综合实力和竞争力，不断提升区域的现代化水平。

（4）区域环境影响评价可以作为单项入区项目的审批依据和区域内单项工程评价的基础和依据，减少各单项工程环境影响评价的工作内容，也使单项工程的环境影响评价兼顾区域宏观的特征，使其更具科学性、指导性，同时缩短工作周期。

（5）区域环境影响评价应根据生态经济学与城市生态学原理，注重：产业结构与产业生态的合理性；区域与城市景观生态的科学性；防止城市的结构性缺陷和基础设施薄弱；协调生态服务功能和公共服务功能的优化强化；增强以城市为竞争平台的区域综合竞争力。

12.2.2 区域环境影响评价的工作程序

区域环境影响评价与建设项目环境影响评价的工作程序基本相同，大体上分为三个阶段：准备阶段、评价工作阶段和报告书编写阶段。需要说明的是，为使区域环境评价工作成果更有针对性和符合实际，应在评价中间阶段提交阶段性报告，向建设单位、环保主管部门通报情况和预审，以便完善充实，修订最终报告。

区域环境影响评价的工作程序如图 12-1 所示。

12.2.3 区域环境影响评价的内容

区域环境影响评价的重点应放在区域发展方向及其定性定位之上，或性质规划、区域生态环境规划（重点是景观生态、产业生态、人居生态、人文生态）、区域土地利用功能规划及区域公共设施规划等对环境的影响上，其主要内容有以下几个方面。

（1）区域环境特点与主要环境问题的剖析　在区域环境现状调查及区域开发活动分析的基础上，评价和预测开发活动对环境的影响，同时识别和筛选主要环境问题和环境影响因子。

（2）区域环境承载力分析　包括环境容量和人口承载力分析，资源的承载力分析，开发区环境对开发活动强度和规模的承载力分析。

（3）区域开发建设合理性分析　包括开发区的产业结构的科学性和合理性，景观生态、人居生态、人文生态与自然生态的相融性与和谐性，选址合理性分析，在法治和诚信市场的条件下，资源特别是稀缺资源的优化有效配置和高效运作开发区总体布局合理性分析。

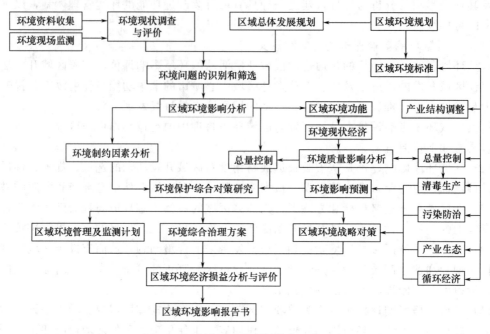

图 12-1　区域环境影响评价的工作程序

（4）土地利用和生态适宜度分析　根据区域土地的不同生态、社会和自然环境因素对不同土地利用的固有适宜性，分析开发区内各类土地利用安排的合理性。

（5）环境保护综合对策研究　区域环境保护综合对策研究一般可以从三个方面入手分析，即区域环境战略对策、环境综合治理对策和区域环境管理及监测计划。

12.3　区域环境容量与总量控制

区域开发中，如只控制各项目的排污达标，则不能完全实现区域环境目标，因此，必须在区域环境容量分析的基础上，进行区域污染物排放总量控制分析。

12.3.1　区域环境容量分析

中国有些学者把环境容量定义为"自然环境或环境组成要素对污染物质的承受量和负荷量"，即认为环境容量是某些环境单元所允许承纳污染物的最大量。这只是从环境的同化与自净服务功能来考虑的，实际生态环境的服务功能是全方位的。其环境容量也应是多方面的。当然这些服务功能彼此相关，相互依托，相互影响。一般而言，环境容量是一个变量，包括两个组成部分：基本环境容量（或称差值容量）和变动环境容量（也称同化容量）。基本环境容量指环境标准与环境本底值的差，变动环境容量指环境对污染物的自净同化能力。环境容量与环境本身的组成、结构及其功能有关，具有明显的地带性规律和地区差异。

12.3.1.1　区域大气环境容量

在给定的区域内，达到环境空气保护目标而允许排放的大气污染物总量，就是该区域大气污染物的环境容量。特定地区的大气环境容量跟以下因素有关：①涉及的区域范围与下垫面复杂程度；②空气环境功能区划及空气环境质量保护目标；③区域内污染源及其污染物排放强度的时空分布；④区域大气扩散、稀释能力；⑤特定污染物在大气中的转化、沉积、清除机理。

大气容量的计算方法常用的有修正的 A-P 值法、模拟法和线性优化法。A-P 值法是最简单的大气环境容量估算方法，特点是不需要知道污染源的布局、排放量和排放方式，就可以粗略地估算指定区域的大气环境容量，对决策和提出区域总量控制指标有一定的参考价值，适用于开发区规划阶段的环境条件的分析。模拟法是利用环境空气质量模型模拟开发活动所排放的污染物引起的环境质量变化是否会导致环境空气质量超标。如果超标可按等比例或按对环境质量的贡献率对相关污染源的排放量进行消减，以最终满足环境质量标准的要求。模拟法适用于规模较大，具有复杂环境功能的新建开发区，或将进行污染治理与技术改造的现有开发区，使用前需要通过调查和类比了解或虚拟开发区大气污染源的布局、排放量和排放方式。线性优化法适用于污染源布局、排放方式均固定的特定开发区，通过建立源排放和环境质量之间的输入相应关系，根据区域空气质量环境保护目标，采用最优化方法计算出各污染源的最大允许排放量，从而计算最大环境容量。线性优化法的关键在于将环境容量的计算变为一个线性规划问题求解，计算工作可由计算机辅助完成。

12.3.1.2 区域水环境容量

水环境容量是指在不影响水的正常用途的情况下，水体所能容纳的污染物的量或自身调节净化并保持生态平衡的能力。水环境容量是制定地方性、专业性水域排放标准的依据之一，环境管理部门还利用它确定在固定水域到底允许排入多少污染物。理论上是环境的自然规律参数和社会效益参数的多变量函数；反映污染物在水体中迁移、转化规律，也满足特定功能条件下对污染物的承受能力。实践上是环境管理目标的基本依据，是水环境观规划的主要环境约束条件，也是污染物总量控制的关键参数。容量的大小与水体特征、水质目标、污染物特征有关。

水体容量通常采用模型法进行计算。根据水环境功能区的实际情况，环境容量计算一般用一维水质模型；对有重要保护意义的水环境功能区、断面水质横向变化显著的区域或有条件的地区，采用二维水质模型计算。在模型计算时尤其是对于大江大河的水环境容量计算，必须结合混合区或污染带的范围进行容量计算。

12.3.2 区域环境污染物总量控制

由于历史的原因，中国环境管理过程中，所有污染物排放完全达标，但环境质量仍不能达到国家标准，因此区域环境管理推行环境污染物总量控制，即在达到排放标准的前提下，再按总量控制原则进行区域环境单元内污染物进一步削减的优化分配。近年来，中国开始试行污染物总量控制，以环境质量达到环境功能所要求的质量标准为依据，控制并合理分配污染源的污染物排放量和削减总量，以满足环境质量要求。中国自实行污染物排放总量控制管理制度以来，取得了良好效果，这是中国环境管理向纵深发展的重要标志之一。在区域环境影响评价与管理中，也必须实行污染物排放总量控制制度。

12.3.2.1 区域污染物总量控制的概念与分类

所谓污染物排放总量控制，是指通过有效的措施，把排入某区域范围内的污染物总量控制在一定的数量内，以达到预定的环境目标。区域的排放总量是区域内工业、交通、生活等污染源的污染物排放量总和。

污染物总量控制分三类。

（1）环境容量总量控制　在区域环境范围内，为了达到预定的环境目标，通过一定的方式，核定污染物的环境最大允许负荷，并以此进行合理分配，最终确定区域范围内各污染源允许的污染物排放量。

（2）目标总量控制　即用行政干预的办法，把允许排污总量控制在管理目标所规定的范围内。目标总量是指污染源排放的污染物不超过管理上规定的允许限额。我国目前实施的主要是目标总量控制，在"十一五"化学需氧量（COD）和二氧化硫（SO_2）两项主要污染物的基础上，"十二五"期间国家将氨氮和氮氧化物（NO_x）纳入总量控制指标体系，对上述四项主要污染物实施国家总量控制，统一要求、统一考核。"十二五"期间水污染物总量控制还将把污染源普查口径的农业源纳入总量控制范围。

（3）行业总量控制　即从生产工艺着手控制生产过程中资源、能源的投入种类与数量，以预防和减少污染物的产生。

12.3.2.2　区域开发主要资源预测

区域环境是开放的非平衡系统，其中物质流、能量流、信息流、人流、财金流是维持区域系统运行的主要要素，区域系统必须从外部吸收能量和其他资源，否则就不能正常运行。区域系统中的生产与生活活动必然消耗资源和排放废物。因此，在区域环境总量控制中，可以根据资源的开发利用水平预测污染物的排放量。与污染物排放量有关的资源主要是能源和水资源，对于能源、水资源的分析，主要采用生态功能流的方法，从输入、转换、分配、使用、排放和处理的各个环节中，找出产生污染物的主要途径和相应的控制措施，进行污染宏观总量控制分析。为使资源可以多层次的有效利用，需要运用生态学原理，调整和设计产业生态结构，实现循环经济，促进可持续发展，增强区域社会经济生态的综合实力与竞争力。

（1）能流分析　在区域生态系统中，能源指自然能和辅助能两大部分，其中主要的是以矿物燃料（尤其是煤）为代表的辅助能。按照现状用能的实际情况，将最终用能按部门划分并采用网络图的方法加以概括和抽象，形成宏观能流平衡网络图。通过计算各阶段内能流之间的比例关系和随着能流产生或将要产生的污染物之间的比例关系，直接反映输入能源结构的优劣和大气污染物的潜在排放量。

（2）水流分析　水资源是稀缺的宝贵资源，又是社会经济发展和生态环境及人类生活不可少的、也无法替代的基础性资源。中国是水资源短缺的国家，不少地区都面对水资源紧缺的威胁，水资源往往成为制约区域发展的重大因素。在区域环境影响评价中首先必须从宏观战略上分析自然生态和人文生态的水资源压力指数、判别区域水资源的可供性，然后在系统上分析水流系统。水流系统从资源开采到向受纳水体排污的全过程，可以分为水资源开采、水的使用、污水产生与排放、分散处理或集中处理、向受纳水体排放与回用等阶段，如图12-2所示。

在水资源开采阶段应重点分析水资源开发极限和水资源开发带来的主要生态环境问题；在水的使用阶段，重点分析各方面的用水系数，充分考虑节水、重复利用的措施。

12.3.2.3　区域开发环境污染总量控制分析

国内尚无统一的方法和标准分析各类污染物排放总量能否满足总量控制要求，确定出一个合理的总量分担率，目前一般可采用如图12-3所示的技术路线进行分析与探讨。

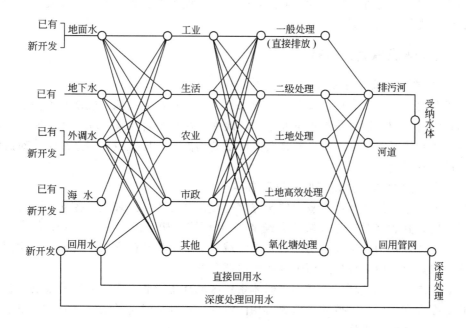

图 12-2　水流分析示意图

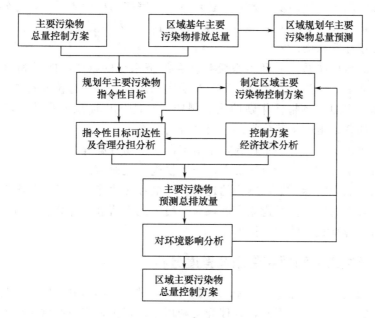

图 12-3　区域开发环境污染总量控制分析程序

12.4　区域开发方案综合论证

　　区域环境影响评价的对象是区域开发规划方案，可以通过区域环境承载力分析、土地利用适宜度分析和生态适宜度分析，从宏观发展战略和循环经济角度对区域开发项目的选址、规模、性质等进行可行性论证，为区域景观生态、产业生态、人居生态、人文生态的合理布局和项目筛选提供决策依据。

12.4.1 区域环境承载力分析

12.4.1.1 区域环境承载力概念

环境承载力是在某一时期，某种状态或条件下，某地区的环境所能承受人类活动作用的阈值，即在维持区域环境系统结构不发生质的改变，区域环境系统不朝恶化方向转变的条件下，区域环境系统所能承受人类各种社会经济活动的能力，即区域环境系统结构对区域社会经济活动的适宜程度。

12.4.1.2 区域环境承载力研究的对象和内容

（1）研究对象　区域环境承载力的研究就是分析和寻求生态环境支撑社会经济活动的边界条件或限度，其研究对象是区域社会经济-区域环境结构系统。它包括两个方面，一是区域环境系统的微观结构、特征和功能，二是区域社会经济活动的方向、规模，把这两个方面结合起来，以量化手段表征出这两个方面的协调程度。

（2）研究内容　区域环境承载力指标体系；区域环境承载力大小表征模型及求解；区域环境承载力综合评估；与区域环境承载力相协调的区域社会经济活动的方向、规模以及区域环境保护的规划和对策措施。

12.4.1.3 区域环境承载力指标体系

要准确客观的反映区域环境承载力，必须有一套完整的指标体系，它是分析研究区域环境承载力的根本条件和理论基础。建立环境承载力指标体系要遵循科学性、持续性、全面性、规范性和可量性等原则。

环境承载力的指标体系应从环境系统与社会经济系统的物质、能量和信息的交换上入手。即使在同一地区，人类的社会经济行为在层次和内容上也会有较大差异，因此不能对环境承载力指标体系中的具体指标作硬性统一规定，只能从环境系统和社会经济系统之间物质、能量和信息的联系角度将其分类。一般可分为三类。

（1）自然资源供给指标　如水资源，土地资源，生物资源等。

（2）社会条件支持指标　如经济实力，公用设施，交通条件等。

（3）污染承受能力指标　如污染物的迁移、扩散和转化能力，绿化状况等。

区域环境承载力的指标体系建立之后，对环境承载力值进行计算、分析，并提出相应的保持或提高当前环境承载力的方法措施。

12.4.2 区域开发土地利用和生态适宜度分析

区域开发活动使得对土地资源的需求日益增加，过度或不当的开发行为将导致生态系统的失衡、自然灾害的发生等。因此，合理开发利用土地资源，应对区域土地使用进行适宜度分析。

12.4.2.1 土地利用适宜度分析

土地是有限资源，其服务功能是综合性的，其价值的可变性与增值性，要求对土地科学合理规划利用。

土地利用适宜度分析是区域环境影响评价的重要内容，它实际上是区域环境的发展潜力和承载能力分析，对区域环境的可持续发展具有十分重要的意义。但环境的利用及其对人类的影响是随着时间和空间的迁移变化的。因此，要系统而全面地对土地利用适宜度及其环境影响进行精细的分析评价，目前尚存在一定的困难，不可能完全定量地把所有环境变量都结合在决策模型中，而只能按优劣分类排队，采用非参数的统计学方法或多目标半定量分析技术，求得准优解，以作为决策依据。目前使用的方法有矩阵法、叠图法等，有些方法结合在一起使用。土地利用适宜度分析过程如图 12-4 所示。

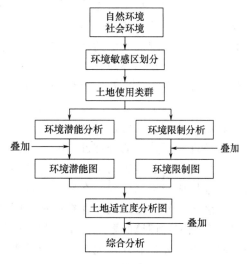

图 12-4 土地利用适宜度分析过程图

12.4.2.2 生态适宜度分析

区域生态建设的任务是通过生态适宜度分析，将生态规划、生态设计、生态管理在环境资源的基础支持与边界条件下将生态、资源、物理、经济、社会、文化、科技诸多要素综合配套并优化整合成具有强生命力的生命生态系统，以科学原理和技术进步为支持，从理念创新、体制创新、技术创新、价值取向、行为诱导、法治规范等多方面入手，调节区域系统的主导性与多样性、开放性与自主性、稳定性与灵活性、缓冲性与风险性，使区域生态中的竞争、共生、再生、自生、循环、增殖、增值等得到充分发挥和体现，使环境资源和生态资产得到合理、优化、高效利用，人与自然高度和谐，适宜生态，保证和促进社会经济发展与公众健康福利。

生态适宜度分析是在城市生态登记的基础上，寻求城市最佳土地利用方式的方法。目前生态适宜度分析的方法尚不成熟，其基本分析过程如下。

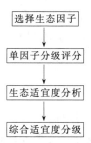

单因子分级主要考虑该生态因子对给定土地利用目的的生态作用和影响程度，以及城市生态的基本特征。一般可以分为 5 级：很不适宜、不适宜、基本适宜、适宜、很适宜。

生态适宜度分析在单因子分级评分的基础上，采用直接叠加或加权叠加求综合适宜度，并进行等级划分。目前大多数城市也都采用上面的 5 级划分法。

12.4.3 区域开发方案合理性分析

在土地及生态适宜度分析的基础上，充分综合考虑地理区位、气候水文、资源资产、历史文化、人文生态等条件，对区域发展方案进行合理性分析，它主要包括以下几个方面。

（1）区域开发与城市总体规划的一致性分析　区域开发是更大范围内的地域或城市整体规划的一部分。开发区的性质是否符合地域或城市总体规划的要求、与周围各功能区是否一致将影响整个地域或城市的环境质量。而这种与周围环境功能区的协调，实际上取决于开发区的性质和选址是否合理。因此，在区域开发环境影响评价中，从开发区的性质和整个区域环境的特性出发，分析开发区性质与选址合理性是区域开发环境影响评价的重要内容。例如，污染较重的工业开发区应尽可能布置在城市的主导风向下风向后主高风向两侧，环境污染较轻的工业，如高科技园区可以接近市区或居住区布置。因此，应根据开发区性质，并结合环境条件分析选址的合理性。

（2）开发区总体布局功能分区合理性分析　开发区规划合理性分析，不仅要分析开发区与整个地域或城市总体规划布局的一致性，而且还要重视开发区内部布局或功能分区的合理性。大多数开发区往往同时存在多种不同功能，如工业、居住、仓储、交通、绿地等，其对环境的影响和对环境的要求也不尽相同。如工业通常被视为重要的污染源，影响周围环境质量，除电子仪表工业外，大部分工业对周围的环境质量要求并不高；生活居住一般对周围环境影响较小，但对周围环境质量要求较高；仓储活动一般不产生污染，且对环境无特殊要求；而绿地则对环境具有改善作用。在开发区总体布局的合理性分析方面，如能从各种功能对环境的影响及对环境的要求出发，综合分析开发区总体布局的合理性，具有十分重要的意义。开发区总体布局的合理性分析，应从以下几个方面考虑。

① 工业区用地布局的合理性分析　工业用地是工业开发区的重要组成部分，其结构布局合理与否，对开发区的环境具有十分重要的影响。工业用地合理性分析包括以下两个方面。

a. 工业用地与其他用地关系分析

（a）工业用地是否与居住用地混杂，如果工业用地与开发区内的居住、商业、农田混杂，将导致居住区被工厂包围，居住环境受到影响。由于各项用地交错混杂，相互干扰，将限制今后用地发展，既不利于生产，也不便于生活。

（b）污染重的企业是否布置在开发区小风风频出现最多的风向，从污染气象条件讲，位于静风和小风上风向对周围环境污染较重。因此，工业用地布置应避免在小风风频出现最多风向的上风向。

b. 工业用地内部合理性分析

（a）企业间的组合是否有利于综合利用；

（b）相互干扰或易产生二次污染的企业是否分开；

（c）是否将污染较重工业布置在远离居住区一端。

② 交通布局的合理性分析　开发区的交通运输担负着开发区与外界及开发区内部的联系及交往功能。交通工具在运行中均产生不同程度的噪声、振动和尾气污染。因此，分析开发区交通布局的合理性，是开发区规划方案评价的重要内容之一。布置开发区的内部交通，应遵循以下原则。

a. 根据不同交通运输方式及其特点，明确分工，人车分离，减少人流货流的交叉；

b. 防止干线交通直接穿越居民区，防止迂回往返，造成能源消耗的增加、运输效率的降低和污染的重复与扩大。

③ 绿地系统合理性分析　绿地对保护开发区的环境具有极其重要的作用，研究证明绿地具有放氧、吸毒、除尘、杀菌、减噪和美化环境的作用。绿地系统合理性分析主要考虑两

方面。

a. 绿化面积或覆盖率　在做开发区绿地面积分析时，应审查其绿地覆盖率是否达到标准。

b. 绿化防护带的设置　绿化防护带的位置可根据污染物的特点、自然条件或环境质量要求，通过扩散模式或风洞试验确定，也可通过中国有关部门制定的工业卫生防护距离标准确定。

总之，根据环境容量和环境影响评价结果，结合地区的环境状况，从区域环境承载力、开发土地利用和生态适宜度等方面进行分析，从而对区域开发整体方案的合理性和环境目标可达性进行综合的论证，找出区域可持续发展的影响因子，提出对优化方案的建议与对策，使区域开发及布局更加科学、合理。

12.5　区域环境管理计划

环境管理是指运用经济、法律、技术、行政、教育等综合手段使经济和环境保护得以协调发展。环境监督是环境管理最基本的职能和最大的权利，包括环境立法、制定环境标准、环境监测以及环境保护工作的监督。环境监测在环境监督管理中占有主要地位，其主要作用是了解和监视环境现状、评价环境质量、为科研和法律提供依据、监督法规的有效实施。

为保证区域环境功能的实施，必须加强对区域的环境管理工作，制定必要的环境管理措施。对于特定的区域，如经济技术开发区内应设置专门的环境管理及监督机构，如开发区管委会，可下设环保办公室和监测站，以执行区内环境监测、污染源监督和环境管理工作。

12.5.1　机构设置与监控系统的建立

12.5.1.1　环境管理机构与环境监测站的主要职责

（1）环境管理机构的主要职责

① 区域环保管理机构除执行主管领导有关环保工作的指令外，还应接受上级环境管理部门下达的各项环境管理工作，如统计报表，检查监督，定期与不定期的上报各项管理工作执行情况以及各项有关环境参数，为区域整体环境污染控制服务；

② 贯彻执行环境保护法规和标准；

③ 编制并组织实施区域环境保护规划，协助县（区）政府努力实现区域环境综合定量考核目标；

④ 领导和组织区域的环境监测工作；

⑤ 根据有关法规，负责区内建设项目"三同时"的审批和验收，决定新建项目是否应进行环境影响评价工作；

⑥ 验收区域环保设施运行情况，做好考核和统计工作；

⑦ 及时推广、应用环境保护的先进技术和经验；

⑧ 组织开展环保专业的法规、技术培训，提高各级环保人员的素质和水平；

⑨ 开展其他有关的环保工作。

（2）环境监测站的主要职责

① 制定区域环境监测的年度计划与发展规划，建立健全本站各项规章制度；

② 根据国家和地区环境标准，对区域重点污染源和区域环境质量开展日常监测工作，按规定编制表格或报告，上报各有关主管部门，建立监测档案；

③ 参加区内新建、扩建或改建企业的验收和测定工作，提供监测数据；

④ 配合区内企业，参加污染治理工作，为污染治理服务；

⑤ 技术上接受市环境监测中心和县（区）环境监测站的监督与指导，参加例行的技术考核；

⑥ 开展环境监测科学研究，不断提高监测水平；

⑦ 承担上级主管部门下达的以及有关部门委托的监测任务。

12.5.1.2　环境管理机构

市级规划区域应在区内设环境保护办公室和监测站，根据实际需要确定人员编制，负责区内环境管理以及环境质量和污染源监测工作。检测站人员必须经过技术培训合格后方可上岗，并定期参加国家和地方监测部门的考核。其余区（县）级规划区域如所在区（县）环境监测站环境要素测定比较齐全，有能力承担开发区内的监测工作，这些区域可不设单独的环境监测机构，而由区（县）监测站统一安排，实施监测计划。但区内应安排专门人员负责环境监测工作，并协调组织区内监测工作。

12.5.1.3　环境监测计划

在编制区域环境影响报告书中，在力求具有代表性、可靠性、有效性的前提下，要制定出合理的环境监测计划，包括监测计划的技术、管理要求，以便环境管理部门能够贯彻执行，确实保护环境资源，保障经济社会的可持续发展。环境监测计划的内容要根据区域对环境产生的主要环境影响和经济条件而定，一般包括下面几个方面：①选择合适的监测对象和环境因子；②确定监测范围；③选择监测方法；④估算、筹集及分担监测经费；⑤建立监测数据的科学表征与统计方法及定期审核制度；⑥明确监测实施机构。

12.5.2　区域环境管理指标的建立

区域环境管理指标体系的建立必须在考虑环境、经济、生活质量等几方面关系的基础上，权衡轻重，加以选择。它是由一系列相互关联、相对独立、相互补充的指标所构成的有机整体。在实际规划中，由于规划的层次、目的、要求、范围、内容等不同，规划管理目标体系也不尽相同。指标体系的选择应适当，指标过多，会给规划工作带来困难；指标太少，则难以量化，以能基本表征规划对象的实际状况和体现规划目标内涵为原则。

12.5.2.1　区域环境管理指标选取的原则

（1）科学性原则　指标或指标体系能全面、准确的表征管理对象的特征和内涵，能反映管理对象的动态变化与发展趋势，具有完整性、可靠性、有效性、代表性的特点，并且可分解，可操作，方向性明确，在技术与经济上可行。

（2）规范化原则　指标的涵义、范围、量纲、计算方法具有统一性或通用性，而且在较长时间内不会有大的改变，或可以通过规范化处理，与其他类型的指标表达法进行比较。

（3）适应性原则　体现环境管理的运行机制，与环境统计指标、环境监测项目和数据相适应，以便于规划和管理。此外，所选指标还应与经济社会发展规划的指标相联系或相呼应。适应性的关键是做好区域和国际之间的接口接轨，地方和国家及国际之间对接。

（4）针对性原则　指标能够反映环境保护的战略目标、战略重点、战略方针和政策；反映区域经济社会和环境保护发展特点和发展需求。针对性的要点是在保持区域特征和促进竞争力不断提升的前提下，又可适应全球化进程的历史与时代要求，并符合中国国情，具有中国特色与地区特色。

12.5.2.2 区域环境管理指标的类型

区域环境管理指标在结构上首先可分为直接指标和间接指标两大类。直接指标主要包括环境质量指标和污染物总量控制指标，间接指标重点是与环境相关的经济、社会发展指标，区域城建指标等。

区域环境管理指标按其表征对象、作用以及在环境规划管理中的重要程度或相关性可分为环境质量指标、污染物总量控制指标、环境规划措施与管理指标及相关指标。

（1）环境质量指标　环境质量指标主要表征自然环境要素（大气、水）和生活环境（如安静）的质量状况，一般以环境质量标准为基本衡量尺度。环境质量指标是环境规划管理的目标，所有其他指标的确定都应围绕完成质量指标进行。

（2）污染物总量控制指标　污染物总量控制指标是根据一定地域的环境特点和容量来确定的，其中有容量总量控制和目标总量控制两种。前者体现环境的容量要求，是自然约束的反映；后者体现规划的目标要求，是人为约束的反映。中国现在执行的指标体系是将二者有机地结合起来，同时采用。

污染物总量控制指标应将污染源与环境质量联系起来考虑，其技术关键是寻求源与汇（受纳环境）的输入相应关系，这是与目前盛行的浓度标准指标的根本区别。浓度标准指标对污染源的污染物排放浓度和环境中的污染物浓度作出规定，易于监测和管理，但此类指标体系对排入环境中的污染物量无直接约束，未将源与汇结合起来考虑。

（3）环境规划措施与管理指标　环境规划措施与管理指标是达到污染物总量控制指标进而达到环境质量指标的支持和保证性指标。这类指标有的由环保部门规划与管理，有的则属于城市总体规划，但这类指标的完成与否与环境质量的优劣密切相关。

（4）相关性指标　相关指标主要包括经济指标、社会指标和生态指标三类。相关指标大都包括在国民经济和社会发展规划中，都与环境指标有密切的关系，对环境质量有深刻的影响，但又是环境规划所包容不了的。因此，环境规划将其作为相关指标列入，以便更全面的衡量环境规划指标的科学性和可行性。对于区域来说，生态类指标也为环境规划所特别关注，它们在环境规划中将占有越来越重要的位置。

12.6　规划环境影响评价

规划环评，是指对某个区域或某个行业的规划进行环境影响评价，分析整个区域和行业的环境容量，分析对环境的影响，其科学性在于从规划环节对项目的科学性及布局的合理性进行论证分析。目前公众熟知的"环评"，是对单个项目做出的环评。由于建设项目处于决策链（规划-计划-项目）的末端，因此项目环评只能做修补性的努力；对单个项目的认可或否决，并不能影响最初的决策和布局。而环境问题在人们着手制定政策、规划和计划时就已经潜在地产生了。从我国20多年来实行的环境影响评价的实际情况来看，对环境产生重大甚至全局影响的往往不是某个或某些区域开发的项目，而是政府制定的有关经济发展、区域开发规划和资源利用等方面的政策、规划和计划。

根据《环境影响评价法》中的有关规定，需要进行规划环境影响评价的内容可分为两类：综合性规划和专项规划，具体见图 12-5。其中综合性规划要求在规划编制过程中编写该规划有关环境影响的篇章或者说明；专项规划应当在规划草案上报审批前，组织环境影响报告书的编制。这些专项规划中的指导性规划，可仅编写有关环境影响的篇章或者说明。

规划 ┬ 综合性规划 ┬ 土地利用规划
　　　│　　　　　　├ 区域的建设、开发利用规划
　　　│　　　　　　├ 流域的建设、开发利用规划
　　　│　　　　　　└ 海域的建设、开发利用规划
　　　└ 专项规划 ┬ 工业专项规划
　　　　　　　　　├ 农业专项规划
　　　　　　　　　├ 畜牧业专项规划
　　　　　　　　　├ 林业专项规划
　　　　　　　　　├ 能源专项规划
　　　　　　　　　├ 水利专项规划
　　　　　　　　　├ 交通专项规划
　　　　　　　　　├ 城市建设专项规划
　　　　　　　　　├ 旅游专项规划
　　　　　　　　　└ 自然资源开发专项规划

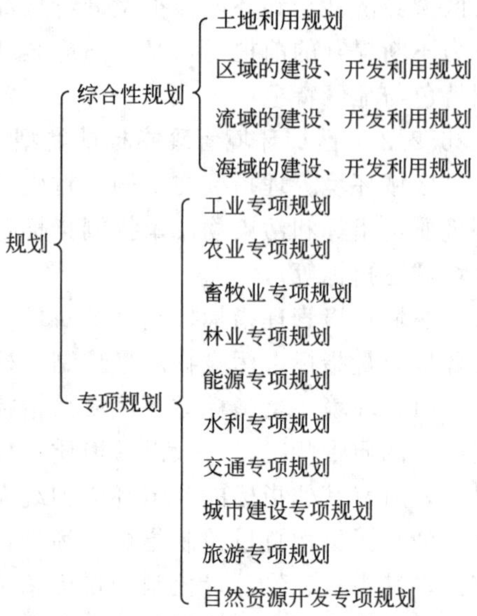

图 12-5　规划环境影响评价工作的范围

12.6.1　规划环评的技术工作程序及内容

12.6.1.1　规划环评的技术工作程序

规划环评工作的开展，主要包括规划分析阶段、评价工作大纲的编制阶段、环境影响报告书的编制阶段、报告书的审批阶段及监测、跟踪和评价五个阶段。

规划环评根据内容可以分为总体规划的环境影响评价和各类专项规划的环境影响评价。不同的规划环评的内容与要点不同。

12.6.1.2　规划环评的审批要求

与普通建设项目的环境影响评价由环保单位负责审批不同，规划有关环境影响的篇章或者说明，应当对规划实施后可能造成的环境影响作出分析、预测和评估，提出预防或者减轻不良环境影响的对策和措施，作为规划草案的组成部分一并报送规划审批机关。专项规划环境影响评价，应在规划草案上报审批之前，向审批该专项规划的机关提出环境影响报告书。

12.6.1.3　各类总体规划的环境影响评价内容与要点

（1）综合规划评价内容及要点

① 与规划有关的环境保护政策、环境保护目标和标准；

② 评价范围与环境目标和评价指标；

③ 与规划层次相适宜的影响预测和评价所采用的方法；

④ 概述规划涉及的区域/行业领域存在主要环境问题，及其历史演变，并列出能对规划发展目标形成制约的关键因素或条件；

⑤ 规划与上、下层次规划（或建设项目）的关系，以及与其他规划目标、环保规划目标的协调性；

⑥ 对应于不同规划方案或设置的不同情景，分别描述所识别、预测的主要的直接影响、间接影响和累积影响；

⑦ 对不同规划方案可能导致的环境影响进行比较，包括环境目标、环境质量和/或可持续性的比较；

⑧ 环境影响的减缓措施。

（2）专项规划评价内容及要点

① 规划的一般背景，与规划有关的环境保护政策、环境保护目标和标准。

② 环境影响识别，评价范围与环境目标、评价指标。

③ 与规划层次相适宜的影响预测和评价所采用的方法。

④ 规划的社会经济目标和环境保护目标（和/或可持续发展目标）。

⑤ 规划与上、下层次规划（或建设项目）的关系和一致性分析。

⑥ 规划目标与其他规划目标、环保规划目标的关系和协调性分析。

⑦ 符合规划目标和环境目标要求的可行的各规划（替代）方案概要。

⑧ 概述规划涉及的区域/行业领域存在主要环境问题，及其历史演变，并预计在没有本规划情况下的环境发展趋势。

⑨ 环境敏感区域和/或现有的敏感环境问题，以表格一一对应的形式列出可能对规划发展目标形成制约的关键因素或条件。

⑩ 环境影响分析与评价，突出对主要环境影响的分析与评价。

⑪ 提出供有关部门决策的环境可行规划方案，以及替代方案规划方案与减缓措施。

⑫ 监测与跟踪评价：对下一层次规划和/或项目环境评价的要求及监测和跟踪计划。

⑬ 公众参与：公众参与概况、与环境评价有关的专家咨询和收集的公众意见与建议、专家咨询和公众意见与建议的落实情况。

⑭ 概述在编辑和分析用于环境评价的信息时所遇到的困难和由此导致的不确定性，以及它们可能对规划过程的影响。

12.6.2　规划环境影响评价指标

规划环评的评价指标是与环境目标紧密联系在一起的，在建设项目的环境影响评价中习惯于环境质量标准等级和环境质量指标项的筛选。国际上已有的各类规划环评的实践表明，在规划环评中，由于各行业的规划层次和类型千差万别，评价指标的内涵更广，其表述更是丰富多样化，不存在一套相对固定的、通用的指标体系适合于所有的规划环评。

较为通用的指标主要有生物量指标、生物多样性指标、土地占用指标、土壤侵蚀量指标、大气环境容量指标、温室气体排放量指标、声环境功能区划、水污染因子排放控制指标、社会环境指标等。在规划环境影响评价中，指标被用来衡量和描述环境的基本状况和预测的影响，比较备选方案。在选择指标的过程中应注意：①个体或者整体是有意义的；②可以代表关键问题；③基于正确的科学原理与假设；④可以反映区域和当地的趋势；⑤信息的收集相对容易，重复性较好。

以环境影响识别为基础，结合规划及环境背景调查情况，规划所涉及部门或区域环境保护目标，并借鉴国内外的研究成果，通过理论分析、专家咨询、公众参与等方式确立评价指标，并在评价工作中不断补充、调整与完善。

12.6.3　规划环境影响评价方法

规划环境影响评价与项目环境影响评价的区别是空间范围大、时间跨越度长、内容上更强调积累影响分析和不确定性评估。因此，在评价方法上，规划环境影响评价除了可以借鉴项目环境影响评价的方法外，还常常用到规划学的方法。概括起来，规划环境影响评价方法分为两大类。

（1）项目环境影响评价方法　识别影响的各种方法如清单法、矩阵法、网络分析法等，描述基本现状以及环境影响预测模型等在建设项目环境影响评价中采取的，可以用于规划环境影响评价的方法。采用这种方法时，将项目的整体影响加以分解，有重点地将规划环境影响分解为与环境资源、社会经济和生态系统阈值相关的影响，再综合地评价各种联合行动的累积效应。

（2）规划学的方法　在经济部门、规划研究中使用的区域预测、投入产出法、地理信息系统、投资-效益分析、环境承载力分析等规划学的方法可以用于规划环境影响评价中，这类方法首先是有效地评估规划的综合影响，特别是累积效应，然后将综合影响分解到规划区的各种资源或生态子系统上。

对常见的规划环评方法的优缺点进行总结分析，见表 12-2。

表 12-2　规划环境影响评价方法对比分析

方法名称	优　点	缺　点	适用情况
清单法、矩阵法	简单直观	单独一种方法难以准确评价	评价因子的识别筛选、规划方案的必选
网格法	可以追踪间接影响及多重影响	定性描述，需要和矩阵等方法结合使用	环境影响因素识别筛选、环境影响预测，公众参与
专家评价法	在缺乏数据的情况下，做出定性或定量的估计	组织困难，有时结果具有主观性	评价因子的识别筛选，环境影响预测，公众参与
图形叠置法和 GIS	易于理解，能显示受影响的空间分布	需要的基础数字、图形资料比较多	环境背景调查，累积影响
情景分析法	对环境影响可进行动态的描述	侧重定性描述，对具体影响预测不准确	适用于战略环境影响评价中的累积影响的预测
一览表法	把定性的因素定量化、可确定影响程度	常需与对比分析法结合	规划方案的比选
层次分析法	定性判断和定量计算的有效结合	划分层次关系复杂、层次不能过多	方案的比选，规划环境影响预测、评价

12.7　案例分析

湖南省某化工农药产业基地环境影响评价

1. 项目概况

本项目为省级开发区，园区定位为绿色生态工业园，主导产业为建材矿产、轻工纺织、医药、机械制造等。目前工业园内未将化工行业纳入园区规划，而项目所在市化工行业又是主要的工业优势行业，可生产基础化工原料、精细化工产品、医药中间体等 4 大类 30 多个品种，曾是中南地区最大的农药生产基地之一。因此，规划将某镇 7.09km^2 的区域作为化工农药产业的聚集区，实行一园两区（该工业园为省级工业园区，下设 A 工业区以及 B 工业区，B 工业区行政归属该工业园管理）管理。

2. 评价因子

根据对"基地"污染源、污染因子的分析，结合本地区的环境现状和我国相应的控制标准，以及根据大纲评审及批复意见，确定本项目的环境评价因子如表 1 所列。

3. 基地总体规划和开发现状（略）

4. 环境现状调查与评价

（1）空气环境质量现状调查与评价　根据基地所在地区的自然和社会环境状况，在考虑环境功能分区、区域均匀性的基础上，重点突出各个居民点的原则进行布点采样，在评价区域内共选取 4 个监测采样点。监测项目为：SO_2、NO_2、TSP、氨气、硫化氢、氯化氢、氰化氢、苯、二甲苯、甲醇、氯气总共 11 项。监测结果（略）。

结果显示各项监测指数均小于 1，总的来说，评价区域的环境空气质量现状良好，各监测点位污染因子的浓度值均符合评价标准的要求。

表1 环境影响评价因子

评价要素	现状评价因子	影响预测因子	总量控制因子
大气	SO_2、NO_2、TSP、氨气、硫化氢、氯化氢、氰化氢、苯、二甲苯、甲醇、氯气	SO_2、TSP、PM_{10}、氯化氢、甲醇、苯、氨	SO_2、烟尘、氮氧化物、粉尘、非甲烷总烃、甲醇、HCl、苯、NH_3、氯气、三氯甲烷
地表水	pH值、COD、BOD_5、二甲苯、四氯化碳、总磷、SS、石油类、氨氮、粪大肠菌群	COD、氨氮、	COD、SS、NH_3-N、TP、挥发酚、石油类、硫化物、苯胺类
地下水	pH值、总硬度、高锰酸盐指数、Pb、Cd、Hg、As、Cr^{6+}、亚硝酸盐氮	/	/
噪声	等效连续A声级L_{eq}	L_{eq}	/
土壤	pH值、有机磷、镉、汞、砷、铜、铅、锌	/	/
生态	生态调查(包括植被、生物量、人口等)	生态影响分析	/
固体废物	工业固废、危险固废	/	工业固废排放量

　　(2) 地表水环境质量现状调查与评价　在评价范围内,根据区域周围环境特点和评价要求,设置监测断面。按监测规范以断面宽度和水深确定采样垂线和层次的数量。对于河宽大于50m的水质采样断面,设左、中、右3条采样垂线。基地污水经处理后,通过污水管网,依地势走向,向西排入长江。根据基地位置,分布特点,在长江内设置了3个断面,在洋溪湖设置了一个采样点作为现状监测断面和监测点。监测项目包括pH、COD、BOD_5、二甲苯、四氯化碳、总磷、SS、石油类、氨氮、粪大肠菌群等十项。监测结果(略)。

　　现状监测结果表明,在所有监测断面,除SS浓度指数大于1外其余均小于1,说明项目所在区域水质指标均符合《地表水环境质量标准》(GB 3838—2002)Ⅲ类标准,说明评价区域内主要的地表水体水域水质量较好。通过对照长江岳阳段陆城常规监测断面近年常规数据分析,长江岳阳段水质通过近年来区域整治,已有明显改善,现可达到GB 3838—2002中Ⅲ类水质标准。现状监测中SS超标原因主要是长江水质泥沙含量高,流速较快,江水浑浊,悬浮物不易沉淀,含量随之增加。相比之下,洋溪湖内悬浮物超标较严重,是因为目前洋溪湖附近存在渔业生产所致。

　　(3) 噪声环境现状调查与评价　3号监测点夜间噪声值超标,超标原因可能由于附近某农药厂夜间进行生产作业时所需机械设备产生噪声所导致的。

　　(4) 土壤环境现状调查与评价　在基地内国发公司厂区附近和基地下风向基地红线外10m范围内各布置一个自然土取样点,监测pH值、有机磷、镉、汞、砷、铜、铅、锌等项目,结果显示在项目区周围各项因子均在清洁等级范围内,说明土壤质量良好。

　　(5) 生态环境质量现状调查与评价(略)

　　5. 基地目前存在的主要环境问题及制约因素

　　根据本章的环境质量现状调查结果,对照上述基地环保目标,可见整个基地的发展还将受到下列因素的制约。

　　(1) 基地周边敏感保护目标的制约　湖南省化工农药产业基地属工业集中区,不可避免地有废气、废水产生,基地附近下风向的敏感保护目标为防护距离外无需拆迁的新岗村居民以及6km外的陆城镇,同时基地内设置集中居住区。在基地现状监测中各保护目标环境质量虽然较好,但是这些保护目标的存在,还是在一定程度上对基地构成制约。因此在规划发展中难以避免将会涉及临近村庄居民的搬迁工作,从而影响和制约到基地的发展。

　　(2) 基地污染的控制问题　基地内主要是化工项目,具有一定的环境污染隐患,基地内现环境监管比较滞后。如何采取合理措施控制基地内废水排放总量和废气排放总量,进而减缓基地建设对周边水体和大气环境的污染,又将是基地发展的另一大制约因素。

　　(3) 污染物排放总量指标的来源　湖南省化工农药产业基地的开发建设,势必增加了该区域的污染物排放总量,影响区域环境总量,污染物总量控制的平衡方案及获取途径也将成为发展的制约因子之一。

（4）基地营运期各企业的生产使用到部分有毒有害物质，或工艺设备也可能存在火灾、爆炸等危险源，基地的风险事故对整个基地存在潜在的威胁，因此基地内各企业危险物质的临界存量、工艺设备和风险防范措施应在具体项目的环评报告中提出明确的限制要求。

（5）基地应对区内居民采取妥善的安置、迁移和补偿措施，否则将会对基地的建设进度造成一定的影响。

（6）环境基础设施滞后　目前，基地的污水处理厂、供热中心尚未进行开工建设，区内已经引进的污染企业不能实行污染物集中治理和集中供热。目前污水处理厂以及供热中心尚处于规划建设阶段，不具备与其他园区的竞争优势，同时也对项目引进以及环境带来负面影响。当基地规划建设的发展速度较快时，基地集中供热、污水集中处理能力的匮乏将会进一步影响和制约基地的发展。因此基地应对配套设施建设进度、建设规模等做进一步的详细论证，同时加快基础设施的建设步伐。

（7）长江滩涂以及白鳍豚保护区的制约　基地东西两侧为洋溪湖以及长江。本基地位于长江边，基地污水经处理后排放长江，既是有利条件也是限制因素，长江滩涂为生态湿地，基地的建设不可避免会对长江湿地、长江渔业资源以及野生生物的白鳍豚保护区产生影响。

（8）产业结构单一，环保治理难度较大　目前基地规划以农药及助剂为核心，产业结构单调，将会对废水污染治理和区域水环境保护以及区域的大气污染物治理带来困难，环保管理压力较大。且目前农药行业是国家管理比较严格的行业，本项目规划建设期为5年，建设发展速度规划偏快。

6. 规划方案分析

（1）与区域总体规划相容性分析　本项目不违背岳阳市以及临湘市的城市总体规划，符合岳阳市以及临湘市的工业发展规划。基地作为湖南省农药化工生产基地已得到相应的批准，符合湖南省农药化工分区规划布局。而临湘市化工行业又是主要的工业优势行业，在本项目所在地有国家"七五"、"八五"期间建成的氨基甲酸酯类系列农药生产基地，化工、农药优势十分明显，对带动其他化工产业发展，建立循环经济体系具有十分重要的意义。因此本基地的建设符合总体规划要求。

（2）与区域发展目标的相符性分析　本基地的设立在产业定位上不与区域临近的临湘三湾工业区、云溪工业园相似，在发展定位上与其他两个工业区交错，符合区域错位发展要求。同时本基地在发展农药化工时可以使用临近的云溪工业园的石化产品为原料，将会形成区域经济发展的产业链。

（3）生态适宜度分析　生态适宜度分析是在生态登记的基础上，寻求区域最佳土地利用方式的环境规划的一种方法。进行生态适宜度分析，可以在一定程度上对环境污染进行控制，并为各种不同的工业企业寻求适当发展区域。

在网格调查的基础上，选取人工与自然特征（位置）、风向、土地利用度评级和与管网远近、噪声情况等作为生态适宜性评价的单因子指标。并在此基础上根据工业用地的生态要求做出相应的生态适宜度图。

经过对网格的计算，结果显示，工业用地生态适宜度指标中9个网格为不适宜，主要分布在长江边，7个为适宜网格，24个网格为基本适宜，基本适宜网格居多，占全部网格的60%。对照基地的用地规划图，规划中的工业用地网格基本为适宜和基本适宜网格。工业用地不适宜地块主要在基地的西侧，进一步结合土地适宜度分析结果，分析不适宜用地的原因，其主要因为网格划分的间距偏大，基地工业用地临近长江滩涂被划入一个网格内，而导致土地不利于开发，致使这些不适宜网格的分值稍许偏高，从生态适宜性角度出发，在切实做好长江生态湿地以及绿化隔离带的保护的基础上，此类网格内规划的工业用地从生态适宜度出发可以开发为工业用地。居住用地生态适宜度指标中14个网格为不适宜，主要分布在长江边、码头仓储边以及现有化工企业旁，14个为基本适宜网格，12个网格为适宜网格。对照基地的用地规划图，规划中的居住用地全部为适宜和基本适宜，无不适宜的地块。

因此，从生态适宜度分析，基地工业用地布局、居住用地布局在满足防护隔离要求下基本适宜。

（4）基础设施布局合理性分析　基地污水处理厂规划安置在中部。中部地势较低，且靠近工业地块，可较易收集基地的各企业的污水，可减少污水管网使用的提升泵数量或达到不用提升泵。污水处理厂设置在靠近工业区及长江绿化隔离带之间，距离居住区较远。距离可以满足防护污水处理厂恶臭影响。同时基地污水处理厂排污口位于基地自来水厂取水口的下游2km，不在水厂一二级及准保护区范围内，规划合理。

基地规划供热中心位于基地的西南部，按5km的供热半径算，能覆盖到整个区域，供热中心布置距离居住区较远，可进一步减轻对集中居住区的大气环境的影响，同时供热中心处于基地规划居民区的下风向，可减少对界外居民点的影响。且供热中心是用水大户，靠近长江以及洋溪湖以及规划的水厂，便于冷却水的取排水。

综上所述，基地的主要基础设施的规划布局基本合理。

（5）与周边地区协调性分析　基地周围主要为农田，四周开阔，2km范围内没有人口密集的市镇。基地南侧6km处为陆城镇，北侧为防护距离内需拆迁的鸭栏村一组居民，其他评价范围内无集中居住区。据调查，评价范围内没有有机农业和有机食品基地分布。基地北侧紧靠公路，布局上加强了基地与周边地区的联系，为基地物料运输提供了方便，道路两边居民点较少，降低了运输风险。基地距京珠高速公路5km，交通优势明显。基地两侧为长江和洋溪湖，为区内用水量大的企业提供了充足的备用水源，长江、洋溪湖的防护林带对基地外面的居民点和农田起到很好的防护作用。

7．基地污染源强分析及环境影响预测和评价　（略）

8．环境容量与污染物排放总量控制

（1）总量控制区域及总量控制因子　总规划用地面积约为7.09km²，本次评价废气、废水和固体废物总量控制因子分别为：SO_2、烟尘；COD、氨氮；工业固体废物、危险废物。

（2）大气环境容量与污染物排放总量控制　根据《制定地方大气污染物排放标准的技术方法》（GB/T 13201—91）中推荐的宏观总量 A—P 值法确定大气污染物的环境总量。宏观总量 A—P 值法可由控制区及各功能区分区的面积大小直接给出允许排放总量，并配合 GB 3040 的 P 值法对点源实行具体控制。

经计算，基地大气环境容量见表2。

表2　大气环境容量计算结果

污染物估算	年均浓度标准/(mg/m³)	年均值现状/(mg/m³)	环境容量(t/a)
SO_2	0.06	0.009[①]	6524
TSP	0.20	0.036[①]	20806
HCl	0.006[①]	0[②]	783
甲醇	0.36[①]	0.016[①]	44883
苯	0.288[①]	0.00130[①]	37407

① 背景浓度采用现状监测值的"日均浓度/0.3×0.12"换算，年均值标准采用"日均值标准/0.3×0.12"换算。

② 其中 HCl 现状值为 0.05（L），日均值浓度按 1/2 折算仍超过《工业企业设计卫生标准》(TJ 36—79) 日平均最高容许浓度 0.015mg/m³，故此处背景值取 0，用以计算 HCl 的环境容量。

① 总量控制因子　根据湖南省化工农药产业基地工程特点和区域环境特征，确定本评价总量控制因子为 SO_2、TSP、甲醇、苯、氯化氢。

② 总量控制指标　为确保基地环境空气质量维持（GB 3095—96）二类区的要求，根据国家和地方环境保护对污染物的削减要求，以及临湘市的污染物排放总量指标，同时兼顾基地的发展需要和其他地区排污的需求，提出基地总量控制建议指标如表3所列。

表3　区域大气污染物总量情况

总量控制指标	区域污染物排放量/(t/a)	环境容量/(t/a)	建议申请量/(t/a)
SO_2	569.16	6524	569.16
烟尘	149.56	20806	149.56
甲醇	57.02	783	57.02
HCl	28.19	44883	28.19
苯	50.319	37407	50.319

由于在现有总量管理中，未对上述特征污染因子做出严格限制，故拟以基地区域的污染源强预测结果进行大气污染物总量控制，由岳阳市环保局结合湖南省化工农药产业基地管理委员会进行共同管理。

（3）水环境容量和污染物排放总量控制　对于长江等大江大河，不宜用流量和水质等条件计算河道整体的环境容量，而应从局部允许混合区的角度反向求解排污量，由此得到的最大允许排污量可作为该允许混合区的水环境容量。设计水文条件、计算模型等与水环境影响预测相同，选取长江纳污混合区长度为1000m，分别计算不同水期时候的长江"陆城-洪湖"江段的剩余环境容量计算结果见表4、表5。

表4　长江"陆城-洪湖"江段的环境容量计算参数选择

名　称	流量/(m³/s)	流速/(m/s)
丰水期	61200	2.68
平水期	20300	2.1
枯水期	4160	0.77

表5　长江"陆城-洪湖"江段的剩余环境容量

污染因子	名　称	COD/(t/a)	氨氮/(t/a)
剩余环境容量	丰水期	238097	8893
	平水期	181017	6764
	枯水期	84894	3174

根据水环境容量的计算结果，以枯水期长江"陆城-洪湖"江段1000m纳污范围的边界水质达到Ⅲ类标准为控制目标，区域排污COD、氨氮的环境容量为84894t/a、3174t/a。基地废水污染源排放汇总见表6。

表6　基地废水污染源排放汇总

废水量 /(×10⁴m³/a)	污染物排放量/(t/a)	
	COD	氨氮
1825	1825	273.75

根据有关导则，总量控制指标取水环境容量及排放总量之小者，因此化工园总量控制指标见表7。

表7　基地污染物总量控制指标

污　染　物	COD/(t/a)	氨氮/(t/a)
剩余环境容量	84894	3174
允许新增排放量指标	1825	273.75

（4）总量控制方案　目前临湘市在总量考核方面仅考核COD、氨氮以及SO₂、烟尘、粉尘指标，本次环评仅从COD、氨氮、SO₂、烟尘、粉尘指标方面进行平衡。新增的指标拟由临湘市在市内进行平衡解决。见表8。

9. 基地的环境风险评价（略）

10. 公众参与及环境管理监测计划（略）

11. 综合结论

该工业区选址符合总体规划发展的要求，产业以农药化工为主的定位基本合理，区域环境质量现状较好，主要环保基础设施规划完备，污染控制措施可行，清洁生产及进区项目控制条件明确，污染物排放能满足总量控制要求，对环境影响较小，公众对园区的建设持支持态度，无反对意见。但所规划的环保基础设施目前相对滞后；在土地获得相关政府部门的批准，所规划的基础设施落实到位、污染物达标排放、对后续进区项目严格把关、严格控制入区企业的产业、落实企业及基地的各项环境影响减缓措施、规划调整方案、总量控制及本报告所提污染控制要求的基础上，本次评价区域对周围环境影响较小，从环保角度论证该工业区在该地规划建设可行。

12. 建议和要求

① 为了了解基地建设给区域环境质量造成的影响，应在2015～2020年之间进行回顾性环境影响评价。

表 8 污染物排放总量及平衡途径

分类	污染物种类	单位	实施后排放总量	备 注
废气污染物	SO₂	t/a	569.16	临湘市内平衡
	烟尘		140.16	
	氮氧化物		47.11	
	粉尘		9.4	
	非甲烷总烃		36.39	
	甲醇		10.04	
	HCl		28.19	
	苯		50.319	
	NH₃		31.32	
	氯气		25.05	
	三氯甲烷		2.31	
废水污染物	废水排放量	×10⁴ m³/a	1825	临湘市内平衡
	COD	t/a	1825	
	SS		1277.5	
	NH₃-N		273.75	
	TP		9.125	
	挥发酚		9.125	
	石油类		91.25	
	硫化物		18.25	
	苯胺类		18.25	

② 尽快建立专职的基地环境管理机构和人员,按照本报告中提出的要求进行环境管理和监测。积极推进基地废水收集系统的建设,对废水集中处理设施、企业的工艺废气处理设施的运行情况进行监督管理,配合企业落实各类危险固体废物的收集、贮存、运输和委托处置,确保园区危险固体废物进行安全处置。

③ 加快基地污水处理厂以及管网的建设;同时建议基地在条件合适时加快中水回用工程建设。根据相关的经验教训,进基地企业应先委托有相应资质的设计单位编制可行的污水预处理方案,确保达到基地污水处理厂的接管标准后,再进行该项目的环境影响评价。

④ 加强负责招商引资人员的环境保护培训,让他们在工作中落实各项环保管理措施。

基地在建设过程中必须严格把关,建议限制三类非农药化工工业的发展,现有未达标排放的企业必须限期整改,引进的化工企业必须满足排水量小、污染轻、清洁生产水平达到国内先进的要求。

⑤ 基地应在加快招商引资的同时切实落实好集中供热站的建设以及供热管网的建设。

⑥ 加快基地内及周边防护距离范围内的居民搬迁落实工作的实施,搬迁工作要求于 2008 年底开始进行,截止到 2010 年年底完成。

⑦ 在区域层次上尽快编制并落实整个基地的环境安全应急预案。

⑧ 目前园区污水处理厂利用国发公司原有排污口排污,现有排污口排污能力为 1.5 万吨/d,批复的排污量为 1.2 万吨/d。基地应尽快落实排污口扩大排污的排污口认证工作。

⑨ 建议地方政府应结合区域的经济发展和可能产生的危险废物种类和数量,统一规划建设在市内选择一处场所,建设一处危险废物焚烧处置场所,以适应整个城市的发展。

⑩ 基地污水处理厂及基地供热中心应另做环评,以进一步分析和明确对周围环境的影响。

本章主要介绍区域环境影响评价的基本概念、内容、方法和工作程序，区域环境容量、区域环境污染物总量控制、区域环境承载力等概念以及分析，区域开发土地利用与区域环境管理计划的相关知识。

思考题与习题

1. 区域环境影响评价与项目评价相比有何特点？
2. 区域开发建设环境影响评价的基本内容是什么？
3. 开展区域环境影响评价的意义有哪些？
4. 简述区域环境容量和污染物总量控制的概念。
5. 区域环境影响评价为什么要进行土地利用和生态适宜度分析？

13 公众参与

从广义上看，公众参与属于政治参与的范畴，指的是具有共同利益、兴趣的社会群体对政府的涉及公共利益事务的决策的介入，或者提出意见与建议的活动。它通过政府部门和开发行动负责单位与公众之间双向交流，使公民们能参加决策过程并且防止和化解公民和政府机构与开发单位之间、公民与公民之间的冲突。是群众知情权的一种实现方式。

13.1 环境影响评价中的公众参与

在环境影响评价中，它是指在进行环境影响评价、编制、审批环境影响报告书时，必须征求公众对拟议行动的意见，将公众意见作为决策的一项依据，从而避免拟议行动对环境可能造成的损害，保护相关利害关系人的环境权益。公众参与是环境影响评价制度中一项重要的内容。

国外公众参与环境影响评价工作开始较早，美国1978年公布的《国家环境政策法实施条例》中对公众参与进行了详细的规定。随后加拿大、日本、荷兰等国家分别在环境影响评价法或环境保护法中全面地确立了环境影响评价的公众参与制度。

我国的公众参与环境影响评价制度主要得益于国际金融组织的推动，1993年由国家计委、国家环保局、财政部、人民银行联合发布的《关于加强国际金融组织贷款建设项目环境影响评价管理工作的通知》中首次提出了公共参与的明确要求。随后在《水污染防治法》、《环境噪声污染防治法》及《建设项目环境保护管理条例》中提出"对建设单位编制环境影响报告书，应征求项目所在地单位和居民意见"的要求。2002年第九届全国人大常委会第30次会议通过了《中华人民共和国环境影响评价法》，其中第5条、第11条、第21条对国家鼓励公众参与环境影响评价、规划环境影响评价的公众参与、建设项目的公众参与进行了规定。原国家环保总局为推进和规范环境影响评价公众参与工作，特制定《环境影响评价公众参与暂行办法》（环发［2006］28号）。部分省市也相应出台一些地方性法规，为更好的开展环境影响评价公众参与工作提供指导依据。

13.1.1 公众参与的原则及一般要求

建设单位或者其委托的环境影响评价机构在编制环境影响报告书的过程中，环境保护行政主管部门在审批或者重新审核环境影响报告书的过程中，除国家规定需要保密的情形，应当依照有关规定，公开有关环境影响评价的信息，征求公众意见，并在编制建设项目环境影响报告书中单独设置公众参与这一篇章。公众参与环境影响评价活动实行公开、平等、广泛和便利的原则。

13.1.1.1 公开环境信息

一般来讲，一个项目的环境影响评价工作需要发布 2 次信息公告：建设单位在确定了承担环境影响评价工作的环境影响评价机构后，需要对项目的概况、评价单位、环评的主要工作等信息进行公开并征求公众意见；建设单位或者其委托的环境影响评价机构在编制环境影响报告书的过程中，报送主管部门审批前，需要就项目对环境造成的影响、报告书中提及的预防应对措施及评价结论要点等信息公开并征求公众意见。此外，建设单位或其委托的环境影响评价机构，需要公开便于公众理解的环境影响评价报告书的简本。

在《建设项目环境分类管理名录》规定的环境敏感区建设的需要编制环境影响报告书的项目，建设单位应当在确定了承担环境影响评价工作的环境影响评价机构后 7 日内，选择在建设项目所在地的公共媒体上发布公告或公开免费发放包含有关公告信息的印刷品等便利公众知情的信息公告方式，向公众发布信息公告。公告应包括以下信息：①建设项目的名称及概要；②建设项目的建设单位的名称和联系方式；③承担评价工作的环境影响评价机构的名称和联系方式；④环境影响评价的工作程序和主要工作内容；⑤征求公众意见的主要事项；⑥公众提出意见的主要方式。

建设单位或者其委托的环境影响评价机构在编制环境影响报告书的过程中，应当在报送环境保护行政主管部门审批或者重新审核前，选择在建设项目所在地的公共媒体上发布公告或公开免费发放包含有关公告信息的印刷品等便利公众知情的信息公告方式，向公众公告以下内容：①建设项目情况简述；②建设项目对环境可能造成影响的概述；③预防或者减轻不良环境影响的对策和措施的要点；④环境影响报告书提出的环境影响评价结论的要点；⑤公众查阅环境影响报告书简本的方式和期限，以及公众认为必要时向建设单位或者其委托的环境影响评价机构索取补充信息的方式和期限；⑥征求公众意见的范围和主要事项；⑦征求公众意见的具体形式；⑧公众提出意见的起止时间。

环境影响评价报告书简本的公开方式可以选择以下一种或多种：①在特定场所提供环境影响报告书的简本；②制作包含环境影响报告书的简本的专题网页；③在公共网站或者专题网站上设置环境影响报告书的简本的链接；④其他便于公众获取环境影响报告书的简本的方式。

13.1.1.2 征求公众意见

建设单位或者其委托的环境影响评价机构应当在发布信息公告、公开环境影响报告书的简本后，综合考虑地域、职业、专业知识背景、表达能力、受影响程度等因素，合理选择被征求意见的公民、法人或者其他组织。征求意见后，应认真考虑公众意见，将所回收的反馈意见的原始资料存档备查，并在环境影响报告书中附具对公众意见采纳或者不采纳的说明。

13.1.2 公众参与的组织形式

建设单位或者其委托的环境影响评价机构征求公众意见时可采取调查公众意见、咨询专家意见、座谈会、论证会、听证会等形式进行。

13.1.2.1 调查公众意见和咨询专家意见

调查公众意见可以采取问卷调查等方式。问卷内容的设计应当简单、明确、通俗、易懂，避免设计可能对公众产生明显诱导的问题。问卷的发放数量应当根据建设项目的具体情况，综合考虑环境影响的范围和程度、社会关注程度、组织公众参与所需要的人力和物力资源以及其他相关因素确定。发放范围应当与建设项目的影响范围相一致。

咨询专家意见包括向有关专家进行个人咨询或者向有关单位的专家进行集体咨询。一般采用书面形式进行。接受咨询的专家个人或单位应当对咨询事项提出明确意见，并签署姓名或加盖单位公章。集体咨询专家时，有不同意见的，接受咨询的单位应当在咨询回复中载明。

13.1.2.2　座谈会、论证会和听证会

以座谈会或者论证会的方式征求公众意见的，应首先确定会议的主要议题，在召开 7 日前，将座谈会或论证会的时间、地点及主要议题等事项书面通知有关单位和个人，并在会议结束后 5 日内，根据现场会议记录整理制作座谈会议纪要或者论证结论，并存档备查。

设单位或者其委托的环境影响评价机构决定举行听证会征求公众意见的，应当在举行听证会的 10 日前，在该建设项目可能影响范围内的公共媒体或者采用其他公众可知悉的方式，公告听证会的时间、地点、听证事项和报名办法。按照有关规定，从申请参加听证会的申请人中遴选不少于 15 人的参会代表，并在举行听证会 5 日前通知已选定的参会代表。听证会必须公开举行，设听证主持人 1 名，记录员 1 名，按照规定程序进行。审批或者重新审核环境影响报告书的环境保护行政主管部门决定举行听证会的，应按照《环境保护行政许可听证暂行办法》的规定进行。

13.2　规划环境影响评价中的公众参与

工业、农业、畜牧业、林业、能源、水利、交通、城市建设、旅游、自然资源开发的有关专项规划的编制机关，对可能造成不良环境影响并直接涉及公众环境权益的规划，应当在该规划草案报送审批前，举行论证会、听证会，或者采取其他形式，征求有关单位、专家和公众对环境影响报告书草案的意见，并在报送审查的环境影响报告书中附具对意见采纳或者不采纳的说明。

本章对环境影响评价中公众参与原则进行了系统的介绍，对实际项目的公众参与环节的一般要求及公众参与的组织形式进行了详细的介绍。此外，对于不同于一般项目要求的规划环境影响评价工作中的公众参与环节也做了说明。

思考题与习题

1. 公众参与环境影响评价活动应遵循哪些原则？
2. 一个项目的环境影响评价工作需要发布几次信息公告，分别应包含哪些内容？
3. 公众参与环境影响评价活动的组织形式一般包括哪些？

14

信息技术及软件在环境影响评价中的应用

21世纪，人类正以前所未有的疾速步伐向着信息社会迈进。现在，信息共享已经成为全世界范围内人们的一个共同要求，而计算机网络构筑的信息高速公路，给人们提供了一条方便地了解各个方面信息的捷径。从1993年美国政府推出令世界瞩目的信息高速公路计划起，到当前中国的公用分组交换网（CHINAPAC）、中国互联网（CHINANET）的不断发展壮大，世界各国都在加快信息网络的建设与发展，特别是近几年来，互联网已经成为一个重要的产业。

环境保护是中国的一项基本国策，随着经济发展和社会进步以及城乡人民生活水平的普遍提高，中国已经进入了一个建设全面小康社会的时期，环境问题越来越受到人们的重视，环境信息成为党和政府以及人民群众在生活和工作中希望了解的重要信息之一。为了提高全民的环境意识和领导者环境管理决策的水平，提高公众参与的程度，也为了中国加入WTO后与世界各国的交流沟通与合作，有必要加强人们的环境信息知识。

在以工程项目为核心的环境影响评价中，应用信息技术可获取环境法规与标准信息、共享工业污染源数据信息、下载环境统计信息资料，使工程项目的环境影响评价变得越来越便捷。数据库系统、地理信息系统和专家系统的开发与应用，极大地促进了环境影响评价事业的发展。

14.1 中国环境法规与标准信息共享系统

14.1.1 中国环境法规与标准信息共享的发展现状

环境影响评价的基本依据是环境法规和标准。截止到2009年8月，我国已发布环境保护法律8部、自然资源法律15部，制定颁布了环境保护行政法规50余项，部门规章和规范性文件近200件，军队环保法规和规章10余件，国家环境标准800多项，批准和签署多边国际环境条约51项，各地方人大和政府制定的地方性环境法规和地方政府规章共1600余项，初步形成了适应市场经济体系的环境法律和标准体系。这些法律法规，对我国环境保护法规体系的逐步完善，限制破坏资源环境的活动，加快治理污染的进程，起了重要的促进作用。

目前，环境法规和标准信息的传播途径已从法规、标准单行本和汇编本的发行，报刊、广播、电视的传播，发展到了数字媒介和网络传播。其中最重要的发展应该是通过网络的信息传播。国内外很多机构都提供环境法规和标准信息的网络服务。例如：

① http：//www.unep.org 联合国环境规划署

② http：//www.greenpeace.org 绿色和平

③ http：//www.enn.com　环境新闻网

④ http：//www.epa.gov　美国国家环境保护局网

⑤ http：//www.zhb.gov.cn　中国国家环境保护部

⑥ http：//www.envir.online.sh.cn　上海环境热线

⑦ http：//www.gdepb.gov.cn　广东环境保护

⑧ http：//www.xjwlmpt.net.cn/xjepb/xjepb.htm　新疆环境保护

⑨ http：//www.fjepb.gov.cn　福建环境保护

⑩ http：//www.jn.sb.cn/gov/environprot/index.htm　山东环境保护

⑪ http：//www.xmepb.gov.cn　厦门环境保护

⑫ http：//www.gopher.twdep.gov.tw　台湾环境保护

⑬ http：//www.es.org.cn 中国环境标准网

⑭ http：//www.caepi.org.cn 中国环境保护产业协会

　　网络信息传播与传统传播媒介相比，有以下一些特点，即信息更新快；信息涵盖面广，完整性强；信息共享的收益人群范围广，几乎没有任何限制；信息查询方便快捷，只需移动和点击鼠标。这些特点使通过网络的信息传播比传统媒介具有一定的优越性。

14.1.2　中国环境法规与标准信息库

　　(1) 中国环境法规与标准信息的收集、分类和整合　自 1982 年中国制定第一部《环境保护法》以来，中国环境法制建设逐步步入正轨，国家和有关部门先后发布的各种有关环境保护的法律、管理条例、办法、标准等文件已不可胜数。虽然有关环境法规或标准的汇编本也出版了不少，但对环境保护法规一直没有形成统一的分类方法。由于出版所需要的时间周期，各汇编本收集的环境法律法规也不可能很完全；数据来源比较分散的特点使不同汇编本的数据时间段和空间覆盖范围也有差异，因此需要查找和剔除重复数据，根据数据库构造的需要调整数据的分类，对数据进行重新归并、整合。

　　根据对收集到的数据内容的分析，综合各种环境保护法规、标准分类方法，中国环境法规与标准信息库将中国有关环境保护的法规大致按法律体系和环境保护工作的特点以及用户查询的需要分为 10 类（详见表 14-1）。

表 14-1　环境保护法规分类

序　号	环 境 保 护 法 规 类 别	序　号	环 境 保 护 法 规 类 别
1	环境保护法律	6	资源法律、法规
2	环境保护行政法规和法规性文件	7	环境保护相关法律、法规
3	环境保护部门规章和规范性文件	8	与环境执法有关的实体法律、法规
4	军队环境保护法规	9	环境保护标准
5	环境保护法律解释	10	中国签署的国际环境保护法律

　　根据上述分类方法，该子专题已收集到的环境法规和标准数据包括环境保护法律 6 部、国务院行政法规和法规性文件 65 件、部门规章和规范性文件 177 件、军队环境保护法规 6 部、法律解释 191 件、环境保护相关法律法规 27 部、资源法律法规 29 部、与环境执法有关的实体法律法规 29 部，国家环境标准 400 多项，国际环境保护法律、国际环境法文件 47 部，地方环境保护法规 301 项，地方环境标准 16 项。

　　其中，环境保护标准可按照环境保护标准体系分为 6 类（见表 14-2）。

表 14-2 环境保护标准分类

序　号	环境保护标准类别	序　号	环境保护标准类别
1	环境保护基础标准	4	污染物排放标准
2	环境保护方法标准	5	环境保护行业标准
3	环境质量标准	6	环境标志产品标准

（2）基础数据的转换和标准化　收集到的环境保护法规和标准数据均为文档文件，不适合于网络传输和浏览器查阅，而且文件占用空间大。因此，该子专题采用常用的 HTML 编辑器 Frontpage 98 将其改造为适合网络传输的 HTML（超文本）格式的文件。文档文件经过 HTML 转换后，数据占用空间大大压缩。HTML 文件所占空间大约只有同样内容 WORD 文件所占空间大小的 1/4 至 1/3。

（3）中国环境法规与标准信息库的结构设计　该信息库数据主要为文本型数据，另有小部分图像数据。根据信息库数据特征，将该信息库设计为文本型网络数据库。目前，Front-Page、Interdev、MS IIS（Internet Information Server）等网站设计和发布工具能很方便地组织和发布网络数据库。该信息库综合法律体系和环境保护工作内容两种方式进行组织。信息库结构设计见图 14-1 和图 14-2，数据文件编码方式见表 14-3。

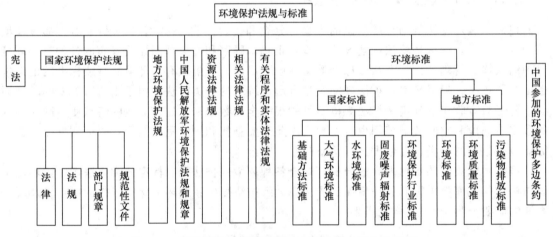

图 14-1　环境保护法规与标准信息库结构（按法律体系）

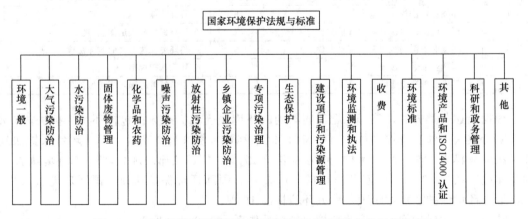

图 14-2　环境保护法规与标准信息库结构（按环境保护工作内容）

表 14-3　环境保护法规与标准信息库数据文件编码方式

序号代码	一级项目	二级项目	三级项目	编码方式
1	国家环境保护法规	环境保护法律		A×××
		环境保护行政法规和法规性文件		B×××
		环境保护部门规章和规范性文件		C×××
		军队环境保护法规		D×××
		环境保护法律解释		E×××
		资源法律、法规		F×××
		环境保护相关法律、法规		G×××
		与环境执法有关的实体法律法规		H×××
		中国签署的国际环境保护法律		I×××
2	地方环境保护法规	安徽		Anhui×××
		北京		Beijing×××
		重庆		Chongqing×××
		福建		Fujian×××
		……		
3	环境保护国家标准	环境基础标准	环境基础标准	b×××
			空气环境基础标准	Ab×××
			水环境基础标准	Wb×××
		环境监测分析方法标准	环境空气监测方法标准	at×××
			大气降水监测方法标准	apt×××
			排气污染物监测方法标准	aet×××
			环境水质监测方法标准	wt×××
		空气环境标准	环境空气质量标准	ae×××
			空气污染物排放标准	
		水环境标准	水环境质量标准	
			水污染物排放标准	
		土壤环境标准	土壤环境质量标准	
		噪声环境标准		N×××
		固体废物环境标准		Sw×××
		辐射环境标准		R×××
		化学品环境标准		Chemical×××
		有毒废物环境标准		Hw×××
4	环境保护地方标准	北京环境保护标准		beij×××
		黑龙江环境保护标准		HlJ×××
		吉林环境保护标准		jilin×××
		……		

14.1.3　中国环境法规与标准信息库的网络界面

文本型数据库的特点使得该信息库适合于分类查询。根据调查，用户一般按照环境保护工作内容或者法律体系对环境法规和标准信息进行查询，因此，该信息库的页面分类查询方式根据法规、标准内容的多少，综合法律体系和环境保护工作内容进行设计，以满足用户不同的需求。对其中地方环境保护法规、标准按照行政区划（省、直辖市）进行查询。

当用户对所要查找的内容不是十分清楚时，根据关键词进行模糊查询就是十分必要的。故该子专题考虑了全文检索途径。

14.1.4　中国环境法规与标准信息库的 Internet 网络查询

（1）页面分类查询　FrontPage 是设计文件分类查询的理想工具，它可以在文字、图片上以及图片上的某个区域设置超级链接，使得文件之间可以自如地交叉引用或切换，从而达到根据目录即所谓导航栏进行检索的目的。

本信息库使用 FrontPage，综合考虑了用户按照法律体系进行查询和按照环境保护工作内容进行查询的需求，设计制作了分类查询主页集。该主页集呈树状结构。但主页集层次不多，且每个分类索引页均放置了导航（目录）栏，设有返回主页及其他索引页的链接，使得索引页之间的跳转非常便利，并能随时回到主页。

地方法规和标准的总索引页采用图像映射的方式与各省、直辖市、自治区环保法规、标准索引页链接，用户在中国地图上点击某省、直辖市、自治区所在位置，即可进入该地区的法规、标准索引页，查询该地区主要的环境保护法规、标准；同时为了方便用户查询更多的地方环境保护法规、标准，各地区索引页上设置了与该地区环保网站的链接。

（2）全文检索　中国环境信息网网络信息库利用 MSIIS4.0、Index Server，并采用 ASP 编程技术进行了适合于网站的改造，开发了中国环境法规与标准站点的中文全文检索系统。用户可以按主题词或关键词对整个站点内容或站点内某个目录进行检索。中文全文检索 ASP 文件的 HTML 页面如图 14-3 所示。

（3）网络界面设计　分类查询主页集为多层树状结构，对其基本结构概述如下。

第 1 层　主页——环境保护法规与标准

主页的结构如图 14-4 所示，左上角为总项目的图标，与项目主站点链接；上方为网站标题；标题之下是三个功能按钮，分别链接查询说明、全文检索以及"环境信息共享示范"专题主页；左侧是图片形式的网站导航栏，导航栏按照法律体系对环境法规和标准进行了分类，点击相应关键词可进入第 2 层页面，对相应的法规门类进行查询；右侧文字为网站目的、内容的简介。

第 2 层　第 2 层页面

第 2 层页面包括从 2—1 到 2—8 的 8 个页面，这 8 个页面大致按照法律体系对环境法规和标准进行了分类。另外，在第 2 层页面中设置了一个最新法规的页面。具体结构如下所示。

2—1　宪法

2—2　国家环境保护法规

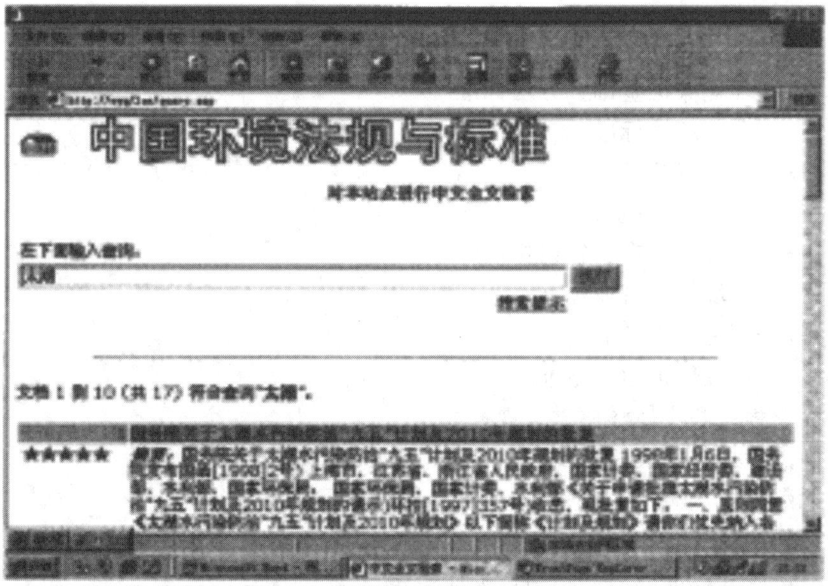

图 14-3 中国环境法规与标准全文检索页面

图 14-4 中国环境法规与标准主页

2—2—1 国家环境保护法律

2—2—2 环境保护行政法规、法规性文件

2—2—3 中国人民解放军环境法规和规章

2—2—4 环境保护部门规章、规范性文件

2—2—5 环境保护法律解释

2—2—6 地方环境保护法规

2—3 资源法律、法规

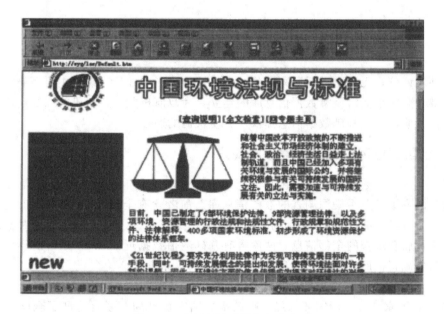

2—4　相关法律、法规
2—5　环境保护标准
　　2—5—1　环境保护基础、方法标准
　　2—5—2　空气环境标准
　　2—5—3　水环境标准
　　2—5—4　土壤环境质量标准
　　2—5—5　固废、噪声、辐射标准
　　2—5—6　环境保护行业标准
　　2—5—7　环境标志产品
　　2—5—8　环境保护地方标准
2—6　有关程序和实体法律、法规
2—7　中国参加的环境保护多边条约
2—8　元数据
2—9　最新法规
第3层　法规和标准列表——与数据库链接
点击列表中的法规或标准，即可切换到相应的法规或标准文本。

14.2　中国工业污染源数据信息共享系统

对于环境评价，无论是进行回顾评价、现状评价或影响评价，确定主要污染源和主要污染物是关键。全国工业污染源数据信息库的建立，为政府机关、科研机构、社会团体和社会公众等查询工业污染源基础数据信息提供了方便快捷的途径。

14.2.1　全国工业污染源数据信息库简介

全国工业污染源数据信息库由两部分组成，即全国工业重点污染源数据信息库和1995年进行的全国乡镇工业污染源调查的数据信息库。前者含有全国3000家主要工业污染源的基础信息，后者是1995年国家环保局、财政部、国家统计局、农业部四部局对全国乡镇工业污染源进行联合调查的全部信息。两库含有基础数值数据近300M，是目前环境保护部门研究工业污染源特征的最权威的信息库之一。

14.2.1.1　全国工业重点污染源数据信息库

1986年，国家计委、国家环保局、财政部、国家统计局等联合开展了全国第一次工业污染源调查，据此确定了当年主要工业污染源。其后，国家环境统计逐年予以追踪统计，并于1993年公布了全国3000家重点工业污染源名单。在此基础上，对全国最主要的300家重点企业的污染物排放状况予以公布，这300家重点工业污染源企业是全国3000家重点工业污染源中的重点。

全国工业重点污染源数据库包含三方面的信息，即企业基本情况、废气污染物排放情况、废水污染物排放情况。其中，企业基本情况包括企业所属地区、企业名称等；废气污染物排放情况包括废气排放量、烟尘、二氧化硫、氮氧化物、一氧化碳、等标污染负荷、全国排名等；废水污染物排放情况包括废水排放量、悬浮物、化学需氧量、生化需氧量、石油类、硫化物、等标污染负荷、汞、镉、铅、六价铬、砷、挥发酚、氰化物、氨氮等。

14.2.1.2 全国乡镇工业污染源数据库

国家环保总局、财政部、农业部、国家统计局于 1995 年组织完成的第二次全国乡镇工业污染源调查，是继 1989 年后对全国各省市县的乡镇工业污染源进行的又一次较详细的调查，涉及全国 31 个省、自治区、直辖市，300 多个城市（地区），2000 多个县。它是一次针对中国乡镇工业而进行的一次全方位、多层次的污染源调查，调查人员直接深入企业，涉及企业 55 万余家，采集到大量的第一手数据，采集到的数据指标有 100 多项，这些数据既可按区域、又可按行业、还可按流域进行分析处理。

全国乡镇工业污染源数据库调查的数据指标有 9 类基础信息。

14.2.1.3 全国乡镇工业污染源调查文档资料

这部分文档资料包括 1995 年四部局组织进行的全国乡镇工业污染源调查而发布的简报、技术规范等，它有助于帮助用户了解乡镇工业污染源调查的技术规范、调查方案、信息获取质量等，为用户掌握和使用该信息库提供必要的参考；文档资料还包括有关论述工业污染源的文章、论文、报告，它是中国环保战线上的专家学者针对工业污染源这一问题，通过研究分析而提出的自己的观点、看法。

14.2.2 数据分析模型和统计模型

工业污染源的分析、统计方法较为简单。为保证网络数据库数据检索的快捷、准确、便利，对网络数据库数据的统计、分析、评价必须有一定的规定。共享数据的统计、分析的基本规则有以下 5 点。

（1）流域污染源统计分析 流域污染源统计分析按照一般流域统计、热点流域的划分方法实施。

一般流域：按照全国流域的划分分为四级，即一级水系、二级水系、三级水系和四级水系，各水系有具体的划分标准和代码。

三河三湖：三河指淮河、海河、辽河；三湖指太湖、巢湖、滇池。三河三湖的环境保护是国家环境保护工作的重点之一。

三峡库区：包括湖北的宜昌和重庆的万县市等。

（2）两控区的统计分析 两控区指国家划定的二氧化硫控制区和酸雨控制区，国家对两控区大气污染物的排放有明确的总量控制要求，因此纳入本专题的分析、统计范畴。

（3）三个地带的统计分析 它将全国划分为东部、中部、西部三个部分。

东部包含的省市：北京、天津、河北、辽宁、上海、江苏、浙江、山东、福建、广东。

中部包含的省市：山西、黑龙江、吉林、安徽、江西、湖北、湖南、河南、陕西。

西部包含的省市：内蒙古、甘肃、宁夏、青海、新疆、四川、贵州、云南、西藏、广西、海南、重庆。

（4）特殊行业的统计分析 为加强乡镇工业的环境管理，国家环境保护部门特别提出了乡镇工业需要强化控制的 48 个污染行业，它不同于规范的国民经济行业分类。

（5）派生指标 目前中国对污染源评价多系潜在污染能力评价和现状污染评价，常用的方法有分级法、指数法和函数法。应用最为普遍的是指数法。指数法建立在污染物排放量与评价标准的基础上，原则上采用超标倍数或者是使污染物达到评价标准所需稀释介质量这一基本物理量及其数量化来反映污染源所具备的污染能力。本专题中采用等标污染负荷和污染指数法评价污染源的污染能力。

14.2.3　全国工业污染源数据信息库的网络界面

14.2.3.1　结构框架

全国工业污染源信息共享示范结构流程如图 14-5 所示。

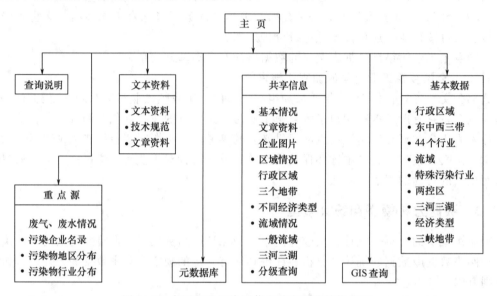

图 14-5　全国工业污染源信息共享示范结构流程

从信息共享示范的结构流程图可以看出，信息共享示范主页下共有 7 个主题，每个主题所展示的内容是不一样的，用户在点击不同的主题时会有不同的内容显示。

图 14-6　全国工业污染源数据信息网站主页

14.2.3.2　主页页面设计

全国工业污染源数据信息网站主页结构见图 14-6。主页分为左右两大块，左边为主题目录区，右边为内容显示区，在主题目录区的上方是中国 21 世纪议程管理中心网站图标，点击此图标，将进入 21 世纪议程管理中心网站主页；当用户对目录主题进行选择时，相应的内容会在右边的内容显示区域内进行显示，首页的显示内容有：网站标题；课题承担单位、国家环境保护总局南京环境科学研究所网址；课题项目简介；用户浏览网站后进行信息交流的访问者留言簿。

14.2.3.3　主页中各目录主题情况

（1）查询说明　点击目录主题下的查询说明，将进入查询说明网页，此网页主要是为用户简单介绍本网站目录主题情况下的一些内容，让用户对本网站有一个简单的了解。

（2）元数据库　点击目录主题下的元数据库进入元数据库网页，此网页依据 21 世纪议程管理中心提供的格式填写，它是对本网站所提供的数据库的一个说明，包括数据库名称、数据来源、数据范围等。

（3）文本材料　点击目录主题下的文本材料，将进入文本材料网页，此网页主要是针对工业污染源而收集的一些有关文字材料，有关于工业污染源的文章、论文；有针对 1995 年全国乡镇工业污染源调查而收集的文件、简报、通知、会议纪要、技术规范等。

（4）重点源　点击目录主题下的重点源，将进入全国 300 家重点工业污染源网页，此网页依据原国家环保局于 1993 年 5 月公布的《全国 3000 家重点工业污染源名单》，对这 3000 家重点源监测数据进行整理排序，根据排污状况取前 300 家为 3000 家重点污染源中的重点。

对这 300 家重点污染源的排污状况数据，先根据不同的介质（废气和废水）分为两大块，进而根据地区和行业特点进行分类处理。该数据库提供给用户进行查询的内容有废气和废水两项。

废气情况包含三方面的内容。

污染企业名录：地区名称、企业名称、废气排放量、烟尘、二氧化硫、氮氧化物、一氧化碳、等标污染负荷。

污染物地区分布：地区名称、等标污染负荷、废气排放量、烟尘、二氧化硫、一氧化碳、氮氧化物、氟化物、氨、硫化物。

污染物业分布：行业名称、废气排放量、烟尘、二氧化硫、氮氧化物、一氧化碳、氟化物、氨、硫化物、等标污染负荷。

废水情况包含的内容也是三个方面。

污染企业名录：地区名称、企业名称、悬浮物、化学需氧量、生化需氧量、石油类、硫化物、等标污染负荷、名次。

污染物地区分布：地区名称、等标污染负荷、悬浮物、化学需氧量、生化需氧量、汞、镉、铅、六价铬、砷、挥发酚、氰化物、石油类、硫化物、氨氮。

污染物行业分布：行业名称、悬浮物、化学需氧量、生化需氧量、汞、镉、铅、六价铬、砷、挥发酚、氰化物、石油类、硫化物、氨氮、等标污染负荷。

全国 300 家重点工业污染源数据是存储在 Microsoft Access 格式数据库中，为了实现数据库中数据的动态调用，数据库采用的是 ASP 编程技术，图 14-7 是客户端与服务器之间进行数据交流的页面。

图 14-7　工业污染源信息共享主页

14.2.4　共享信息查询

14.2.4.1　共享信息

点击目录主题下的共享信息，将新开一个窗口进入共享信息网页。共享信息网页中提供的信息来自 1995 年全国乡镇工业污染源调查数据库中的数据，它是从环保角度出发经过筛选处理而获得的数据信息，是近年来中国环保方面经常用到的具有参考价值的指数情况。这些指数是对中国乡镇工业污染源进行的一个概略性的介绍。

共享信息分为 5 个方面的内容，即基本情况、区域情况、不同经济类型、流域情况、分级查询。

14.2.4.2　基本数据

点击目录主题下的基本数据，将新开一个窗口进入基本数据网页，由于此基本数据是 1995 年全国乡镇工业污染源调查的数据，尚未对外公开，因此，用户进入此网页进行内容查询时，计算机会对进入的用户进行身份确认，只有在南京环境科学研究所进行登记并拥有用户名和口令的用户在经过计算机确认后才能进行数据内容查询。

基本数据网页结构分为左右两个部分，左边为目录主题区，右边为内容显示区，目录主题区有以下主要内容。

（1）行政区域　点击行政区域主题，将进入行政区域网页，在屏幕右边的内容显示区将首先让用户对行政区域进行选择，有全国、省、市、县四级，用户也可以直接在"查询的名字"中输入区域名字，如记不清也可以进行模糊查询；第二步是在第一步确定区域后进行查询内容的选择。

（2）东中西三地带　点击东中西三地带主题，将进入东中西三地带网页，在屏幕右边的内容显示区将会出现地带供用户进行选择，有全国、东部地带、中部地带、西部地带；地带确定后，我们就可以对相关的内容进行省→地（市）→县（区）查询。

（3）44 个行业　点击 44 个行业主题，将进入 44 个行业网页，在屏幕右边的内容显示区内将会首先出现行业选择，既可选择全部行业，也可选择部分行业；44 个行业名称与代码如表 14-4 所示。

表 14-4　44 个行业名称与代码

行 业 名 称	代 码	行 业 名 称	代 码
煤炭采选业	600	化学纤维制造业	2800
石油和天然气开采业	700	橡胶制品业	2900
黑色金属矿采选业	800	塑料制品业	3000
有色金属矿采选业	900	非金属矿物制品业	3100
非金属矿采选业	1000	黑色金属冶炼及压延加工业	3200
其他矿采选业	1100	有色金属冶炼及压延加工业	3300
木材及竹材采运业	1200	金属制品业	3400
食品加工业	1300	普通机械制造业	3500
食品制造业	1400	专用设备制造业	3600
饮料制造业	1500	交通运输设备制造业	3700
烟草加工业	1600	武器弹药制造业	3900
纺织业	1700	电气机械及器材制造业	4000
服装及其他纤维制品制造业	1800	电子及通信设备制造业	4100
皮革、毛皮、羽绒及其制品业	1900	仪器仪表及文化办公用机械制造业	4200
木材加工及竹、藤、棕、草制品业	2000	其他制造业	4300
家具制造业	2100	电力、蒸汽、热水的生产和供应业	4400
造纸及纸制品业	2200	煤气生产和供应业	4500
印刷业、记录媒介的复制	2300	自来水生产和供应业	4600
文教体育用品制造业	2400	土木工程建筑业	4700
石油加工及炼焦业	2500	线路、管道和设备安装业	4800
化学原料及化学制品制造业	2600	装修装饰业	4900
医药制造业	2700	其他行业	9900

（4）流域　点击流域主题，将进入流域网页，在屏幕右边的内容显示区将会出现流域选择，既可选择全部流域，也可选择部分流域，中国的流域分为 4 级水系，表 14-5 所列的流域是中国的一级水系。

表 14-5　流域名称与代码

流域代码	流 域 名 称	流域代码	流 域 名 称
10000	东北诸河	60000	华南诸河
20000	海滦河流域	70000	东南沿海诸河
30000	淮河与山东半岛诸河	80000	西南诸河
40000	黄河流域	90000	内陆诸河
50000	长江流域		

　　在流域选择确定后，就可以进行内容查询，四级水系可以一级一级向下顺延，即一级水系→二级水系→三级水系→四级水系；在对流域的查询过程中，也可对所属流域的区域进行查询，即省（直辖市）→市（地）→县（区）。

　　（5）特殊污染行业　点击特殊污染行业主题，将进入特殊污染行业网页，在屏幕右边的内容显示区将会出现四种选择，首先为企业性质选择，分为四种，即乡级、村级、村以下级、三资企业，这是本次调查所规定的；其次为行政区域的选择；第三是特殊行业的选择，共有48个特殊行业，详见表14-6；最后为查询内容的选择，有四个方面的内容，即企业基本情况、废水、废气、固体废物。而最终的显示结果同样可以省→市→县逐步递进，使用户一目了然。

表 14-6　48 个特殊行业名称与代码

代 码	行 业 类 别	代 码	行 业 类 别
001	黑色金属矿选矿业	082	砷冶炼业
010	有色金属矿选矿业	090	化工
011	金矿采选业	091	化学原料及化学品制造业
012	其他有色金属矿选矿业	092	医药制造业
020	印染业汇总	093	化学纤维制造业
021	棉印染业	094	橡胶制造业
022	毛印染业	095	塑料制造业
023	丝印染业	100	酿酒
024	其他印染车间	101	酒精制造业
030	制革业汇总	102	白酒制造业
031	制革业	103	啤酒制造业
032	其他制革车间	104	黄酒制造业
040	纸浆制造及造纸业	105	葡萄酒制造业
041	石灰法造纸	106	果露酒制造业
042	亚铵法造纸	110	制糖业
043	碱法造纸	120	炼焦业
044	其他方法造纸	130	金属冶炼业
050	电镀业汇总	131	黑色金属冶炼及压延加工业
051	电镀业	132	有色金属冶炼及压延加工业
052	其他行业电镀车间	140	炼汞
060	淀粉及淀粉制品业	150	煤炭洗选业
070	炼磺业	160	水泥制造业
080	砷矿采冶	170	砖瓦制造业
081	砷矿采选业	180	陶瓷制造业

　　（6）两控区　点击两控区主题，将进入两控区网页，在屏幕右边的内容显示区将会出现三种选择，首先为两控区选择；其次为查询方式选择，即按行政区域还是按行业类型查询；再次是查询内容的选择，它分为四个方面内容，即企业基本情况、废水、废气、固体废物。

两控区的查询区域目前限定在省级。

（7）三河三湖　点击三河三湖主题，将进入三河三湖网页，在屏幕右边的内容显示区将会出现三种选择；首先为三河三湖的区域选择；其次为查询方式选择，即按行政区域还是按行业类型查询；再次是查询内容的选择，分为四个方面内容，即企业基本情况、废水、废气、固体废物。目前三河三湖的查询区域也限定在省级。

（8）经济类型　点击经济类型主题，将进入经济类型网页，在屏幕右边的内容显示区将会出现三种选择，首先是经济类型的选择，有乡级、村级、村以下级、三资等四种类型；其次是行政区域选择，可对提供的全国 31 个省、直辖市、自治区进行选择；第三是查询内容的选择，有企业基本情况、废水、废气、固体废物、企业环境保护情况等五个方面的内容。查询情况可以省→市→县递进。

（9）三峡地带　点击三峡地带主题，将进入三峡地带网页，在屏幕右边的内容显示区将会出现两种选择，首先是查询方式的选择，即按行政区域还是按行业类型查询；查询的内容有四个方面，即企业基本情况、废水、废气、固体废物。三峡地带是针对国家近期对三峡进行水利改造中必须控制三峡地区水污染而提出的。目前的查询区域限定在省级。

14.3　中国环境统计信息共享系统

14.3.1　中国环境统计信息库简介

保护人类生存的环境，实施可持续发展战略，已成为 21 世纪国际社会"环境与发展"与"和平与发展"两个同等重要主题的内容之一。中国的环境保护统计制度建立于 20 世纪80 年代初，环境统计体系随着环境保护事业的发展逐步形成和完善。环境统计作为环境信息的主体，在环境保护事业的发展中发挥着越来越重要的作用。

目前，环境统计信息的传播途径已从出版发行环境统计年报、环境状况公报、环境统计公报、中国环境年鉴、中国社会统计资料，发展到通过网络进行信息传播。国内绝大多数省份都在各自的网站上设立环境统计栏目，发布自己省内的环境统计年报和有关环境统计方面的管理办法等信息。

中国环境统计信息网建立了全新的、系统的、完整的环境统计信息库，并实现信息库的网络化查询，实现环境统计信息的集中无偿共享，同时通过网络维护不断扩展其功能，及时更新信息，为信息时代的环境统计信息传播作出贡献。

14.3.2　中国环境统计信息库的建立

14.3.2.1　资料的收集、归并和整合

数据范围确定为新中国成立以来国家出版的《中国环境年鉴》。《中国环境年鉴》最早出版于 1989 年，统计资料的发布规律为 2000 年第一季度出版 1999 年环境年鉴，而 1999 年环境年鉴的内容是 1998 年度的统计资料。

本子专题对环境统计制度建立以来的环境统计的基本信息进行了分析，历年环境统计资料的分类较多，经整理、筛选、归并可分为文本型、数字型两大类。

14.3.2.2 环境统计信息库的数据标准化

　　根据名目众多的环境统计资料，针对用户不同的需求，本子专题规定了环境统计信息库的数据共享规则，即文本作直观的文字描述，图片作压缩处理，数字型又分两种方式共享，宏观数据（如环境统计公报）作成列表形式，其他数据建立数据库，以数据库检索方式共享。数字型信息选择列表分类参与集中共享，一共列有 1～49 个表。如建设项目环境影响评价列在第 26 号表"各地区建设项目环境影响评价执行情况"中。

14.3.2.3 中国环境统计信息库的建立

　　通过对环境统计信息的归并整合及数据共享规则的确定，一个全新的、系统的中国环境统计信息库由此建立。环境统计信息库包括文本型和数字型两大类信息。该信息库的建立程序与步骤如图 14-8 所示。

　　文本型数据文件分类及编码方式详见表 14-7。数字型数据文件编码共有 30 个基础数据库表。例如第 16 号数据库表为"各地区建设项目环境影响评价执行情况表（Eia 表）"其结构如表 14-8 所示。

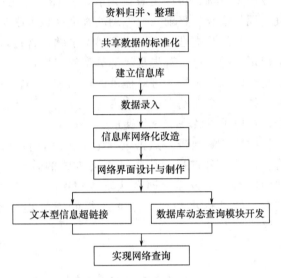

图 14-8　环境统计信息库的建立程序与步骤

14.3.3　中国环境统计信息库的 Internet 网络界面

14.3.3.1 环境统计信息库的网络化改造

　　为了实现环境统计信息库的 Internet 网络查询，对收集到的文本型信息采用 FrontPage 98 编辑器将其改造为适合网络传输的 HTML（超文本）格式的文件。

14.3.3.2 查询途径设计

　　针对环境统计信息库的特点分别对文本型和数字型的信息以不同的方式进行组织分类查询，文本型信息按超链接指示查询，数字型信息按数据库检索方式查询，以满足用户不同的需求。其中分省、自治区、直辖市环境保护，计划单列市环境保护工作按行政区划进行查询。

14.3.4　中国环境统计信息库的 Internet 网络查询

14.3.4.1 网络查询方法

　　（1）页面分类查询　本信息库使用 FrontPage，综合考虑了用户按照文本型信息进行查询和按照数字型信息进行查询的需求，设计制作了分类查询主页集。该主页集呈树状结构，但主页集层次不多，一般为三层，少数为四层，每年为一个文档文件，其中每年内容分类均设置成页内链接，每页设有返回主页及其他索引页的链接，使得索引页之间的跳转非常便利，并能随时回到主页。

　　本信息库分省、自治区、直辖市环境保护，计划单列市环境保护工作采用图像映射的方式与各省、自治区、直辖市、计划单列市环境保护工作索引页链接，用户在中国地图上点击某省、自治区、直辖市、计划单列市所在位置，即可进入该地区的环境保护工作索引页，查

表 14-7 文本型数据文件分类及编码方式

序号	一级或二级类目		一级代码	二级代码
1	环境状况公报		hjzkgb	hjzkgb××hb
2	环境统计公报		hjtjgb	hjtjgb××hb
3	环境保护大事记		hjbhdshj	hjbhdshj××hb
4	奉献者光荣榜		guangrb	guangrb××hb
5	专文		zhuanwen	zhuanwen××hb
6	特辑		teji	teji××hb
7	局发文件		jufawj	jufawj××hb
8	香港环境保护		Hkong	Hkong××hb
9	澳门环境保护		Aomen	Aomen××hb
10	台湾省环境保护		taiwan	taiwan××hb
11		北京市环境保护	beijing	beijing××hb
12		天津市环境保护	tianjin	tianjin××hb
13		河北省环境保护	hebei	hebei××hb
14		山西省环境保护	shanxi	shanxi××hb
15		内蒙古自治区环境保护	neimeng	neimeng××hb
16		辽宁省环境保护	liaoning	liaoning××hb
17		吉林省环境保护	jilin	jilin××hb
18		黑龙江省环境保护	heilongjiang	heilongjiang××hb
19		上海市环境保护	shanghai	shanghai××hb
20		江苏省环境保护	jiangsu	jiangsu××hb
21		浙江省环境保护	zhejiang	zhejiang××hb
22	省、自治区和直辖市环境保护	安徽省环境保护	anhui	anhui××hb
23		福建省环境保护	fujian	fujian××hb
24		江西省环境保护	jiangxi	jiangxi××hb
25		山东省环境保护	shandong	shandong××hb
26		河南省环境保护	henan	henan××hb
27		湖北省环境保护	hubei	hubei××hb
28		湖南省环境保护	hunan	hunan××hb
29		广东省环境保护	guangdong	guangdong××hb
30		广西壮族自治区环境保护	guangxi	guangxi××hb
31		海南省环境保护	hainan	hainan××hb
32		重庆市环境保护	chongqing	chongqing××hb
33		四川省环境保护	sichuan	sichuan××hb
34		贵州省环境保护	guizhou	guizhou××hb
35		云南省环境保护	yunnan	yunnan××hb
36		西藏自治区环境保护	xizang	xizang××hb
37		陕西省环境保护	shanxi	shanxi××hb
38		甘肃省环境保护	gansu	gansu××hb
39		青海省环境保护	qinghai	qinghai××hb
40		宁夏回族自治区环境保护	ningxia	ningxia××hb
41		新疆维吾尔自治区环境保护	xinjiang	xinjiang××hb

序号	一级或二级类目		一级代码	二级代码
42		沈阳市环境保护	shenyang	shenyang××hb
43		大连市环境保护	dalian	dalian××hb
44		长春市环境保护	changchun	changchun××hb
45		哈尔滨市环境保护	haerbin	haerbin××hb
46	计划单列市和重点城市环境保护	南京市环境保护	nanjing	nanjing××hb
47		宁波市环境保护	ningbo	ningbo××hb
48		厦门市环境保护	xiamen	xiamen××hb
49		青岛市环境保护	qingdao	qingdao××hb
50		武汉市环境保护	wuhan	wuhan××hb
51		广州市环境保护	guangzhou	guangzhou××hb
52		深圳市环境保护	shenzhen	shenzhen××hb
53		成都市环境保护	chengdu	chengdu××hb
54		西安市环境保护	xian	xian××hb
55		桂林市环境保护	guilin	guilin××hb
56		太原市环境保护	taiyuan	taiyuan××hb
57		苏州市环境保护	suzhou	suzhou××hb
58		杭州市环境保护	hangzhou	hangzhou××hb
59		济南市环境保护	jinan	jinan××hb
60		国家发展计划委员会环境保护工作	计划委	计划委××hb
61		科学技术环境保护工作	科技	科技××hb
62		国土资源部环境保护	资源部	资源部××hb
63		建设部环境保护工作	建设部	建设部××hb
64		铁道部环境保护工作	铁道部	铁道部××hb
65		交通部环境保护工作	交通部	交通部××hb
66		水利部环境保护工作	水利部	水利部××hb
67		农业部环境保护工作	农业部	农业部××hb
68		卫生部环境保护工作	卫生部	卫生部××hb
69		国家计划生育委员会环境保护工作	计生委	计生委××hb
70		国家工业局环境保护工作	工业局	工业局××hb
71		国家旅游局环境保护工作	旅游局	旅游局××hb
72	部门与行业环境保护	中国科学院环境保护	科学院	科学院××hb
73		中国气象局环境保护	气象局	气象局××hb
74		国家煤炭工业局环境保护工作	煤炭工业局	煤炭工业局××hb
75		国家冶金工业局环境保护工作	冶金工业局	冶金工业局××hb
76		国家石油和化学工业局环境保护	石油和化学工业局	石油和化学工业局××hb
77		国家轻工业局环境保护	轻工业局	轻工业局××hb
78		国家建筑材料工业局环境保护工作	建材工业局	建材工业局××hb
79		国家有色金属工业局环境保护工作	金属工业局	金属工业局××hb
80		国家海洋局环境保护	海洋局	海洋局××hb
81		国家电力公司环境保护	电力	电力××hb
82		中国航空工业总公司环境保护工作	航空工业	航空工业××hb
83		中国航天工业总公司环境保护工作	航天工业	航天工业××hb
84		中国石油天然气集团公司环境保护工作	石油天然气	石油天然气××hb
85		中国石化集团公司环境保护工作	石化	石化××hb
86		中国核工业总公司环境保护工作	核工业	核工业××hb
87		中国兵器工业总公司环境保护工作	兵器工业	兵器工业××hb
88		中国船舶工业总公司环境保护工作	船舶工业	船舶工业××hb
89		军队环境保护工作	军队	军队××hb

表 14-8　各地区建设项目环境影响评价执行情况表（Eia 表）

库名	字段名	数据分类名	字段类型及字段长度	数据单位
Eia	HC101	行政地区	C20	
Eia	HZ101	统计年份	N4	
Eia	HR201	办理设立的建设项目数	N7	项
Eia	HR201	向环保部门申报的项目数	N7	项
Eia	HR203	其中:编制报告书的项目	N6	项
Eia	HR204	其中:填报报告表的项目	N7	项
Eia	HR205	其中:办理备案的项目	N7	项
Eia	HR206	环境影响评价制度执行率	N4.1	%

询该地区逐年的主要环境保护工作情况。

（2）**数据库查询**　本子专题数据库查询系统采用 ASP 编程技术实现属性数据库与 WEB 页面的动态链接和查询,可按三种方式进行查询,一种是按介质查询,一种是按地区查询,另一种是按年代查询。用户可以点击中国环境统计信息主页上的环境统计数据库进入数据库查询系统,首先选择数据属哪一个库,然后选择年代,再选择哪一地区或哪一行业,即可查询到所要的详细数据。查询简便,速度较快,基本能满足用户不同的需要。

14.3.4.2　网络界面设计与制作

本子专题的主页标题确定为"中国环境统计信息"。在"中国环境信息网（http：//www. envinfo. org. cn)"主页下,设置了"中国环境统计信息"栏目,作为"中国环境统计信息库的建立与改造"子专题网页（http：//www. envinfo. org. cn/hjinfo/default. htm）的上层链接。文本型信息栏目均采用超文本和图像映射方式链接,数字型信息采用数据库检索查询。

分类查询主页集为多层树枝状结构,其结构布局概述如下。

第 1 层　主页（HOME)——中国环境统计信息网

主页的结构布局如图 14-9 所示,左上角为"中国可持续发展信息共享示范"项目的图标,与项目主站点链接;上方为本网站标题;左侧是图片形式的网站导航栏,导航栏按照环境统计信息库的数据类型进行了分类,点击相应关键词可进入第 2 层页面,对相应的环境统计信息进行分类查询;中间文字为网站目的、内容简介。右侧一个功能键链接"环境信息共享示范"专题主页。

第 2 层　第 2 层页面——与信息库链接

第 2 层页面包括从 2—1 到 2—15 的 15 个页面,这 15 个页面对环境统计信息库的文本型信息和数字型信息进行了分类。

2—1　环境状况公报

2—2　环境统计公报

2—3　环境保护大事记

2—4　各省、自治区、直辖市环境保护

2—5　计划单列市环境保护

2—6　部分行业、部门环境保护

2—7　特辑

2—8　光荣榜

2—9　专文

2—10　局发文件

2—11　香港环境保护

图 14-9　中国环境统计信息网主页

14.4　环境影响评价常用软件及辅助工具介绍

　　环境影响评价是个多学科的工作，涉及工程分析、影响预测、综合评价工作，最终呈现给业主的只是一本或数本"环境影响评价报告书"。在计算机时代，充分利用各种相关软件，可以简化工作程序、减少工作量，使报告做的更精美，更专业。

　　绘图类软件主要用到 EXCEL、VISIO 2003、SURFER 8、DRAW2.0 等，其中采用 VISIO 2003 绘制流程图可以大大减少工作量，SURFER 8 可以轻松制作基面图、数据点位图、分类数据图、等值线图、线框图、地形地貌图、趋势图、矢量图以及三维表面图等，常用于绘制浓度等值线图和地理位置图。另外，在环评工作中常常需要评价地区的详细地形地貌资料，GOOGLE EARTH 可以解决这方面的困扰。

　　环境影响预测是环境影响评价工作的重点和难点，软件的使用能够为各个单项环境影响预测工作提供了方便，现就大气环境、水环境和声环境预测中常常采用的软件做简单介绍。

14.4.1　大气预测类

　　针对大气污染扩散问题，国内外常见的大气环境影响评价软件有美国环保局最新的模式系统为 Models-3，美国环保局推荐的 AERMOD 软件，英国剑桥环境研究公司开发的

ADMS 软件，中国气象科学研究院研制的 CAPPS，中国科学院大气物理研究所研制的 NAQPMS 以及宁波环科院六五软件工作室开发的 EIAA。

AermodSystem 是根据新版大气导则推荐的 EPA 的 Aermod 程序开发的界面化软件。程序以 aermod 为核心，提供一个良好的用户界面，以提高用户预测的方便性。同时，软件提供了功能较强的数据分析和图形处理功能。软件将 EPA 的 Aermod、Aermet、Aermap 及建筑物下洗模型有机的结合在一起，对其主要功能进行了封装，并根据国内环评特点进行了外部的扩展，是一款基于 Aermod 核心的新一代大气预测软件，适合环评的需要。

14.4.2　水预测类

EIAW 是地面水环评助手的简称。这是由宁波环科院 SFS（SIX FIVE SOFTWARE，六五软件工作室）继大气环评助手 EIAA 之后推出的第二个环评辅助软件系统。该软件的特点也是"遵守导则"，但由于不包括水动力模拟，因此一般限于简单的应用，多用于河段内的一维、二维水质预测。EIAW 以 HJT 2.3—93 地面水环评导则中推荐的模型和计算方法作为主要框架，内容涵盖了导则中的全部要求，包括参数估值和污染源估算。此外，EIAW 还大大拓展了导则中的内容，增加了许多实用的内容，例如可用于计算多个污染源、多个支流、流场不均匀等复杂的情况的模拟计算，动态温度数值模型，动态 SP 数值模型等。

一般河网模型选择一维非定常水动力学模型，可综合考虑污染的对流、扩散、生化作用，考虑内部桥涵、节制闸等水工建筑物。现有模型包括浙江河口水利研究院开发的一维非恒定流模型、荷兰水力学所的 SOBEK、丹麦水力学所的 MAK11、美国陆军兵团 HECRAS 等。由于河网水质预测涉及的水利参数较多，要做水动力模拟和水质预测，一般评价单位很难做好，所以涉及河网水质预测的，基本都是找水利部门进行协作完成。MIKE1 软件主要应用于河网内的复杂水动力模拟和水质预测。

14.4.3　噪声预测类

EIAN 是噪声环评助手的简称。这是由 SFS（SIX FIVE SOFTWARE，六五软件工作室）继大气环评助手 EIAA、地面水环评助手 EIAW 之后推出的第三个环评辅助软件系统。EIAN 2.0 以 HJT 2.4—2009 导则-声环境、JTJ 005—1996 公路建设项目环评规范-噪声部分以及 GB 9661—88 机场周围飞机噪声测量方法等文献中推荐的模型和计算方法作为主要框架，内容涵盖了导则中的全部要求，并进行了适当地拓展与加深（作为可选项），另外还包括一些声学参数估值和声源强度估算。

德国 CADNA/A 噪声模拟软件系统由北京朗德科技有限公司引进并与 2001 年通过环保总局环境评估中心认证。CADNA/A 系统是一套基于 ISO9613 标准方法、利用 WINDOWS 作为操作平台的噪声模拟和控制软件。该系统适用于工业设施、公路、铁路和区域等多种噪声源的影响预测、评价、工程设计与控制对策研究。

本章对我国环境法规与标准信息共享系统、工业污染源数据信息共享系统以及环境统计信息共享系统进行了介绍，对环境影响评价工作中常用的软件及辅助工具进行了介绍，并分别对大气环境、水环境和声环境预测中常常采用的预测软件进行了简单的介绍。

附录1　地表水环境质量标准

（摘自 GB 3838—2002）

本标准由国家环境保护总局科技标准司提出并归口。本标准由中国环境科学研究院负责修订。本标准由国家环境保护总局 2002 年 4 月 26 日批准。本标准由国家环境保护总局负责解释。

1　范围

1.1　本标准按照地表水环境功能分类和保护目标，规定了水环境质量应控制的项目及限值，以及水质评价、水质项目的分析方法和标准的实施与监督。

1.2　本标准适用于中华人民共和国领域内江河、湖泊、运河、渠道、水库等具有使用功能的地表水水域。具有特定功能的水域，执行相应的专业用水水质标准。

2　引用标准

《生活饮用水卫生规范》（卫生部，2001 年）和本标准表 4～6 所列分析方法标准及规范中所含条文在本标准中被引用即构成为本标准条文，与本标准同效。当上述标准和规范被修订时，应使用其最新版本。

3　水域功能和标准分类

依据地表水的水域功能，将其划分为五类。

Ⅰ类　主要适用于源头水、国家自然保护区；

Ⅱ类　主要适用于集中式生活饮用水地表水源地一级保护区、珍稀水生生物栖息地、鱼虾类产卵场、仔稚幼鱼的索饵场等；

Ⅲ类　主要适用于集中式生活饮用水地表水源地二级保护区、鱼虾类越冬场、洄游通道、水产养殖区等渔业水域及游泳区；

Ⅳ类　主要适用于一般工业用水区及人体非直接接触的娱乐用水区；

Ⅴ类　主要适用于农业用水区及一般景观要求水域。

就地表水上述五类水域功能，将地表水环境质量标准基本项目标准值分为五类，不同功能类别分别执行相应类别的标准值。水域功能类别高的标准值严于水域功能类别低的标准值。同一水域兼有多类使用功能的，执行最高功能类别对应的标准值。

4　标准值

4.1　地表水环境质量标准基本项目标准限值见表 1。

4.2　集中式生活饮用水地表水源地补充项目标准限值见表 2。

4.3　集中式生活饮用水地表水源地特定项目标准限值见表 3。

5　水质评价

5.1　地表水环境质量评价应根据应实现的水域功能类别，选取相应类别标准，进行单因子评价，评价结果应说明水质达标情况、超标倍数。

5.2　丰、平、枯水期特征明显的水域，应分水期进行水质评价。

5.3　集中式生活饮用水地表水源地水质评价的项目应包括表 1 中的基本项目、表 2 中的补充项目以及由县级以上人民政府环境保护行政主管部门从表 3 中选择确定的特定项目。

表 1　地表水环境质量标准基本项目标准限值

序号	项目 　标　准　值　分类	I	II	III	IV	V
1	水温/℃	人为造成的环境水温变化应限制在：周平均最大温升≤1　周平均最大温升≤2				
2	pH 值(无量纲)	6~9				
3	溶解氧　　　　　≥	饱和率90%(或7.5)	6	5	3	2
4	高锰酸盐指数　　≤	2	4	6	10	15
5	化学需氧量(COD)≤	15	15	20	30	40
6	五日生化需氧量(BOD$_5$)	3	3	4	6	10
7	氨氮(NH$_3$-N)	0.15	0.5	1.0	1.5	2.0
8	总磷(以 P 计)	0.02(湖、库 0.01)	(湖、库 0.025)	(湖、库 0.05)	(湖、库 0.1)	(湖、库 0.2)
9	总氮(湖、库,以 N 计)	0.2	0.5	1.0	1.5	2.0
10	铜	0.01	1.0	1.0	1.0	1.0
11	锌	0.05	1.0	1.0	2.0	2.0
12	氟化物(以 F$^-$计)	1.0	1.0	1.0	1.5	1.5
13	硒	0.01	0.01	0.01	0.02	0.02
14	砷	0.05	0.05	0.05	0.1	0.1
15	汞	0.00005	0.00005	0.0001	0.001	0.001
16	镉	0.001	0.005	0.005	0.005	0.01
17	铬(六价)	0.01	0.05	0.05	0.05	0.1
18	铅	0.01	0.01	0.05	0.05	0.1
19	氰化物	0.005	0.002	0.005	0.01	0.1
20	挥发酚	0.002	0.002	0.005	0.01	0.1
21	石油类	0.05	0.05	0.05	0.5	1.0
22	阴离子表面活性剂	0.2	0.2	0.2	0.3	0.3
23	硫化物	0.05	0.1	0.2	0.5	1.0
24	粪大肠菌群/(个/L)	200	2000	10000	20000	40000

表 2　集中式生活饮用水地表水源地补充项目标准限值

序号	项目	标准值
1	硫酸盐(以 SO$_4^{2-}$ 计)	250
2	氯化物(以 Cl$^-$ 计)	250
3	硝酸盐(以 N 计)	10
4	铁	0.3
5	锰	0.1

表 3　集中式生活饮用水地表水源地特定项目标准限值/(mg/L)

序号	项　　目	标 准 值	序号	项　　目	标 准 值
1	三氯甲烷	0.06	41	丙烯酰胺	0.0005
2	四氯化碳	0.002	42	丙烯腈	0.1
3	三溴甲烷	0.1	43	邻苯二甲酸二丁酯	0.003
4	二氯甲烷	0.02	44	邻苯二甲酸二(2-乙基己基)酯	0.008
5	1,2-二氯乙烷	0.03	45	水合肼	0.01
6	环氧氯丙烷	0.02	46	四乙基铅	0.0001
7	氯乙烯	0.005	47	吡啶	0.2
8	1,1-二氯乙烯	0.03	48	松节油	0.2
9	1,2-二氯乙烯	0.05	49	苦味酸	0.5
10	三氯乙烯	0.07	50	丁基黄原酸	0.005
11	四氯乙烯	0.04	51	活性氯	0.01
12	氯丁二烯	0.002	52	滴滴涕	0.001
13	六氯丁二烯	0.0006	53	林丹	0.002
14	苯乙烯	0.02	54	环氧七氯	0.0002
15	甲醛	0.9	55	对硫磷	0.003
16	乙醛	0.05	56	甲基对硫磷	0.002
17	丙烯醛	0.1	57	马拉硫磷	0.05
18	三氯乙醛	0.01	58	乐果	0.08
19	苯	0.01	59	敌敌畏	0.05
20	甲苯	0.7	60	敌百虫	0.05
21	乙苯	0.3	61	内吸磷	0.03
22	二甲苯①	0.5	62	百菌清	0.01
23	异丙苯	0.25	63	甲萘威	0.05
24	氯苯	0.3	64	溴氰菊酯	0.02
25	1,2-二氯苯	1.0	65	阿特拉津	0.003
26	1,4-二氯苯	0.3	66	苯并[a]芘	2.8×10^{-6}
27	三氯苯②	0.02	67	甲基汞	1.0×10^{-6}
28	四氯苯③	0.02	68	多氯联苯⑥	2.0×10^{-5}
29	六氯苯	0.05	69	微囊藻毒素-LR	0.001
30	硝基苯	0.017	70	黄磷	0.003
31	二硝基苯④	0.5	71	钼	0.07
32	2,4-二硝基甲苯	0.003	72	钴	1.0
33	2,4,6-三硝基甲苯	0.5	73	铍	0.002
34	硝基氯苯⑤	0.05	74	硼	0.5
35	2,4-二硝基氯苯	0.5	75	锑	0.005
36	2,4-二氯苯酚	0.093	76	镍	0.02
37	2,4,6-三氯苯酚	0.2	77	钡	0.7
38	五氯酚	0.009	78	钒	0.05
39	苯胺	0.1	79	钛	0.1
40	联苯胺	0.0002	80	铊	0.0001

① 二甲苯：指对二甲苯、间二甲苯、邻二甲苯。
② 三氯苯：指1,2,3-三氯苯、1,2,4-三氯苯、1,3,5-三氯苯。
③ 四氯苯：指1,2,3,4-四氯苯、1,2,3,5-四氯苯、1,2,4,5-四氯苯。
④ 二硝基苯：指对二硝基苯、间二硝基苯、邻二硝基苯。
⑤ 硝基氯苯：指对硝基氯苯、间硝基氯苯、邻硝基氯苯。
⑥ 多氯联苯：指 PCB-1016、PCB-1221、PCB-1232、PCB-1242、PCB-1248、PCB-1254、PCB-1260。

表 4　地表水环境质量标准基本项目分析方法

序号	项　目	分　析　方　法	最低检出限/(mg/L)	方法来源
1	水温	温度计法	—	GB 13195—91
2	pH 值	玻璃电极法	—	GB 6920—86
3	溶解氧	碘量法	0.2	GB 7489—87
		电化学探头法	—	GB 11913—89
4	高锰酸盐指数		0.5	GB 11892—89
5	化学需氧量	重铬酸盐法	10	GB 11914—89
6	五日生化需氧量	稀释与接种法	2	GB 7488—87
7	氨氮	纳氏试剂比色法	0.05	GB 7479—87
		水杨酸铵分光光度法	0.01	GB 7481—87
8	总磷	钼酸铵分光光度法	0.01	GB 11893—89
9	总氮	碱性过硫酸钾消解紫外分光光度法	0.05	GB 11894—89
10	铜	2,9-二甲基-1,10-菲啰啉分光光度法	0.06	GB 7473—87
		二乙基二硫代氨基甲酸钠分光光度法	0.010	GB 7474—87
		原子吸收分光光度法（螯合萃取法）	0.001	GB 7475—87
11	锌	原子吸收分光光度法	0.05	GB 7475—87
12	氟化物	氟试剂分光光度法	0.05	GB 7483—87
		离子选择电极法	0.05	GB 7484—87
		离子色谱法	0.02	HJ-T 84—2001
13	硒	2,3-二氨基萘荧光法	0.00025	GB 11902—89
		石墨炉原子吸收分光光度法	0.003	GB/T 15505—1995
14	砷	二乙基二硫代氨基甲酸银分光光度法	0.007	GB 7485—87
		冷原子荧光法	0.0006	①
15	汞	冷原子吸收分光光度法	0.00005	GB 7468—87
		冷原子荧光法	0.00005	①
16	镉	冷原子吸收分光光度法（螯合萃取法）	0.001	GB 7475—87
17	铬（六价）	二苯碳酰二肼分光光度法	0.004	GB 7467—87
18	铅	原子吸收分光光度法（螯合萃取法）	0.01	GB 7475—87
19	氰化物	异烟酸-吡唑啉酮比色法	0.004	GB 7487—87
		吡啶-巴比妥酸比色法	0.002	—
20	挥发酚	蒸馏后 4-氨基安替比林分光光度法	0.002	GB 7490—87
21	石油类	红外分光光度法	0.01	GB/T 16488—1996
22	阴离子表面活性剂	亚甲基蓝分光光度法	0.05	GB 7494—87
23	硫化物	亚甲基蓝分光光度法	0.005	GB/T 16488—1996
		亚甲基显色分光光度法	0.004	GB/T 171333—1997
24	粪大肠菌群	多管发酵、滤膜法	—	①

①《采样废水监测分析方法（第三版）》，中国环境科学出版社，1989 年。

注：暂采用下列分析方法，待国家方法标准发布后，执行国家标准。

表5 集中式生活饮用水地表水源地补充项目分析方法

序号	项目	分析方法	最低检出限/(mg/L)	方法来源
1	硫酸盐	重量法	10	GB 11899—89
		火焰原子吸收分光光度法	0.4	GB 13196—91
		铬酸钡光度法	8	①
		离子色谱法	0.09	HJ/T 84—2001
2	氯化物	硝酸银滴定法	10	GB 11896—89
		硝酸汞滴定法	2.5	①
		离子色谱法	0.02	HJ/T 84—2001
3	硝酸盐	酚二磺酸分光光度法	0.02	GB 7480—87
		紫外分光光度法	0.08	①
		离子色谱法	0.08	HJ/T 84—2001
4	铁	火焰原子吸收分光光度法	0.03	GB 11911—89
		邻菲啉分光光度法	0.03	①
5	锰	高碘酸钾分光光度法	0.02	GB 11906—89
		火焰原子吸收分光光度法	0.01	GB 11911—89
		甲醛肟光度法	0.01	①

①《水和废水监测分析方法(第三版)》,中国环境科学出版社,1989年。

注:暂采用上述分析方法,待国家方法标准发布后,执行国家标准。

表6 集中式生活饮用水地表水源地特定项目分析方法

序号	项目	分析方法	最低检出限/(mg/L)	方法来源
1	三氯甲烷	顶空气相色谱法	0.0003	GB/T 17130—1997
		气相色谱法	0.0006	
2	四氯化碳	顶空气相色谱法	0.00005	GB/T 1130—1997
		气相色谱法	0.0003	
3	三溴甲烷	顶空气相色谱法	0.001	GB/T 17130—1997
		气相色谱法	0.006	
4	二氯甲烷	顶空气相色谱法	0.0087	
5	1,2-二氯乙烷	顶空气相色谱法	0.0125	
6	环氧氯丙烷	气相色谱法	0.02	
7	氯乙烯	气相色谱法	0.001	
8	1,1-二氯乙烯	吹出捕集气相色谱法	0.000018	
9	1,2-二氯乙烯	吹出捕集气相色谱法	0.000012	
10	三氯乙烯	顶空气相色谱法	0.0005	GB/T 17130—1997
		气相色谱法	0.003	
11	四氯乙烯	顶空气相色谱法	0.0002	GB/T 17130—1997
		气相色谱法	0.0012	
12	氯丁二烯	顶空气相色谱法	0.002	
13	六氯丁二烯	气相色谱法	0.00002	
14	苯乙烯	气相色谱法	0.01	
15	甲醛	乙酰丙酮分光光度法	0.05	GB 13197—91
		4-氨基-3-联氨-5-巯基-1,2,4-三氮杂茂(AH-MT)分光光度法	0.05	
16	乙醛	气相色谱法	0.24	
17	丙烯醛	气相色谱法	0.019	

续表

序号	项　　目	分　析　方　法	最低检出限/(mg/L)	方法来源
18	三氯乙醛	气相色谱法	0.001	
19	苯	液上气相色谱法	0.005	GB 11890—89
		顶空气相色谱法	0.00042	
20	甲苯	液上气相色谱法	0.005	GB 11890—89
		二硫化碳萃取气相色谱法	0.05	GB 11890—89
		气相色谱法	0.01	
21	乙苯	液上气相色谱法	0.005	GB 11890—89
		二硫化碳萃取气相色谱法	0.05	GB 11890—89
		气相色谱法	0.01	
22	二甲苯	液上气相色谱法	0.005	GB 11890—89
		二硫化碳萃取气相色谱法	0.05	GB 11890—89
		气相色谱法	0.01	
23	异丙苯	顶空气相色谱法	0.0032	
24	氯苯	气相色谱法	0.01	HJ/T 74—2001
25	1,2-二氯苯	气相色谱法	0.002	GB/T 17131—1997
26	1,4-二氯苯	气相色谱法	0.005	GB/T 17131—1997
27	三氯苯	气相色谱法	0.00004	
28	四氯苯	气相色谱法	0.00002	
29	六氯苯	气相色谱法	0.00002	
30	硝基苯	气相色谱法	0.0002	GB 13194—91
31	二硝基苯	气相色谱法	0.2	
32	2,4-二硝基甲苯	气相色谱法	0.0003	GB 13194—91
33	2,4,6-三硝基甲苯	气相色谱法	0.1	
34	硝基氯苯	气相色谱法	0.0002	GB 13194—91
35	2,4-二硝基氯苯	气相色谱法	0.1	
36	2,4-二氯苯酚	电子捕获-毛细色谱法	0.0004	
37	2,4,6-三氯苯酚	电子捕获-毛细色谱法	0.00004	
38	五氯酚	气相色谱法	0.00004	GB 8972—88
		电子捕获-毛细色谱法	0.000024	
39	苯胺	气相色谱法	0.002	
40	联苯胺	气相色谱法	0.0002	
41	丙烯酰胺	气相色谱法	0.00015	
42	丙烯腈	气相色谱法	0.10	
43	邻苯二甲酸二丁酯	液相色谱法	0.0001	HJ/T 72—2001
44	邻苯二甲酸二(2-乙基己基)酯	气相色谱法	0.0004	
45	水合肼	对二甲氨基苯甲醛直接分光光度法	0.005	
46	四乙基铅	双硫腙比色法	0.0001	
47	吡啶	气相色谱法	0.031	GB/T 14672—93
		巴比土酸分光光度法	0.05	
48	松节油	气相色谱法	0.02	
49	苦味酸	气相色谱法	0.001	
50	丁基黄原酸	铜试剂亚铜分光光度法	0.002	

序号	项　目	分　析　方　法	最低检出限/(mg/L)	方法来源
51	活性氯	N,N-二乙基对苯二胺(DPD)分光光度法	0.01	
		3,3′,5,5′-四甲基联苯胺比色法	0.005	
52	滴滴涕	气相色谱法	0.0002	GB 7492—87
53	林丹	气相色谱法	—	GB 7492—87
54	环氧七氯	液液萃取气相色谱法	0.000083	
55	对硫磷	气相色谱法	0.00054	GB 13192—91
56	甲基对硫磷	气相色谱法	0.00042	GB 13192—91
57	马拉硫磷	气相色谱法	0.00064	GB 13192—91
58	乐果	气相色谱法	0.00057	GB 13192—91
59	敌敌畏	气相色谱法	0.0006	GB 13192—91
60	敌百虫	气相色谱法	0.000051	GB 13192—91
61	内吸磷	气相色谱法	0.0025	
62	百菌清	气相色谱法	0.0004	
63	甲萘威	高效液相色谱法	0.01	
64	溴氰菊酯	气相色谱法	0.0002	
		高效液相色谱法	0.002	
65	阿特拉津	气相色谱法	—	
66	苯并[a]芘	乙酰化滤纸层析荧光分光光度法	4×10^{-6}	GB 11895—89
		高效液相色谱法	—	GB 13198—91
67	甲基汞	气相色谱法	1×10^{-8}	GB/T 17132—1997
68	多氯联苯	气相色谱法	—	
69	微囊藻毒素-LR	高效液相色谱法	0.00001	
70	黄磷	钼-锑-钪分光光度法	0.0025	
71	钼	无火焰原子吸收分光光度法	0.00231	
72	钴	无火焰原子吸收分光光度法	0.00191	
73	铍	铬菁R分光光度法	0.0002	HJ/T 58—2000
		石墨炉原子吸收分光光度法	0.00002	HJ/T 59—2000
		桑色素荧光分光光度法	0.0002	
74	硼	姜黄素分光光度法	0.02	HJ/T 49—1999
		甲亚胺分光光度法	0.2	
75	锑	氢化原子吸收分光光度法	0.00025	
76	镍	无火焰原子吸收分光光度法	0.00248	
77	钡	无火焰原子吸收分光光度法	0.00618	
78	钒	钽试剂(BPHA)萃取分光光度法	0.018	GB/T 15503—1995
		无火焰原子吸收分光光度法	0.00698	
79	钛	催化示波极谱法	0.0004	
		水杨基荧光酮分光光度法	0.02	
80	铊	无火焰原子吸收分光光度法	1×10^{-6}	

注：无方法来源者暂无国家方法标准。

6 水质监测

6.1 本标准规定的项目标准值，要求试样采集后自然沉降 30min，取上层非沉降部分按规定方法进行分析。

6.2 地表水水质监测的采样布点、监测频率应符合国家地表水环境监测技术规范的要求。

6.3 本标准水质项目的分析方法应优先用表 4～表 6 规定的方法，也可采用 ISO 方法体系等其他等效分析方法，但须进行适用性检验。

7 标准的实施与监督

7.1 本标准由县级以上人民政府环境保护行政主管部门及相关部门按职责分工监督实施。

7.2 集中式生活饮用水地表水源地水质超标项目经自来水公司净化处理后，必须达到《生活饮用水卫生规范》的要求。

7.3 省、自治区、直辖市人民政府可以对本标准中未作规定的项目，制定地方补充标准，并报国务院环境保护行政主管部门备案。

附录 2 环境空气质量标准

（摘自 GB3095—1996）

1 主题内容与适用范围

本标准规定了环境空气质量功能区划分、标准分级、污染物项目、取值时间及浓度限值，采样与分析方法及数据统计的有效性规定。

本标准适用于全国范围的环境空气质量评价。

2 引用标准

GB/T 15262 环境空气 二氧化硫的测定 甲醛吸收-副玫瑰苯胺分光光度法

GB 8970 空气质量 二氧化硫的测定 四氯汞盐-盐酸副玫瑰苯胺比色法

GB/T 15432 环境空气 总悬浮颗粒物测定 重量法

GB 6921 大气飘尘浓度测定方法

GB/T 15436 环境空气 氮氧化物的测定 Saltzman 法

GB/T 15435 环境空气 二氧化氮的测定 Saltzman 法

GB/T 15437 环境空气 臭氧的测定 靛蓝二磺酸钠分光光度法

GB/T 15438 环境空气 臭氧的测定 紫外光度法

GB 9801 空气质量 一氧化碳的测定 非分散红外法

GB 8971 空气质量 飘尘中苯并 [a] 芘的测定 乙酰化滤纸层析荧光分光光度法

GB/T 15439 环境空气 苯 [a] 芘的测定 高效液相色谱法

GB/T 15264 环境空气 铅的测定 火焰原子吸收分光光度法

GB/T 15434 环境空气 氟化物质量浓度的测定 滤膜氟离子选择电极法

GB/T 15433 环境空气 氟化物的测定 石灰滤纸氟离子选择电极法

3 定义

3.1 总悬浮颗粒物（TSP）

能悬浮在空气中，空气动力学当量直径≤100μm 的颗粒物。

3.2 可吸入颗粒物（PM_{10}）

悬浮在空气中，空气动力学当量直径≤10μm 的颗粒物。

3.3 氮氧化物（以 NO_2 计）

空气中主要以一氧化氮和二氧化氮形式存在的氮的氧化物。

3.4 铅（Pb）

存在于总悬浮颗粒物中的铅及其化合物。

3.5 苯并 [a] 芘（B [a] P）

存在于可吸入颗粒物中的苯并 [a] 芘。

3.6 氟化物（以 F 计）

以气态及颗粒态形式存在的无机氟化物。

3.7 年平均

任何一年的日平均浓度的算术均值。

3.8 季平均

任何一季的日平均浓度的算术均值。

3.9 月平均

任何一月的日平均浓度的算术均值。

3.10 日平均

任何一日的平均浓度。

3.11 一小时平均

任何一小时的平均浓度。

3.12 植物生长季平均

任何一个植物生长季月平均浓度的算术均值。

3.13 环境空气

人群、植物、动物和建筑所暴露的室外空气。

3.14 标准状态

温度为 273K，压力为 101.325kPa 时的状态。

4 环境空气质量功能区的分类和标准分级

4.1 环境空气质量功能区分类

一类区为自然保护区、风景名胜区和其他需要特殊保护的地区。

二类区为城镇规划中确定的居住区、商业交通居民混合区、文化区、一般工业区和农村地区。

三类区为特定工业区。

4.2 环境空气质量标准分级

一类区执行一级标准；

二类区执行二级标准；

三类区执行三级标准。

5 浓度限值

本标准规定了各项污染物不允许超过的浓度限值，见表 1。

6 监测

6.1 采样

环境空气监测中的采样点、采样环境、采样高度及采样频率的要求，按《环境监测技术规范》（大气部分）执行。

6.2 分析方法

各项污染物分析方法见表 2。

7 数据统计的有效性规定

各项污染物数据统计的有效性规定见表 3。

8 标准的实施

8.1 本标准由各级环境保护行政主管部门负责监督实施。

8.2 本标准规定了小时、日、月、季和年平均浓度限值，在标准实施中各级环境保护行政主管部门应根据不同目的监督其实施。

8.3 环境空气质量功能区由地级市以上（含地级市）环境保护行政主管部门划分，报同级人民政府批准实施。

表 1 各项污染物的浓度限值

污染物名称	取值时间	浓 度 限 值			浓度单位
		一级标准	二级标准	三级标准	
二氧化硫 SO₂	年平均 日平均 一小时平均	0.02 0.05 0.15	0.06 0.15 0.50	0.10 0.25 0.70	mg/m³（标准状态）
总悬浮颗粒物 TSP	年平均 日平均	0.08 0.12	0.20 0.30	0.30 0.50	
可吸入颗粒物 PM₁₀	年平均 日平均	0.04 0.05	0.10 0.15	0.15 0.25	
二氧化氮 NO₂	年平均 日平均 一小时平均	0.04 0.08 0.12	0.08 0.12 0.24	0.08 0.12 0.24	
一氧化碳 CO	日平均 一小时平均	4.00 10.00	4.00 10.00	6.00 20.00	
臭氧 O₃	一小时平均	0.16	0.20	0.20	
铅 Pb	季平均 年平均	1.50 1.00			μg/m³（标准状态）
苯并[a]芘（B[a]P）	日平均	0.01			
氟化物以 F 计	日平均 一小时平均	7① 20①			
	月平均 植物生长季平均	1.8② 1.2②	3.0③ 2.0③		μg/(dm²·d)

① 适用于城市地区。
② 适用于牧业区和以牧业为主的半农半牧区、蚕桑区。
③ 适用于农业和林业区。

表 2 各项污染物分析方法

污染物名称	分 析 方 法	来 源
二氧化硫	(1) 甲醛吸收副玫瑰苯胺分光光度法 (2) 四氯汞盐副玫瑰苯胺分光光度法 (3) 紫外荧光法①	GB/T 15262—94 GB 8970—88
总悬浮颗粒物	重量法	GB/T 15432—95
可吸入颗粒物	重量法	GB 6921—86
氮氧化物（以 NO₂ 计）	(1) Saltzman 法 (2) 化学发光法②	GB/T 15436—95
二氧化氮	(1) Saltzman 法 (2) 化学发光法②	GB/T 15435—95
臭氧	(1) 靛蓝二磺酸钠分光光度法 (2) 紫外光度法 (3) 化学发光法③	GB/T 15437—95 GB/T 15437—95

续表

污染物名称	分 析 方 法	来　源
一氧化碳	非分散红外法	GB 9801—88
苯并[a]芘	(1) 乙酰化滤纸层析-荧光分光光度法 (2) 高效液相色谱法	GB 8971—88 GB/T 15439—95
铅	火焰原子吸收分光光度法	GB/T 15264—94
氟化物(以 F 计)	(1) 滤膜氟离子选择电极法④ (2) 石灰滤纸氟离子选择电极法⑤	GB/T 15434—95 GB/T 15433—95

①、②、③分别暂用国际标准 ISO/CD 10498、ISO 7996，ISO 10313，待国家标准发布后，执行国家标准。

④ 用于日平均和一小时平均标准。

⑤ 用于月平均和植物生长季平均标准。

表 3　各项污染物数据统计的有效性规定

污　染　物	取值时间	数据有效性规定
SO_2，NO_x，NO_2	年平均	每年至少有分布均匀的 144 个日均值 每月至少有分布均匀的 12 个日均值
TSP，PM_{10}，Pb	年平均	每年至少有分布均匀的 60 个日均值 每月至少有分布均匀的 5 个日均值
SO_2，NO_x，NO_2，CO	日平均	每日至少有 18h 的采样时间
TSP，PM_{10}，B[a]P，Pb	日平均	每日至少有 12h 的采样时间
SO_2，NO_x，NO_2，CO，O_3	一小时平均	每小时至少有 45min 的采样时间
Pb	季平均	每季至少有分布均匀的 15 个日均值，每月至少有分布均匀的 5 个日均值
F	月平均	每月至少采样 15d 以上
	植物生长季平均	每一个生长季至少有 70% 个月平均值
	日平均	每日至少有 12h 的采样时间
	一小时平均	每小时至少有 45min 的采样时间

附录 3　声环境质量标准

（摘自 GB 3096—2008）

本标准为贯彻《中华人民共和国环境噪声污染防治法》，防治噪声污染，保障城乡居民正常生活、工作和学习的声环境质量而制定。

1　主题内容与适用范围

本标准规定了五类声环境功能区的环境噪声限制及测量方法。

本标准适用于声环境质量评价与管理，机场周围区域受飞机通过（起飞、降落、低空飞越）噪声的影响，不适用于本标准。

2　引用标准

GB 3785 声级计的电、声性能及测试方法

GB/T 15173 声校准器

GB/T 15190 城市区域环境噪声适用区划分技术规范

GB/T 1781 积分平均声级计

GB/T 50280 城市规划基本术语标准

JTG B01 公路工程技术标准

3　环境噪声限值

五类声环境功能区环境噪声等效声级限制列于下表。

类　　别		昼　间	夜　间
0 类		50	40
1 类		55	45
2 类		60	50
3 类		65	55
4 类	4a 类	70	55
	4b 类	70	60

4　声环境功能区分类

4.1　0 类声环境功能区：康复疗养区等特别需要安静的区域。

4.2　1 类声环境功能区：以居民住宅、医疗卫生、文化教育、科研设计、行政办公为主要功能，需要保持安静的区域。

4.3　2 类声环境功能区：以商业金融、集市贸易为主要功能，或者居住、商业、工业混杂，需要维护住宅安静的区域。

4.4　3 类声环境功能区：以工业生产、仓储物流为主要功能，需要防止工业噪声对周围环境产生严重影响的区域。

4.5　4 类声环境功能区：交通干线两侧一定距离之内，需要防止交通噪声对周围环境产生

严重影响的区域，包括 4a 类和 4b 类两种类型。4a 类为高速公路、一级公路、二级公路、城市快速路、城市主干路、城市次干路、城市轨道交通、内河航道两侧区域；4b 类为铁路干线两侧区域。

5 铁路两侧区域环境背景噪声限值

下列情况下，铁路干线两侧区域不通过列车时的环境背景噪声限值，按照昼间 70dB（A）、夜间 55dB（A）执行：

1）穿越城区的既有铁路干线；

2）对穿越城区的既有铁路干线进行改建、扩建的铁路建设项目。

6 夜间突发噪声

各类声环境功能区夜间突发噪声，其最大声级超过环境噪声限值的幅度不得高于 15dB（A）。

7 声环境功能区的划分要求

7.1 城市声环境功能区的划分

城市区域按照 GB/T 15190 的规定划分声环境功能区，分别执行本标准规定的 0、1、2、3、4 类声环境功能区环境噪声限值。

7.2 乡村声环境功能的确定

乡村区域一般不划分声环境功能区，根据环境管理的需要，县级以上人民政府环境保护行政主管部门可按照以下要求确定乡村区域适用的声环境质量要求：

1）位于乡镇的康复疗养区执行 0 类声环境功能区要求；

2）村庄原则上执行 1 类声环境功能区要求，工业活动较多的村庄以及有交通干线经过的村庄（指执行 4 类声环境功能区要求以外的地区）可局部或全部执行 2 类声环境功能区要求；

3）集镇执行 2 类声环境功能区要求；

4）独立于村庄、集镇之外的工业、仓储集中区执行 3 类声环境功能区要求；

5）位于交通干线两侧一定距离（参考 GB/T 15190 规定）内的噪声敏感建筑物执行 4 类声环境功能区要求。

附录 4   土壤环境质量标准

（摘自 GB 15618—1995）

为贯彻《中华人民共和国环境保护法》，防止土壤污染，保护生态环境，保障农林生产，维护人体健康，制定本标准。

1   主题内容与适用范围

1.1   主题内容

本标准按土壤应用功能、保护目标和土壤主要性质，规定了土壤中污染物的最高允许浓度指标值及相应的监测方法。

1.2   适用范围

本标准适用于农田、蔬菜地、茶园、果园、牧场、林地、自然保护区等的土壤。

2   术语

2.1   土壤   指地球陆地表面能够生长绿色植物的疏松层。

2.2   土壤阳离子交换量   指带负电荷的土壤胶体借静电引力对溶液中的阳离子所吸附的数量，以每千克土所含全部代换性阳离子的厘摩尔（按一价离子计）数表示。

3   土壤环境质量分类和标准分级

3.1   土壤环境质量分类

根据土壤应用功能和保护目标，划分为三类。

Ⅰ类主要适用于国家规定的自然保护区（原有背景重金属含量高的除外）、集中式生活饮用水源地、茶园、牧场和其他保护地区的土壤，土壤质量基本上保持自然背景水平。

Ⅱ类主要适用于一般农田、蔬菜地、茶园、果园、牧场等土壤，土壤质量对植物和环境基本上不造成危害和污染。

Ⅲ类主要适用于林地土壤及污染物容量较大的高背景值土壤和矿产附近等地的农田土壤（蔬菜地除外）。土壤质量对植物和环境基本上不造成危害和污染。

3.2   标准分级

一级标准   为保护区域自然生态，维持自然背景的土壤环境质量的限制值。

二级标准   为保障农业生产，维护人体健康的土壤限制值。

三级标准   为保障农林业生产和植物正常生长的土壤临界值。

3.3   各类土壤环境质量执行标准的级别规定

Ⅰ类土壤环境质量执行一级标准；

Ⅱ类土壤环境质量执行二级标准；

Ⅲ类土壤环境质量执行三级标准。

4   标准值

本标准规定的三级标准值见表 1。

表 1　土壤环境质量执行标准

项目 ＼ 级别 ＼ 土壤 pH 值	一级 自然背景	二级 <6.5	二级 6.5~7.5	二级 >7.5	三级 >6.5
镉　　　≤	0.20	0.30	0.30	0.60	1.0
汞　　　≤	0.15	0.30	0.50	1.5	4.5
砷　水田　≤	15	30	25	20	30
砷　旱地　≤	15	40	30	25	40
铜　农田等≤	35	50	100	100	400
铜　果园　≤	—	150	200	200	400
铅　　　≤	35	250	300	350	500
铬　水田　≤	90	250	300	350	400
铬　旱地　≤	90	150	200	250	300
锌　　　≤	100	200	250	300	500
镍　　　≤	40	40	50	60	200
六六六　≤	0.05	0.50			1.0
滴滴涕　≤	0.05	0.50			1.0

注：1. 重金属（铬主要是三价）和砷均按元素量计，适用于阳离子交换量＞5cmol（＋）/kg 的土壤，若阳离子交换量≤5cmol（＋）/kg，其标准值为表内数值的半数。

2. 六六六为四种异构体总量，滴滴涕为四种衍生物总量。

3. 水旱轮作地的土壤环境质量标准，砷采用水田值，铬采用旱地值。

5　监测

5.1　采样方法：土壤监测方法参照国家环保总局的《环境监测分析方法》、《土壤元素的近代分析方法》（中华人民共和国环境监测总站编）的有关章节进行。国家有关方法标准颁布后，按国家标准执行。

5.2　分析方法按表 2 执行。

表 2　土壤环境质量标准选配分析方法

序号	项目	测　定　方　法	检测范围 /(mg/kg)	注释	分析方法来源
1	镉	土样经盐酸-硝酸-高氯酸(或盐酸-硝酸-氢氟酸-高氯酸)消解后， (1) 萃取-火焰原子吸收法测定； (2) 石墨炉原子吸收分光光度法测定	0.025 以上 0.005 以上	土壤总镉	①、②
2	汞	土样经硝酸-硫酸-五氧化二钒或硫、硝酸-高锰酸钾消解后，冷原子吸收法测定	0.004 以上	土壤总汞	①、②
3	砷	(1) 土样经硫酸-硝酸-高氯酸消解后，二乙基二硫代氨基甲酸银分光光度法测定 (2) 土样经硝酸-盐酸-高氯酸消解后，硼氢化钾-硝酸银分光光度法测定	0.5 以上 0.1 以上	土壤总砷	①、② ②

序号	项目	测 定 方 法	检测范围 /(mg/kg)	注释	分析方法来源
4	铜	土样经盐酸-硝酸-高氯酸(或盐酸-硝酸-氢氟酸-高氯酸)消解后,火焰原子吸收分光光度法测定	1.0以上	土壤总铜	①、②
5	铅	土样经盐酸-硝酸-高氯酸消解后, (1) 萃取-火焰原子吸收法测定; (2) 石墨炉原子吸收分光光度法测定	0.4以上 0.06以上	土壤总铅	②
6	铬	土样经硫酸-磷酸-高氯酸消解后, (1) 高锰酸钾氧化,二苯碳酰二肼光度法测定; (2) 加氯化铵溶液,火焰原子吸收分光光度法测定	1.0以上 2.5以上	土壤总铬	①
7	锌	土样经盐酸-硝酸-高氯酸(或盐酸-硝酸-氢氟酸-高氯酸)消解后,火焰原子吸收分光光度法测定	0.5以上	土壤总锌	①、②
8	镍	土样经盐酸-硝酸-高氯酸(或盐酸-硝酸-氢氟酸-高氯酸)消解后,火焰原子吸收分光光度法测定	2.5以上	土壤总镍	②
9	六六六和滴滴涕	丙酮-石油醚提取,浓硫酸净化,用带电子捕获检测器的气相色谱仪测定	0.005以上		GB/T 14550—93
10	pH	玻璃电极法(土:水=1.0:2.5)	—		②
11	阳离子交换量	乙酸铵法等	—		③

①《环境监测分析方法》,1983,城乡建设环境保护部环境保护局。
②《土壤元素的近代分析方法》,1992,中国环境监测总站编,中国环境科学出版社。
③《土壤理化分析》,1978,中国科学院南京土壤研究所编,上海科技出版社。
注:分析方法除土壤六六六和滴滴涕有国标外,其他项目待国家方法标准发布后执行,现暂采用上述方法。

6　标准的实施

6.1　本标准由各级人民政府环境保护行政主管部门负责监督实施,各级人民政府的有关行政主管部门依照有关法律和规定实施。

6.2　各级人民政府环境保护行政主管部门根据土壤应用功能和保护目标会同有关部门划分本辖区土壤环境质量类别,报同级人民政府批准。

附录5 污水综合排放标准

（摘自 GB 8978—1996）

为贯彻《中华人民共和国环境保护法》、《中华人民共和国水污染防治法》和《中华人民共和国海洋环境保护法》，控制水污染，保护江河、湖泊、运河、渠道、水库和海洋等地面水以及地下水水质的良好状态，保障人体健康，维护生态平衡，促进国民经济和城乡建设的发展，特制定本标准。

1 主题内容与适用范围

1.1 主题内容

本标准按照污水排放去向，分年限规定了 69 种水污染物最高允许排放浓度及部分行业最高允许排水量。

1.2 适用范围

本标准适用于现有单位水污染物的排放管理，以及建设项目的环境影响评价、建设项目环境保护设施设计、竣工验收及其投产后的排放管理。

按照国家综合排放标准与国家行业排放标准不交叉执行的原则，造纸工业执行 GB 3544—92《造纸工业水污染物排放标准》，船舶执行 GB 3552—83《船舶污染物排放标准》，船舶工业执行 GB 4286—84《船舶工业污染物排放标准》，海洋石油开发工业执行 GB 4914—85《海洋石油开发工业含油污水排放标准》，纺织染整工业执行 GB 4287—92《纺织染整工业水污染物排放标准》，肉类加工工业执行 GB 13457—92《肉类加工工业水污染物排放标准》，合成氨工业执行 GB 13458—92《合成氨工业水污染物排放标准》，钢铁工业执行 GB 13456—92《钢铁工业水污染物排放标准》，航天推进剂使用执行 GB 14374—93《航天推进剂水污染物排放标准》，兵器工业执行 GB 14470.1—14470.3—93 和 GB 4274—4279—84《兵器工业水污染物排放标准》，磷肥工业执行 GB 15580—95《磷肥工业水污染物排放标准》，烧碱、聚氯乙烯工业执行 GB 15581—95《烧碱、聚氯乙烯工业水污染物排放标准》，其他水污染物排放均执行本标准。

1.3 本标准颁布后，新增加国家行业水污染物排放标准的行业，按其适用范围执行相应的国家水污染物行业标准，不再执行本标准。

2 引用标准

下列标准所包含的条文，通过在本标准中引用而构成本标准的条文。本标准出版时，所示版本均有效。所有标准都会被修订，使用本标准的各方应探讨使用下列标准最新版本的可能性。

GB 3097—82 《海水水质标准》

GB 3838—88 《地面水环境质量标准》

GB 8703—88 《辐射防护规定》

3 定义

3.1 污水 国家环境保护总局 1996-10-04 批准，1998-01-01 实施。

3.2 排水量 指在生产过程中直接用于工艺生产的水的排放量。不包括间接冷却水、厂区锅炉、电站排水。

3.3 一切排污单位 指本标准适用范围所包括的一切排污单位。

3.4 其他排污单位 指在某一控制项目中，除所列行业外的一切排污单位。

4 技术内容

4.1 标准分级

4.1.1 排入 GB 3838 Ⅰ、Ⅱ、Ⅲ 类水域（划定的保护区和游泳区除外）和排入 GB 3097 中二类海域的污水，执行一级标准。

4.1.2 排入 GB 3838 中Ⅳ、Ⅴ类水域和排入 GB 3097 中三类海域的污水，执行二级标准。

4.1.3 排入设置二级污水处理厂的城镇排水系统的污水，执行三级标准。

4.1.4 排入未设置二级污水处理厂的城镇排水系统的污水，必须根据排水系统出水受纳水域的功能要求，分别执行 4.1.1 和 4.1.2 的规定。

4.1.5 GB 3838 水域中划定的保护区，GB 3097 中一类海域，禁止新建排污口，现有排污口应按水体功能要求，实行污染物总量控制，以保证受纳水体水质符合规定用途的水质标准。

4.2 标准值

4.2.1 本标准将排放的污染物按其性质及控制方式分为两类。

4.2.1.1 第一类污染物 不分行业和污水排放方式，也不分受纳水体的功能类别，一律在车间或车间处理设施排放口采样，其最高允许排放浓度必须达到本标准要求（采矿行业的尾矿坝出水口不得视为车间排放口）。

4.2.1.2 第二类污染物 在排污单位排放口采样，其最高允许排放浓度必须达到本标准要求。

4.2.2 本标准按年限规定了第一类污染物和第二类污染物最高允许排放浓度及部分行业最高允许排水量，分别为以下几个规定。

4.2.2.1 1997 年 12 月 31 日之前建设（包括改、扩建）的单位，水污染物的排放必须同时执行表 1、表 2、表 3 的规定。

4.2.2.2 1998 年 1 月 1 日起建设（包括改、扩建）的单位，水污染物的排放必须同时执行表 1、表 4、表 5 的规定。

4.2.2.3 建设（包括改、扩建）单位的建设时间，以环境影响评价报告书（表）批准日期为准。

4.3 其他规定

4.3.1 同一排放口排放两种或两种以上不同类别的污水，且每种污水的排放标准又不同时，其混合污水的排放标准按有关规定计算。

4.3.2 工业污水污染物的最高允许排放负荷量按有关规定计算。

4.3.3 污染物最高允许年排放总量按有关规定计算。

4.3.4 对于排放含有放射性物质的污水，除执行本标准外，还须符合 GB 8703—88《辐射防护规定》。

表 1　第一类污染物最高允许排放浓度/(mg/L)

序号	污　染　物	最高允许排放浓度
1	总汞	0.05
2	烷基汞	不得检出
3	总镉	0.1
4	总铬	1.5
5	六价铬	0.5
6	总砷	0.5
7	总铅	1.0
8	总镍	1.0
9	苯并[a]芘	0.00003
10	总铍	0.005
11	总银	0.5
12	总 α 放射性	1Bq/L
13	β 放射性	10Bq/L

表 2　第二类污染物最高允许排放浓度/(mg/L)

(1997 年 12 月 31 日之前建设的单位)

序号	污染物	适　用　范　围	一级标准	二级标准	三级标准
1	pH	一切排污单位	6～9	6～9	6～9
2	色度(稀释倍数)	染料工业	50	180	—
		其他排污单位	50	80	—
3	悬浮物(SS)	采矿、选矿、选煤工业	100	300	—
		脉金选矿	100	500	—
		边远地区砂金选矿	100	800	—
		城镇二级污水处理厂	20	30	—
		其他排污单位	70	200	400
4	五日生化需氧量(BOD$_5$)	甘蔗制糖、苎麻脱胶、湿法纤维板工业	30	100	600
		甜菜制糖、酒精、味精、皮革、化纤浆粕工业	30	150	600
		城镇二级污水处理厂	20	30	—
		其他排污单位	30	60	300
5	化学需氧量(COD)	甜菜制糖、焦化、合成脂肪酸、湿法纤维板、染料、洗毛、有机磷农药工业	100	200	1000
		味精、酒精、医药原料药、生物制药、苎麻脱胶、皮革、化纤浆粕工业	100	300	1000
		石油化工工业(包括石油炼制)	100	150	500
		城镇二级污水处理厂	60	120	—
		其他排污单位	100	150	500

序号	污染物	适 用 范 围	一级标准	二级标准	三级标准
6	石油类	一切排污单位	10	10	30
7	动植物油	一切排污单位	20	20	100
8	挥发酚	一切排污单位	0.5	0.5	2.0
9	总氰化合物	电影洗片(铁氰化合物)	0.5	5.0	5.0
		其他排污单位	0.5	0.5	1.0
10	硫化物	一切排污单位	1.0	1.0	2.0
11	氨氮	医药原料药、染料、石油化工工业	15	50	—
		其他排污单位	15	25	—
12	氟化物	黄磷工业	10	20	20
		低氟地区(水体含氟量<0.5mg/L)	10	20	30
		其他排污单位	10	10	20
13	磷酸盐(以P计)	一切排污单位	0.5	1.0	—
14	甲醛	一切排污单位	1.0	2.0	5.0
15	苯胺类	一切排污单位	1.0	2.0	5.0
16	硝基苯类	一切排污单位	2.0	3.0	5.0
17	阴离子表面活性剂(LAS)	合成洗涤剂工业	5.0	15	20
		其他排污单位	5.0	10	20
18	总铜	一切排污单位	0.5	1.0	2.0
19	总锌	一切排污单位	2.0	5.0	5.0
20	总锰	合成脂肪酸工业	2.0	5.0	5.0
		其他排污单位	2.0	2.0	5.0
21	彩色显影剂	电影洗片	2.0	3.0	5.0
22	显影剂及氧化物总量	电影洗片	3.0	6.0	6.0
23	元素磷	一切排污单位	0.1	0.3	0.3
24	有机磷农药(以P计)	一切排污单位	不得检出	0.5	0.5
25	粪大肠菌群数	医院[①]、兽医院及医疗机构含病原体污水	500 个/L	1000 个/L	5000 个/L
		传染病、结核病医院污水	500 个/L	500 个/L	1000 个/L
26	总余氯 (采用氯化消毒的医院污水)	医院[①]、兽医院及医疗机构含病原体污水	<0.5[②]	≥3(接触时间≥1h)	>2(接触时间≥1h)
		传染病、结核病医院污水	<0.5[②]	≥6.5(接触时间≥1.5h)	>5(接触时间≥1.5h)

① 指50个床位以上的医院。

② 加氯消毒后须进行脱氯处理,达到本标准。

表 3　部分行业最高允许排水量

（1997 年 12 月 31 日之前建设的单位）

序号	行　业　类　别			最高允许排水量或最低允许水重复利用率
1	矿山工艺	有色金属系统选矿		水重复利用率 75%
		其他矿山工业采矿、选矿、选煤等		水重复利用率 90%（选煤）
		脉金选矿	重选	16.0m³/t（矿石）
			浮选	9.0m³/t（矿石）
			氰化	8.0m³/t（矿石）
			碳浆	8.0m³/t（矿石）
2	焦化企业（煤气厂）			1.2m³/t（焦炭）
3	有色金属冶炼及金属加工			水重复利用率 80%
4	石油炼制工业（不包括直排水炼油厂） 加工深度分类： A. 燃料型炼油厂 B. 燃料＋润滑油型炼油厂 C. 燃料＋润滑油型＋炼油化工型炼油厂 （包括加工高含硫原油页岩油和石油添加剂生产基地的炼油厂）	A		＞500 万吨，1.0m³/t（原油） 250 万～500 万吨，1.2m³/t（原油） ＜250 万吨，1.5m³/t（原油）
		B		＞500 万吨，1.5m³/t（原油） 250 万～500 万吨，2.0m³/t（原油） ＜250 万吨，2.0m³/t（原油）
		C		＞500 万吨，2.0m³/t（原油） 250 万～500 万吨，2.5m³/t（原油） ＜250 万吨，2.5m³/t（原油）
5	合成洗涤剂工业	氯化法生产烷基苯		200.0m³/t（烷基苯）
		裂解法生产烷基苯		70.0m³/t（烷基苯）
		烷基苯生产合成洗涤剂		10.0m³/t（产品）
6	合成脂肪酸工业			200.0m³/t（产品）
7	湿法生产纤维板工业			30.0m³/t（板）
8	制糖工业	甘蔗制糖		10.0m³/t（甘蔗）
		甜菜制糖		4.0m³/t（甜菜）
9	皮革工业	猪羊湿皮		60.0m³/t（原皮）
		牛干皮		100.0m³/t（原皮）
		羊干皮		150.0m³/t（原皮）
10	发酵、酿造工业	酒精工业	以玉米为原料	100.0m³/t（酒精）
			以薯类为原料	80.0m³/t（酒精）
			以糖蜜为原料	70.0m³/t（酒精）
		味精工业		600.0m³/t（酒精）
		啤酒工业（排水量不包括麦芽水部分）		16.0m³/t（啤酒）
11	铬盐工业			5.0m³/t（产品）
12	硫酸工业（水洗法）			15.0m³/t（硫酸）
13	苎麻脱胶工业			500m³/t（原料）或 750m³/t（精干麻）
14	化纤浆粕			本色：150m³/t（浆） 漂白：240m³/t（浆）
15	黏胶纤维工业（单纯纤维）	短纤维（棉型中长纤维、毛型中长纤维）		300m³/t（纤维）
		长纤维		800m³/t（纤维）
16	铁路货车洗刷			5.0m³/辆
17	电影洗片			5m³/1000m（35mm 的胶片）
18	石油沥青工业			冷却池的水循环利用率 95%

表 4　第二类污染物最高允许排放浓度/(mg/L)

（1998 年 1 月 1 日后建设的单位）

序号	污染物	适　用　范　围	一级标准	二级标准	三级标准
1	pH	一切排污单位	6～9	6～9	6～9
2	色度(稀释倍数)	一切排污单位	50	80	—
3	悬浮物(SS)	采矿、选矿、选煤工业	70	300	—
		脉金选矿	70	400	—
		边远地区砂金选矿	70	800	—
		城镇二级污水处理厂	20	30	—
		其他排污单位	70	150	400
4	五日生化需氧量 (BOD_5)	甘蔗制糖、苎麻脱胶、湿法纤维板工业	20	60	600
		甜菜制糖、酒精、味精、皮革、化纤浆粕工业	20	100	600
		城镇二级污水处理厂	20	30	—
		其他排污单位	20	30	300
5	化学需氧量(COD)	甜菜制糖、焦化、合成脂肪酸、湿法纤维板、染料、洗毛、有机磷农药工业	100	200	1000
		味精、酒精、医药原料药、生物制药、苎麻脱胶、皮革、化纤浆粕工业	100	300	1000
		石油化工工业(包括石油炼制)	60	120	500
		城镇二级污水处理厂	60	120	—
		其他排污单位	100	150	500
6	石油类	一切排污单位	5	10	20
7	动植物油	一切排污单位	10	15	100
8	挥发酚	一切排污单位	0.5	0.5	2.0
9	总氰化合物	一切排污单位	0.5	0.5	1.0
10	硫化物	一切排污单位	1.0	1.0	1.0
11	氨氮	医药原料药、染料、石油化工工业	15	50	
		其他排污单位	15	25	—
12	氟化物	黄磷工业	10	15	20
		低氟地区(水体含氟量<0.5mg/L)	10	20	30
		其他排污单位	10	10	20
13	磷酸盐(以 P 计)	一切排污单位	0.5	1.0	—
14	甲醛	一切排污单位	1.0	2.0	5.0
15	苯胺类	一切排污单位	1.0	2.0	5.0
16	硝基苯类	一切排污单位	2.0	3.0	5.0
17	阴离子表面活性剂(LAS)	一切排污系统	5.0	10	20
18	总铜	一切排污单位	0.5	1.0	2.0
19	总锌	一切排污单位	2.0	5.0	5.0
20	总锰	合成脂肪酸工业	2.0	5.0	5.0
		其他排污单位	2.0	2.0	5.0
21	彩色显影剂	电影洗片	1.0	2.0	3.0
22	显影剂及氧化物总量	电影洗片	3.0	3.0	6.0

续表

序号	污染物	适用范围	一级标准	二级标准	三级标准
23	元素磷	一切排污单位	0.1	0.1	0.3
24	有机磷农药(以 P 计)	一切排污单位	不得检出	0.5	0.5
25	乐果	一切排污单位	不得检出	1.0	2.0
26	对硫磷	一切排污单位	不得检出	1.0	2.0
27	甲基对硫磷	一切排污单位	不得检出	1.0	2.0
28	马拉硫磷	一切排污单位	不得检出	5.0	10
29	五氯酚及五氯酚钠 (以五氯酚计)	一切排污单位	5.0	8.0	10
30	可吸附有机卤化物 (AOX,以 Cl 计)	一切排污单位	1.0	5.0	8.0
31	三氯甲烷	一切排污单位	0.3	0.6	1.0
32	四氯化碳	一切排污单位	0.03	0.06	0.5
33	三氯乙烯	一切排污单位	0.3	0.6	1.0
34	四氯乙烯	一切排污单位	0.1	0.2	0.5
35	苯	一切排污单位	0.1	0.2	0.5
36	甲苯	一切排污单位	0.1	0.2	0.5
37	乙苯	一切排污单位	0.4	0.6	1.0
38	邻二甲苯	一切排污单位	0.4	0.6	1.0
39	对二甲苯	一切排污单位	0.4	0.6	1.0
40	间二甲苯	一切排污单位	0.4	0.6	1.0
41	氯苯	一切排污单位	0.2	0.4	1.0
42	邻二氯苯	一切排污单位	0.4	0.6	1.0
43	对二氯苯	一切排污单位	0.4	0.6	1.0
44	对硝基氯苯	一切排污单位	0.5	1.0	5.0
45	2,4-二硝基氯苯	一切排污单位	0.5	1.0	5.0
46	苯酚	一切排污单位	0.3	0.4	1.0
47	间甲酚	一切排污单位	0.1	0.2	0.5
48	2,4-二氯酚	一切排污单位	0.6	0.8	1.0
49	2,4,6-三氯酚	一切排污单位	0.6	0.8	1.0
50	邻苯二甲酸二丁酯	一切排污单位	0.2	0.4	2.0
51	邻苯二甲酸二辛酯	一切排污单位	0.3	0.6	2.0
52	丙烯腈	一切排污单位	2.0	5.0	5.0
53	总硒	一切排污单位	0.1	0.2	0.5
54	粪大肠菌群数	医院①、兽医院及医疗机构含病原体污水	500 个/L	1000 个/L	5000 个/L
		传染病、结核病医院污水	500 个/L	500 个/L	1000 个/L
55	总余氯 (采用氯化消毒的医院污水)	医院①、兽医院及医疗机构含病原体污水	<0.5②	>3(接触时间≥1h)	>2(接触时间≥1h)
		传染病、结核病医院污水	<0.5②	>6.5(接触时间≥1.5h)	>5(接触时间≥1.5h)
56	总有机碳(TOC)	合成脂肪酸工业	20	40	—
		苎麻脱胶工业	20	60	—
		其他排污单位	20	30	—

① 指 50 个床位以上的医院。

② 加氯消毒后须进行脱氯处理,达到本标准。

注:其他排污单位指除在该控制项目中所列行业以外的一切排污单位。

表 5　部分行业最高允许排水量

（1998 年 1 月 1 日后建设的单位）

序号	行　业　类　别			最高允许排水量或最低允许水重复利用率	
1	矿山工业	有色金属系统选矿		水重复利用率 75%	
		其他矿山工业采矿、选矿、选煤等		水重复利用率 90%（选煤）	
		脉金选矿	重选	16.0m³/t（矿石）	
			浮选	9.0m³/t（矿石）	
			氰化	8.0m³/t（矿石）	
			碳浆	8.0m³/t（矿石）	
2	焦化企业（煤气厂）			1.2m³/t（焦炭）	
3	有色金属冶炼及金属加工			水重复利用率 80%	
4	石油炼制工业（不包括直排水炼油厂） 加工深度分类： A. 燃料型炼油厂 B. 燃料＋润滑油型炼油厂 C. 燃料＋润滑油型＋炼油化工型炼油厂 （包括加工高含硫原油页岩油和石油添加剂生产基地的炼油厂）		A	>500 万吨,1.0m³/t（原油）	
				250 万～500 万吨,1.2m³/t（原油）	
				<250 万吨,1.5m³/t（原油）	
			B	>500 万吨,1.5m³/t（原油）	
				250 万～500 万吨,2.0m³/t（原油）	
				<250 万吨,2.0m³/t（原油）	
			C	>500 万吨,2.0m³/t（原油）	
				250 万～500 万吨,2.5m³/t（原油）	
				<250 万吨,2.5m³/t（原油）	
5	合成洗涤剂工业	氯化法生产烷基苯		200.0m³/t（烷基苯）	
		裂解法生产烷基苯		70.0m³/t（烷基苯）	
		烷基苯生产合成洗涤剂		10.0m³/t（产品）	
6	合成脂肪酸工业			200.0m³/t（产品）	
7	湿法生产纤维板工业			30.0m³/t（板）	
8	制糖工业	甘蔗制糖		10.0m³/t（甘蔗）	
		甜菜制糖		4.0m³/t（甜菜）	
9	皮革工业	猪羊湿皮		60.0m³/t（原皮）	
		牛干皮		100.0m³/t（原皮）	
		羊干皮		150.0m³/t（原皮）	
10	发酵、酿造工业	酒精工业	以玉米为原料	100.0m³/t（酒精）	
			以薯类为原料	80.0m³/t（酒精）	
			以糖蜜为原料	70.0m³/t（酒精）	
		味精工业		600.0m³/t（酒精）	
		啤酒工业（排水量不包括麦芽水部分）		16.0m³/t（啤酒）	
11	铬盐工业			5.0m³/t（产品）	
12	硫酸工业（水洗法）			15.0m³/t（硫酸）	
13	苎麻脱胶工业			500m³/t（原麻）	
				750m³/t（精干麻）	
14	黏胶纤维工业（单纯纤维）	短纤维（棉型中长纤维、毛型中长纤维）		300.0m³/t（纤维）	
		长纤维		800.0m³/t（纤维）	

序号	行　业　类　别		最高允许排水量或最低允许水重复利用率
15	化纤浆粕		本色：150m³/t(浆) 漂白：240m³/t(浆)
16	制药工业医药原料药	青霉素	4700m³/t(青霉素)
		链霉素	1450m³/t(链霉素)
		土霉素	1300m³/t(土霉素)
		四环素	1900m³/t(四环素)
		洁霉素	9200m³/t(洁霉素)
		金霉素	3000m³/t(金霉素)
		庆大霉素	20400m³/t(庆大霉素)
		维生素 C	1200m³/t(维生素 C)
		氯霉素	2700m³/t(氯霉素)
		新诺明	2000m³/t(新诺明)
		维生素 B_1	3400m³/t(维生素 B_1)
		安乃近	180m³/t(安乃近)
		非那西汀	750m³/t(非那西汀)
		呋喃唑酮	2400m³/t(呋喃唑酮)
		咖啡因	1200m³/t(咖啡因)
17	有机磷农药工业	乐果	700m³/t(产品)
		甲基对硫磷(水相法)	300m³/t(产品)
		对硫磷(P_2S_5 法)	500m³/t(产品)
		对硫磷($PSCl_3$ 法)	550m³/t(产品)
		敌敌畏(敌百虫碱解法)	200m³/t(产品)
		敌百虫	40m³/t(产品)(不包括三氯乙醛生产废水)
		马拉硫磷	700m³/t(产品)
18	除草剂工业	除草醚	5m³/t(产品)
		五氯酚钠	2m³/t(产品)
		五氯酚	4m³/t(产品)
		2 甲 4 氯	14m³/t(产品)
		2,4-D	4m³/t(产品)
		丁草胺	4.5m³/t(产品)
		绿麦隆(以 Fe 粉还原)	2m³/t(产品)
		绿麦隆(以 Na_2S 粉还原)	3m³/t(产品)
19	火力发电工业		3.5m³/(MW·h)
20	铁路货车洗刷		5.0m³/辆
21	电影洗片		5m³/1000m(35mm 胶片)
22	石油沥青工业		冷却池的水循环利用率 95%

表 6　测定方法

序号	项　目	测　定　方　法	方法来源
1	总汞	冷原子吸收光度法	GB 7486—87
2	烷基汞	气相色谱法	GB/T 14204—93
3	总镉	原子吸收分光光度法	GB 7475—87
4	总铬	高锰酸钾氧化-二苯碳酰二肼分光光度法	GB 7466—87
5	六价铬	二苯碳酰二肼分光光度法	GB 7467—87
6	总砷	二乙基二硫代氨基甲酰银分光光度法	GB 7485—87
7	总铅	原子吸收分光光度法	GB 7475—87
8	总镍	火焰原子吸收分光光度法	GB 11912—89
		丁二酮肟分光光度法	GB 19910—89
9	苯并[a]芘	乙酰化滤纸层析荧光分光光度法	GB 11895—89
10	总铍	活性炭吸附-铬天青 S 光度法	
11	总银	火焰原子吸收分光光度法	GB 11907—89
12	总 α	物理法	
13	总 β	物理法	
14	pH 值	玻璃电极法	GB 6920—86
15	色度	稀释倍数法	GB 11903—89
16	悬浮物	重量法	GB 11901—89
17	生化需氧量	稀释与接种法	GB 7488—87
		重铬酸钾紫外光度法	待颁布
18	化学需氧量（COD）	重铬酸钾法	GB 11914—89
19	石油类	红外光度法	GB/T 16488—1996
20	动植物油	红外光度法	GB/T 16488—1996
21	挥发酚	蒸馏后用 4-氨基安替比林分光光度法	GB 7490—87
22	总氰化物	硝酸银滴定法	GB 7486—87
23	硫化物	亚甲基蓝分光光度法	GB/T 16489—1996
24	氨氮	钠氏试剂比色法	GB 7478—87
		蒸馏和滴定法	GB 7479—87
25	氟化物	离子选择电极法	GB 7484—87
26	磷酸盐	钼蓝比色法	
27	甲醛	乙酰丙酮分光光度法	GB 13197—91
28	苯胺类	N-(1-萘基)乙二胺偶氮分光光度法	GB 11889—89
29	硝基苯类	还原-偶氮比色法或分光光度法	
30	阴离子表面活性剂	亚甲蓝分光光度法	GB 7494—87
31	总铜	原子吸收分光光度法	GB 7475—87
		二乙基二硫化氨基甲酸钠分光光度法	GB 7474—87
32	总锌	原子吸收分光光度法	GB 7475—87
		双硫腙分光光度法	GB 7472—87

序号	项　目	测　定　方　法	方法来源
33	锌锰	火焰原子吸收分光光度法	GB 11911—89
		高碘酸钾分光光度法	GB 11906—89
34	彩色显影剂	169 成色剂法	
35	显影剂及氧化物总量	磺-淀粉比色法	
36	元素磷	磷钼蓝比色法	
37	有机磷农药(以 P 计)	有机磷农药的测定	GB 13192—91
38	乐果	气相色谱法	GB 13192—91
39	对硫磷	气相色谱法	GB 13192—91
40	甲基对硫磷	气相色谱法	GB 13192—91
41	马拉硫磷	气相色谱法	GB 13192—91
42	五氯酚及五氯酚钠	气相色谱法 藏红 T 分光光度法	GB 8972—88
43	可吸附有机卤化物(AOX,以 Cl 计)	微库仑法	GB 9803—88 GB 15959—95
44	三氯甲烷	气相色谱法	待颁布
45	四氯化碳	气相色谱法	待颁布
46	三氯乙烯	气相色谱法	待颁布
47	四氯乙烯	气相色谱法	待颁布
48	苯	气相色谱法	GB 11890—89
49	甲苯	气相色谱法	GB 11890—89
50	乙苯	气相色谱法	GB 11890—89
51	邻二甲苯	气相色谱法	GB 11890—89
52	对二甲苯	气相色谱法	GB 11890—89
53	间二甲苯	气相色谱法	GB 11890—89
54	氯苯	气相色谱法	待颁布
55	邻二氯苯	气相色谱法	待颁布
56	对二氯苯	气相色谱法	待颁布
57	对硝基氯苯	气相色谱法	GB 13194—91
58	2,4-二硝基氯苯	气相色谱法	GB 13194—91
59	苯酚	气相色谱法	待颁布
60	间甲酚	气相色谱法	待颁布
61	2,4-二氯酚	气相色谱法	待颁布
62	2,4,6-三氯酚	气相色谱法	待颁布
63	邻苯二甲酸二丁酯	气相、液相色谱法	待颁布
64	邻苯二甲酸二辛酯	气相、液相色谱法	待颁布
65	丙烯腈	气相色谱法	待颁布
66	总硒	2,3-二氨基萘荧光法	GB 11902—89
67	粪大肠菌群	多管发酵法	
68	余氯量	N,N-二乙基-1,4-苯二胺分光光度法	GB 11898—89
		N,N-二乙基-1,4-苯二胺滴定法	GB 11897—89
69	总有机碳(TOC)	非色散红外吸收法	待测定
		直接紫外荧光法	待测定

5 监测

5.1 采样点

采样点应按 4.2.1.1 及 4.2.1.2 第一、二类污染物排放口的规定设置，在排放口必须设置排放口标志、污水水量计量装置和污水比例计量装置。

5.2 采样频率

工业污水按生产周期确定监测频率。生产周期在 8h 以内的，每 2h 采样一次；生产周期大于 8h 的，每 4h 采样一次。其他污水采样，24h 不少于 2 次。最高允许排放浓度按日均值计算。

5.3 排水量

以最高允许排水量或最低允许水重复利用率来控制，均以月均值计。

5.4 统计

企业的原材料使用量、产品产量等，以法定月报或年报表为准。

5.5 测定方法

本标准采用的测定方法见表 6。

6 标准实施监督

6.1 本标准由县级以上人民政府环境保护行政主管部门负责监督实施。

6.2 省、自治区、直辖市人民政府对执行国家水污染物排放标准不能保证达到水环境功能要求时，可以制定严于国家水污染排放标准的地方水污染物排放标准，并报国家环境保护行政主管部门备案。

附录6　大气污染物综合排放标准

（摘自 GB 16297—1996）

1　主题内容与适用范围

1.1　主题内容

　　本标准规定了33种大气污染物的排放限值，同时规定了标准执行中的各种要求。

1.2　适用范围

1.2.1　在中国现有的国家大气污染物排放标准体系中，按照综合性排放标准与行业性排放标准不交叉执行的原则，锅炉执行 GB 13271—91《锅炉大气污染物排放标准❶》、工业炉窑执行 GB 9078—1996《工业炉窑大气污染物排放标准》、火电厂执行 GB 13223—1996《火电厂大气污染物排放标准❷》、炼焦炉执行 GB 16171—1996《炼焦炉大气污染物排放标准》、水泥厂执行 GB 4915—1996《水泥厂大气污染物排放标准》、恶臭物质排放执行 GB 14554—93《恶臭污染物排放标准》、汽车排放执行 GB 14761.1—14761.7—93《汽车大气污染物排放标准》、摩托车排气执行 GB 14621—93《摩托车排气污染物排放标准》，其他大气污染物排放均执行本标准。

1.2.2　本标准实施后再行发布的行业性国家大气污染物排放标准，按其适用范围规定的污染源不再执行本标准。

1.2.3　本标准适用于现有污染源大气污染物排放管理，以及建设项目的环境影响评价、设计、环境保护设施竣工验收及其投产后的大气污染物排放管理。

2　引用标准

　　下列标准所包含的条文，通过在本标准中引用而构成为本标准的条文。

　　GB 3095—1996　《环境空气质量标准》

　　GB/T 16157—1996　《固定污染源排气中颗粒物测定与气态污染物采样方法》

3　定义

　　本标准采用下列定义。

3.1　标准状态

　　指温度为273K，压力为101325Pa时的状态。本标准规定的各项标准值，均以标准状态下的干空气为基准。

3.2　最高允许排放浓度

　　指处理设施后排气筒中污染物任何1h浓度平均值不得超过的限值，或指无处理设施排气筒中污染物任何浓度平均值不得超过的限值。

3.3　最高允许排放速率（Maximum allowable emission rate）

　　指一定高度的排气筒任何1h排放污染物的质量不得超过的限值。

---

❶　锅炉现执行 GB 13271—2001。

❷　火电厂现执行 GB 13233—2003。

3.4　无组织排放

　　指大气污染物不经过排气筒的无规则排放。低矮排气筒的排放属有组织排放，但在一定条件下也可造成与无组织排放相同的后果。因此，在执行《无组织排放监控浓度限值》指标时，由低矮排气筒造成的监控点污染物浓度增加不予扣除。

3.5　无组织排放监控浓度限值

　　指监控点的污染物浓度在任何 1h 的平均值不得超过的限值。

3.6　污染源

　　指排放大气污染物的设施或指排放大气污染物的建筑构造（如车间等）。

3.7　单位周界

　　指单位与外界环境接界的边界。通常应依据法定手续确定边界，若无法定手续，则按目前的实际边界确定。

3.8　无组织排放源

　　指设置于露天环境中具有无组织排放的设施，或指具有无组织排放的建筑构造（如车间、工棚等）。

3.9　排气筒高度

　　指自排气筒（或其主体建筑构造）所在的地平面至排气筒出口处的高度。

4　指标体系

　　本标准设置下列三项指标。

4.1　通过排气筒排放的污染物最高允许排放浓度

4.2　通过排气筒排放的污染物，按排气筒高度规定的最高允许排放速率

　　任何一个排气筒必须同时遵守上述两项指标，超过其中任何一项均为超标排放。

4.3　以无组织方式排放的污染物，规定无组织排放的监控点及相应的监控浓度限值

　　该指标按照本标准 9.2 的规定执行。

5　排放速率标准分级

　　本标准规定的最高允许排放速率，现有污染源分为一、二、三级，新污染源分为二、三级。按污染源所在的环境空气质量功能区类别，执行相应级别的排放速率标准，即位于一类区的污染源执行一级标准（一类区禁止新、扩建污染源，一类区现有污染源改建时执行现有污染源的一级标准）；位于二类区的污染源执行二级标准；位于三类区的污染源执行三级标准。

6　标准值

6.1　1997 年 1 月 1 日前设立的污染源（以下简称为现有污染源）执行表 1 所列标准值

6.2　1997 年 1 月 1 日起设立（包括新建、扩建、改建）的污染源（以下简称为新污染源）执行表 2 所列标准值

6.3　按下列规定判断污染源的设立日期

6.3.1　一般情况下应以建设项目环境影响报告书（表）批准日期作为其设立日期。

6.3.2　未经环境保护行政主管部门审批设立的污染源，应按补做的环境影响报告书（表）批准日期作为其设立日期。

7　其他规定

7.1　排气筒高度除须遵守表列排放速率标准值外，还应高出周围 200m 半径范围的建筑 5m 以上，不能达到该要求的排气筒，应按其高度对应的表列排放速率标准值严格 50％执行。

表 1　现有污染源大气污染物排放限值

序号	污染物	最高允许排放浓度/(mg/m³)	排气筒高度/m	最高允许排放速率/(kg/h)			无组织排放监控浓度限值	
				一级	二级	三级	监控点	浓度/(mg/m³)
1	二氧化硫	1200 (硫、二氧化硫、硫酸和其他含硫化合物生产) 700 (硫、二氧化硫、硫酸和其他含硫化合物生产)	15 20 30 40 50 60 70 80 90 100	1.6 2.6 8.8 15 23 33 47 63 82 100	3.0 5.1 17 30 45 64 91 120 160 200	4.1 7.7 26 45 69 98 140 190 240 310	无组织排放源上风向设参照点,下风向设监控点①	0.50 (监控点与参照点浓度差值)
2	氮氧化物	1700 (硝酸、氮肥和火炸药生产) 420 (硝酸使用和其他)	15 20 30 40 50 60 70 80 90 100	0.47 0.77 2.6 4.6 7.0 9.9 14 19 24 31	0.91 1.5 5.1 8.9 14 19 27 37 47 61	1.4 2.3 7.7 14 21 29 41 56 72 92	无组织排放源上风向设参照点,下风向设监控点	0.15 (监控点与参照点浓度差值)
3	颗粒物	22 (炭黑尘、染料尘)	15 20 30 40	禁 排	0.60 1.0 4.0 6.8	0.87 1.5 5.9 10	周界外浓度最高点②	肉眼不可见
		80③ (玻璃棉尘、石英粉尘、矿渣棉尘)	15 20 30 40	禁 排	2.2 3.7 14 25	3.1 5.3 21 37	无组织排放源上风向设参照点,下风向设监控点	2.0 (监控点与参照点浓度差值)
		150 (其他)	15 20 30 40 50 60	2.1 3.5 14 24 36 51	4.1 6.9 27 46 70 100	5.9 10 40 69 110 150	无组织排放源上风向设参照点,下风向设监控点	5.0 (监控点与参照点浓度差值)
4	氯化氢	150	15 20 30 40 50 60 70 80	禁 排	0.30 0.51 1.7 3.0 4.5 6.4 9.1 12	0.46 0.77 2.6 4.5 6.9 9.8 14 19	周界外浓度最高点	0.25
5	铬酸雾	0.080	15 20 30 40 50 60	禁 排	0.009 0.015 0.051 0.089 0.14 0.19	0.014 0.023 0.078 0.13 0.21 0.29	周界外浓度最高点	0.0075

序号	污染物	最高允许排放浓度/(mg/m³)	排气筒高度/m	最高允许排放速率/(kg/h)			无组织排放监控浓度限值	
				一级	二级	三级	监控点	浓度/(mg/m³)
6	硫酸雾	1000（火炸药厂） 70（其他）	15 20 30 40 50 60 70 80	禁排	1.8 3.1 10 18 27 39 55 74	2.8 4.6 16 27 41 59 83 110	周界外浓度最高点	1.5
7	氟化物	100（普钙工业） 11（其他）	15 20 30 40 50 60 70 80	禁排	0.12 0.20 0.69 1.2 1.8 2.6 3.6 4.9	0.18 0.31 1.0 1.8 2.7 3.9 5.5 7.5	无组织排放源上风向设参照点，下风向设监控点	0.02（监控点与参照点浓度差值）
8	氯气[④]	85	25 30 40 50 60 70 80	禁排	0.60 1.0 3.4 5.9 9.1 13 18	0.90 1.5 5.2 9.0 14 20 28	周界外浓度最高点	0.50
9	铅及其化合物	0.90	15 20 30 40 50 60 70 80 90 100	禁排	0.005 0.007 0.031 0.055 0.085 0.12 0.17 0.23 0.31 0.39	0.007 0.011 0.048 0.083 0.13 0.18 0.26 0.35 0.47 0.60	周界外浓度最高点	0.0075
10	汞及其化合物	0.015	15 20 30 40 50 60	禁排	1.8×10^{-3} 3.1×10^{-3} 10×10^{-3} 18×10^{-3} 28×10^{-3} 39×10^{-3}	2.8×10^{-3} 4.6×10^{-3} 16×10^{-3} 27×10^{-3} 41×10^{-3} 59×10^{-3}	周界外浓度最高点	0.0015
11	镉及其化合物	1.0	15 20 30 40 50 60 70 80	禁排	0.060 0.10 0.34 0.59 0.91 1.3 1.8 2.5	0.090 0.15 0.52 0.90 1.4 2.0 2.8 3.7	周界外浓度最高点	0.050

续表

序号	污染物	最高允许排放浓度/(mg/m³)	排气筒高度/m	最高允许排放速率/(kg/h)			无组织排放监控浓度限值	
				一级	二级	三级	监控点	浓度/(mg/m³)
12	铍及其化合物	0.015	15	禁排	1.3×10^{-3}	2.0×10^{-3}	周界外浓度最高点	0.0010
			20		2.2×10^{-3}	3.3×10^{-3}		
			30		7.3×10^{-3}	11×10^{-3}		
			40		13×10^{-3}	19×10^{-3}		
			50		19×10^{-3}	29×10^{-3}		
			60		27×10^{-3}	41×10^{-3}		
			70		39×10^{-3}	58×10^{-3}		
			80		52×10^{-3}	79×10^{-3}		
13	镍及其化合物	5.0	15	禁排	0.18	0.28	周界外浓度最高点	0.050
			20		0.31	0.46		
			30		1.0	1.6		
			40		1.8	2.7		
			50		2.7	4.1		
			60		3.9	5.9		
			70		5.5	8.2		
			80		7.4	11		
14	锡及其化合物	10	15	禁排	0.36	0.55	周界外浓度最高点	0.30
			20		0.61	0.93		
			30		2.1	3.1		
			40		3.5	5.4		
			50		5.4	8.2		
			60		7.7	12		
			70		11	17		
			80		15	22		
15	苯	17	15	禁排	0.60	0.90	周界外浓度最高点	0.50
			20		1.0	1.5		
			30		3.3	5.2		
			40		6.0	9.0		
16	甲苯	60	15	禁排	3.6	5.5	周界外浓度最高点	3.0
			20		6.1	9.3		
			30		21	31		
			40		36	34		
17	二甲苯	90	15	禁排	1.2	1.8	周界外浓度最高点	1.5
			20		2.0	3.1		
			30		6.9	10		
			40		12	18		
18	酚类	115	15	禁排	0.12	0.18	周界外浓度最高点	0.10
			20		0.20	0.31		
			30		0.68	1.0		
			40		1.2	1.8		
			50		1.8	2.7		
			60		2.6	3.9		
19	甲醛	30	15	禁排	0.30	0.46	周界外浓度最高点	0.25
			20		0.51	0.77		
			30		1.7	2.6		
			40		3.0	4.5		
			50		4.5	6.9		
			60		6.4	9.8		

续表

序号	污染物	最高允许排放浓度/(mg/m³)	排气筒高度/m	最高允许排放速率/(kg/h)			无组织排放监控浓度限值	
				一级	二级	三级	监控点	浓度/(mg/m³)
20	乙醛	150	15	禁排	0.060	0.090	周界外浓度最高点	0.050
			20		0.10	0.15		
			30		0.34	0.52		
			40		0.59	0.90		
			50		0.91	1.4		
			60		1.3	2.0		
21	丙烯腈	26	15	禁排	0.91	1.4	周界外浓度最高点	0.75
			20		1.5	2.3		
			30		5.1	7.8		
			40		8.9	13		
			50		14	21		
			60		19	29		
22	丙烯醛	20	15	禁排	0.61	0.92	周界外浓度最高点	0.50
			20		1.0	1.5		
			30		3.4	5.2		
			40		5.9	9.0		
			50		9.1	14		
			60		13	20		
23	氰化氢[5]	2.3	25	禁排	0.18	0.28	周界外浓度最高点	0.030
			30		0.31	0.46		
			40		1.0	1.6		
			50		1.8	2.7		
			60		2.7	4.1		
			70		3.9	5.9		
			80		5.5	8.3		
24	甲醇	220	15	禁排	6.1	9.2	周界外浓度最高点	15
			20		10	15		
			30		34	52		
			40		59	90		
			50		91	140		
			60		130	200		
25	苯胺类	25	15	禁排	0.61	0.92	周界外浓度最高点	0.50
			20		1.0	1.5		
			30		3.4	5.2		
			40		5.9	9.0		
			50		9.1	14		
			60		13	20		
26	氯苯类	85	15	禁排	0.67	0.92	周界外浓度最高点	0.50
			20		1.0	1.5		
			30		2.9	4.4		
			40		5.0	7.6		
			50		7.7	12		
			60		11	17		
			70		15	23		
			80		21	32		
			90		27	41		
			100		34	52		

续表

序号	污染物	最高允许排放浓度/(mg/m³)	排气筒高度/m	最高允许排放速率/(kg/h) 一级	二级	三级	无组织排放监控浓度限值 监控点	浓度/(mg/m³)
27	硝基苯类	20	15 20 30 40 50 60	禁排	0.060 0.10 0.34 0.59 0.91 1.3	0.090 0.15 0.52 0.90 1.4 2.0	周界外浓度最高点	0.050
28	氯乙烯	65	15 20 30 40 50 60	禁排	0.91 1.5 5.0 8.9 14 19	1.4 2.3 7.8 13 21 29	周界外浓度最高点	0.75
29	苯并[a]芘	0.50×10^{-3} （沥青、碳素制品生产和加工）	15 20 30 40 50 60	禁排	0.06×10^{-3} 0.10×10^{-3} 0.34×10^{-3} 0.59×10^{-3} 0.90×10^{-3} 1.3×10^{-3}	0.09×10^{-3} 0.15×10^{-3} 0.51×10^{-3} 0.89×10^{-3} 1.4×10^{-3} 2.0×10^{-3}	周界外浓度最高点	0.01×10^{-3}
30	光气[5]	5.0	25 30 40 50	禁排	0.12 0.20 0.69 1.2	0.18 0.31 1.0 1.8	周界外浓度最高点	0.10
31	沥青烟	280 （吹制沥青） 80 （熔炼、浸涂） 150 （建筑搅拌）	15 20 30 40 50 60 70 80	0.11 0.19 0.82 1.4 2.2 3.0 4.5 6.2	0.22 0.36 1.6 2.8 4.3 5.9 8.7 12	0.34 0.55 2.4 4.2 6.6 9.0 13 18	生产设备不得有明显无组织排放存在	
32	石棉尘	2根(纤维)/cm³ 或20mg/m³	15 20 30 40 50	禁排	0.65 1.1 4.2 7.2 11	0.98 1.7 6.4 11 17	生产设备不得有明显无组织排放存在	
33	非甲烷总烃	150 （使用溶剂汽油或其他混合烃类物质）	15 20 30 40	6.3 10 35 61	12 20 63 120	18 30 100 170	周界外浓度最高点	5.0

表 2　新污染源大气污染物排放限值

序号	污染物	最高允许排放浓度/(mg/m³)	排气筒高度/m	最高允许排放速率/(kg/h)		无组织排放监控浓度限值	
				二级	三级	监控点	浓度/(mg/m³)
1	二氧化硫	960 (硫、二氧化硫、硫酸和其他含硫化合物生产) 550 (硫、二氧化硫、硫酸和其他含硫化合物使用)	15 20 30 40 50 60 70 80 90 100	2.6 4.3 15 25 39 55 77 110 130 170	3.5 6.6 22 38 58 83 120 160 200 270	周界外浓度最高点①	0.40
2	氮氧化物	1400 (硝酸、氮肥和火炸药生产) 240 (硝酸使用和其他)	15 20 30 40 50 60 70 80 90 100	0.77 1.3 4.4 7.5 12 16 23 31 40 52	1.2 2.0 6.6 11 18 25 35 47 61 78	周界外浓度最高点	0.12
3	颗粒物	18 (炭黑尘、染料尘)	15 20 30 40	0.51 0.85 3.4 5.8	0.74 1.3 5.0 8.5	周界外浓度最高点	肉眼不可见
		60② (玻璃棉尘、石英粉尘、矿渣棉尘)	15 20 30 40	1.9 3.1 12 21	2.6 4.5 18 31	周界外浓度最高点	1.0
		120 (其他)	15 20 30 40 50 60	3.5 5.9 23 39 60 85	5.0 8.5 34 59 94 130	周界外浓度最高点	1.0
4	氯化氢	100	15 20 30 40 50 60 70 80	0.26 0.43 1.4 2.6 3.8 5.4 7.7 10	0.39 0.65 2.2 3.8 5.9 8.3 12 16	周界外浓度最高点	0.20
5	铬酸雾	0.070	15 20 30 40 50 60	0.008 0.013 0.043 0.076 0.12 0.16	0.012 0.020 0.066 0.12 0.18 0.25	周界外浓度最高点	0.0060

续表

序号	污染物	最高允许排放浓度/(mg/m³)	排气筒高度/m	最高允许排放速率/(kg/h)		无组织排放监控浓度限值	
				二级	三级	监控点	浓度/(mg/m³)
6	硫酸雾	430（火炸药厂） 45（其他）	15 20 30 40 50 60 70 80	1.5 2.6 8.8 15 23 33 46 63	2.4 3.9 13 23 35 50 70 95	周界外浓度最高点	1.2
7	氟化物	90（普钙工业） 9.0（其他）	15 20 30 40 50 60 70 80	0.10 0.17 0.59 1.0 1.5 2.2 3.1 4.2	0.15 0.26 0.88 1.5 2.3 3.3 4.7 6.3	周界外浓度最高点	0.020
8	氯[③]气	65	25 30 40 50 60 70 80	0.52 0.87 2.9 5.0 7.7 11 15	0.78 1.3 4.4 7.6 23 17 12	周界外浓度最高点	0.40
9	铅及其化合物	0.70	15 20 30 40 50 60 70 80 90 100	0.004 0.006 0.027 0.047 0.072 0.10 0.15 0.20 0.26 0.33	0.006 0.009 0.041 0.071 0.11 0.15 0.22 0.30 0.40 0.51	周界外浓度最高点	0.0060
10	汞及其化合物	0.012	15 20 30 40 50 60	1.5×10^{-3} 1.6×10^{-3} 7.8×10^{-3} 15×10^{-3} 23×10^{-3} 33×10^{-3}	2.4×10^{-3} 3.9×10^{-3} 13×10^{-3} 23×10^{-3} 35×10^{-3} 50×10^{-3}	周界外浓度最高点	0.0012
11	镉及其化合物	0.85	15 20 30 40 50 60 70 80	0.050 0.090 0.29 0.50 0.77 1.1 1.5 2.1	0.080 0.13 0.44 0.77 1.2 1.7 2.3 3.2	周界外浓度最高点	0.040

序号	污染物	最高允许排放浓度/(mg/m³)	排气筒高度/m	最高允许排放速率/(kg/h)		无组织排放监控浓度限值	
				二级	三级	监控点	浓度/(mg/m³)
12	铍及其化合物	0.012	15	$1.1×10^{-3}$	$1.7×10^{-3}$	周界外浓度最高点	0.0008
			20	$1.8×10^{-3}$	$2.8×10^{-3}$		
			30	$6.2×10^{-3}$	$9.4×10^{-3}$		
			40	$11×10^{-3}$	$16×10^{-3}$		
			50	$16×10^{-3}$	$25×10^{-3}$		
			60	$23×10^{-3}$	$35×10^{-3}$		
			70	$33×10^{-3}$	$50×10^{-3}$		
			80	$44×10^{-3}$	$67×10^{-3}$		
13	镍及其化合物	4.3	15	0.15	0.24	周界外浓度最高点	0.040
			20	0.26	0.34		
			30	0.88	1.3		
			40	1.5	2.3		
			50	2.3	3.5		
			60	3.3	5.0		
			70	4.6	7.0		
			80	6.3	10		
14	锡及其化合物	8.5	15	0.31	0.47	周界外浓度最高点	0.24
			20	0.52	0.79		
			30	1.8	2.7		
			40	3.0	4.6		
			50	4.6	7.0		
			60	6.6	10		
			70	9.3	14		
			80	13	19		
15	苯	12	15	0.50	0.80	周界外浓度最高点	0.40
			20	0.90	1.3		
			30	2.9	4.4		
			40	5.6	7.6		
16	甲苯	40	15	3.1	4.7	周界外浓度最高点	2.4
			20	5.2	7.9		
			30	18	27		
			40	30	46		
17	二甲苯	70	15	1.0	1.5	周界外浓度最高点	1.2
			20	1.7	2.6		
			30	5.9	8.8		
			40	10	15		
18	酚类	100	15	0.10	0.15	周界外浓度最高点	0.080
			20	0.17	0.26		
			30	0.58	0.88		
			40	1.0	1.5		
			50	1.5	2.3		
			60	2.2	3.3		
19	甲醛	25	15	0.26	0.39	周界外浓度最高点	0.20
			20	0.43	0.65		
			30	1.4	2.2		
			40	2.6	3.8		
			50	3.8	5.9		
			60	5.4	8.3		

续表

序号	污染物	最高允许排放浓度/(mg/m³)	排气筒高度/m	最高允许排放速率/(kg/h)		无组织排放监控浓度限值	
				二级	三级	监控点	浓度/(mg/m³)
20	乙醛	125	15	0.050	0.080	周界外浓度最高点	0.040
			20	0.090	0.13		
			30	0.29	0.44		
			40	0.50	0.77		
			50	0.77	1.2		
			60	1.1	1.6		
21	丙烯腈	22	15	0.77	1.2	周界外浓度最高点	0.60
			20	1.3	2.0		
			30	4.4	6.6		
			40	7.5	11		
			50	12	18		
			60	16	25		
22	丙烯醛	16	15	0.52	0.78	周界外浓度最高点	0.40
			20	0.87	1.3		
			30	2.9	4.4		
			40	5.0	7.6		
			50	7.7	12		
			60	11	17		
23	氰化氢④	1.9	25	0.15	0.24	周界外浓度最高点	0.024
			30	0.26	0.39		
			40	0.88	1.3		
			50	1.5	2.3		
			60	2.3	3.5		
			70	3.3	5.0		
			80	4.6	7.0		
24	甲醇	190	15	5.1	7.8	周界外浓度最高点	12
			20	8.6	13		
			30	29	44		
			40	50	70		
			50	77	120		
			60	100	170		
25	苯胺类	20	15	0.52	0.78	周界外浓度最高点	0.40
			20	0.87	1.3		
			30	2.9	4.4		
			40	5.0	7.6		
			50	7.7	12		
			60	11	17		
26	氯苯类	60	15	0.52	0.78	周界外浓度最高点	0.40
			20	0.87	1.3		
			30	2.5	3.8		
			40	4.3	6.5		
			50	6.6	9.9		
			60	9.3	14		
			70	13	20		
			80	18	27		
			90	23	35		
			100	29	44		

序号	污染物	最高允许排放浓度/(mg/m³)	排气筒高度/m	最高允许排放速率/(kg/h) 二级	三级	无组织排放监控浓度限值 监控点	浓度/(mg/m³)
27	硝基苯类	16	15	0.050	0.080	周界外浓度最高点	0.040
			20	0.090	0.13		
			30	0.29	0.44		
			40	0.50	0.77		
			50	0.77	1.2		
			60	1.1	1.7		
28	氯乙烯	36	15	0.77	1.2	周界外浓度最高点	0.60
			20	1.3	2.0		
			30	4.4	6.6		
			40	7.5	11		
			50	12	18		
			60	16	25		
29	苯并[a]芘	0.30×10^{-3}（沥青及碳素制品生产和加工）	15	0.050×10^{-3}	0.080×10^{-3}	周界外浓度最高点	8.0×10^{-6}
			20	0.085×10^{-3}	0.13×10^{-3}		
			30	0.29×10^{-3}	0.43×10^{-3}		
			40	0.50×10^{-3}	0.76×10^{-3}		
			50	0.77×10^{-3}	1.2×10^{-3}		
			60	1.1×10^{-3}	1.7×10^{-3}		
30	光气[⑤]	3.0	25	0.10	0.15	周界外浓度最高点	0.080
			30	0.17	0.26		
			40	0.59	0.88		
			50	1.0	1.5		
31	沥青烟	140（吹制沥青） 40（熔炼、浸涂） 75（建筑搅拌）	15	0.18	0.27	生产设备不得有明显无组织排放存在	
			20	0.30	0.45		
			30	1.3	2.0		
			40	2.3	3.5		
			50	3.6	5.4		
			60	5.6	7.5		
			70	7.4	11		
			80	10	15		
32	石棉尘	1根(纤维)/cm³ 或 10mg/m³	15	0.55	0.83	生产设备不得有明显无组织排放存在	
			20	0.93	1.4		
			30	3.6	5.4		
			40	6.2	9.3		
			50	9.4	14		
33	非甲烷总烃	120（使用溶剂汽油或其他混合烃类物质）	15	10	16	周界外浓度最高点	4.0
			20	17	27		
			30	53	83		
			40	100	150		

① 周界外浓度最高点一般应设于排放源下风向的单位周界外10m范围内。如预计无组排放的最大落地浓度点超出10m范围,可将监控点移至该预计浓度最高点。

② 均指含游离二氧化硅10%以上的各种尘。

③ 排放氯气的排气筒不得低于25m。

④ 排放氰化氢的排气筒不得低于25m。

⑤ 排放光气的排气筒不得低于25m。

7.2　两个排放相同污染物（不论其是否由同一生产工艺过程产生）的排气筒，若其距离小于其几何高度之和，应合并视为一根等效排气筒。若有三根以上的近距排气筒，且排放同一种污染物时，应以前两根的等效排气筒依次与第三、四根排气筒取等效值。等效排气筒的有关参数计算方法见有关资料。

7.3　若某排气筒的高度处于本标准列出的两个值之间，其执行的最高允许排放速率以内插法计算，内插法的计算式见有关资料，当某排气筒的高度大于或小于本标准列出的最大或最小值时，以外推法计算其最高允许排放速率，外推法计算式见有关资料。

7.4　新污染源的排气筒一般不应低于 15m。若某新污染源的排气筒必须低于 15m 时，其排放速率标准值按外推法计算结果再严格 50% 执行。

7.5　新污染源的无组织排放应从严控制，一般情况下不应有无组织排放存在，无法避免的无组织排放应达到表 2 规定的标准值。

7.6　工业生产尾气确需燃烧排放的，其烟气黑度不得超过林格曼 1 级。

8　监测

8.1　布点

8.1.1　排气筒中颗粒物或气态污染物监测的采样点数目及采样点位置的设置，按 GB/T 16157—1996 执行。

8.1.2　无组织排放监测的采样点（即监控点）数目和采样点位置的设置方法，详见本标准附录 C。

8.2　采样时间和频次

本标准规定的三项指标，均指任何 1h 平均值不得超过的限值，故在采样时应做到以下几点。

8.2.1　排气筒中废气的采样

以连续 1h 的采样获取平均值；或在 1h 内，以等时间间隔采集 4 个样品，并计算平均值。

8.2.2　无组织排放监控点的采样

无组织排放监控点和参照点监测的采样，一般采用连续 1h 采样计算平均值；若浓度偏低，需要时可适当延长采样时间；若分析方法灵敏度高，仅需用短时间采集样品时，应实行等时间间隔采样，采集 4 个样品计算平均值。

8.2.3　特殊情况下的采样时间和频次

若某排气筒的排放为间断性排放，排放时间小于 1h，应在排放时段内实行连续采样，或在排放时段内以等时间间隔采集 2～4 个样品，并计算平均值；若某排气筒的排放为间断性排放，排放时间大于 1h，则应在排放时段内按 8.2.1 的要求采样；当进行污染事故排放监测时，按需要设置采样时间和采样频次，不受上述要求限制；建设项目环境保护设施竣工验收监测的采样时间和频次，按国家环境保护局制定的建设项目环境保护设施竣工验收监测办法执行。

8.3　监测工况要求

8.3.1　在对污染源的日常监督性监测中，采样期间的工况应与当时的运行工况相同，排污单位人员和实施监测的人员都不应任意改变当时的运行工况。

8.3.2　建设项目环境保护设施竣工验收监测的工况要求按国家环境保护总局制定的建设项目环境保护设施竣工验收监测办法执行。

8.4 采样方法和分析方法

8.4.1 污染物的分析方法按国家环境保护总局规定执行。

8.4.2 污染物的采样方法按 GB/T 16157—1996 和国家环境保护总局规定的分析方法有关部分执行。

8.5 排气量的测定

排气量的测定应与排放浓度的采样监测同步进行，排气量的测定方法按 GB/T 16157—1996 执行。

9 标准实施

9.1 位于国务院批准划定的酸雨控制区和二氧化硫污染控制区的污染源，其二氧化硫排放除执行本标准外，还应执行总量控制标准。

9.2 本标准中无组织排放监控浓度限值，由省、自治区、直辖市人民政府环境保护行政主管部门决定是否在本地区实施，并报国务院环境保护行政主管部门备案。

9.3 本标准由县级以上人民政府环境保护行政主管部门负责监督实施。

附录7 锅炉大气污染物排放标准

(摘自 GB 13271—2001)

1 范围

本标准分年限规定了锅炉烟气中烟尘、二氧化硫和氮氧化物的最高允许排放浓度和烟气黑度的排放限值。

本标准适用于除煤粉发电锅炉和单台出力大于 45.5MW （65t/h）发电锅炉以外的各种容量和用途的燃煤、燃油和燃气锅炉排污管理，以及建设项目环境影响评价、设计、竣工验收和建成后的排污管理。

使用甘蔗渣、锯末、稻壳、树皮等燃料的锅炉，参照本标准中燃煤锅炉大气污染物最高允许排放浓度执行。

2 引用标准

下列标准所包含的条文，通过在本标准中引用而构成本标准的条文。

GB 3095—1996《环境空气质量标准》

GB 5468—91《锅炉烟尘测试方法》

GB/T 16157—1996《固定污染源排气中颗粒物测定与气态污染物采样方法》

3 定义

3.1 标准状态

锅炉烟气在温度为 273K、压力为 101325Pa 时的状态，简称"标态"。本标准规定的排放浓度均指标准状态下干烟气中的数值。

3.2 烟尘初始排放浓度

指自锅炉烟气经净化装置前的烟尘排放浓度。

3.3 烟尘排放浓度

指锅炉烟气出口处或进入净化装置后的烟尘排放浓度。未安装净化装置的锅炉，烟尘初始排放浓度即是锅炉烟尘排放浓度。

3.4 自然通风锅炉

自然通风是利用烟囱、外温度不同所产生的压力差，将空气吸入膛参与燃烧，把燃烧产物排向大气的一种通风方式。采用自然通风方式，不用鼓、引风机机械通风的锅炉，称为自然通风锅炉。

3.5 收到基灰分

以收到状态的煤为基准测定的灰分含量，又称"应用基灰分"，用"Aar"表示。

3.6 过量空气系数

燃料燃烧时实际空气消耗量与理论空气消耗量或理论空气需要量之比值，用 α 表示。

4 技术内容

4.1 适用区域划分类别

本标准中一类区和二、三类区是指 GB 3095—1996《环境空气质量标准》中所规定的环境空气质量功能区的分类区域。

　　本标准中的"两控区"是指《国务院关于酸雨控制区和二氧化硫污染控制区的范围有关问题的批复》中所划定的酸雨控制区和二氧化硫污染控制区的范围。

4.2　年限划分

　　本标准按锅炉建成使用年限分为两个阶段，执行不同的大气污染物排放标准。

　　Ⅰ时段：2000年12月31日前建成使用的锅炉；

　　Ⅱ时段：2001年1月1日起建成使用的锅炉（含在Ⅰ时段立项未建成或建成未运行使用的锅炉和建成使用锅炉中需要扩建、改造的锅炉）。

4.3　锅炉烟尘最高允许排放浓度和烟气黑度限值按表1的时段规定执行。

表1　锅炉烟尘最高允许排放浓度和烟气黑度限值

锅炉类型		适用区域	烟尘排放浓度/(mg/m³)		烟气黑度（林格曼黑度，级）
			Ⅰ时段	Ⅱ时段	
燃煤锅炉	自然通风锅炉[≥0.7MW(1t/h)]	一类区	100	80	1
		二、三类区	150	120	
	其他锅炉	一类区	100	80	1
		二、三类区	250	200	
		三类区	350	250	
燃油锅炉	轻柴油、煤油	一类区	80	80	1
		二、三类区	100	100	
	其他燃料油	一类区	100	80	1
		二、三类区	200	150	
燃气锅炉		全部区域	50	50	1

　　注：一类区禁止新建以重油、渣油为燃料的锅炉。

4.4　锅炉二氧化硫和氮氧化物最高允许排放浓度按表2的时段规定执行。

表2　锅炉二氧化硫和氮氧化物最高允许排放浓度

锅炉类型		适用区域	SO_2 排放浓度/(mg/m³)		NO_x 排放浓度/(mg/m³)	
			Ⅰ时段	Ⅱ时段	Ⅰ时段	Ⅱ时段
燃煤锅炉		全部区域	1200	900	—	—
燃油锅炉	轻柴油、煤油	全部区域	700	500	—	400
	其他燃料油	全部区域	1200	900	—	400
燃气锅炉		全部区域	100	100	—	400

　　注：一类区禁止新建以重油、渣油为燃料的锅炉。

4.5　燃煤锅炉烟尘初始排放浓度和烟气黑度限值，根据锅炉销售出厂时间，按表3的时段规定执行。

4.6　其他规定

4.6.1　燃煤、燃油（燃轻柴油、煤油除外）锅炉房烟囱高度规定。

4.6.1.1　每个新建锅炉房中只能设一根烟囱，烟囱高度应根据炉房装机总容量，按表4规定执行。

表 3　燃煤锅炉烟尘初始排放浓度和烟气黑度限值

锅炉类型		燃煤基灰分	烟尘初始排放浓度/（mg/m³）		烟气黑度（林格曼黑度，级）
			Ⅰ时段	Ⅱ时段	
层燃锅	自然通风锅炉[<0.7MW(1t/h)]	—	150	120	1
	其他锅炉[≤2.8MW(4t/h)]	Aar≤25％	1800	1600	1
		Aar>25％	2000	1800	1
	其他锅炉[>2.8MW(4t/h)]	Aar≤25％	2000	1800	1
		Aar>25％	2200	2000	1
沸腾锅炉	循环流化床锅炉	—	15000	15000	1
	其他沸腾锅炉	—	20000	18000	1
抛煤机锅炉		—	5000	5000	1

表 4　燃煤、燃油（燃轻柴油、煤油除外）锅炉房烟囱最低允许高度

锅炉房装机总容量	MW	<0.7	0.7～<1.4	1.4～<2.8	2.8～<7	7～<14	14～<28
	t/h	<1	1～<2	2～<4	4～<10	10～<20	20～<40
烟囱最低允许高度	m	20	25	30	35	40	45

4.6.1.2　锅炉房装机总容量大于 28MW（40t/h）时，其烟囱高度应按批准的环境影响报告书（表）要求确定，但不得低于 45m。新建锅炉房烟囱周围半径 200m 距离内有建筑物时，其烟囱应高出最高建筑物 3m 以上。

4.6.2　燃气，燃轻柴油、煤油锅炉烟囱高度的规定

　　燃气，燃轻柴油、煤油锅炉烟囱高度应按批准的环境影响报告书（表）要求确定，但不得低于 8m。

4.6.3　各种锅炉烟囱高度如果达不到 4.6.1、4.6.2 的任意一项规定时，其烟尘、SO_2、NO_x 最高允许排放浓度，应按相应区域和时段排放标准值的 50％执行。

4.6.4　大于等于 0.7MW（1t/h）的各种锅炉烟囱应按 GB 5468—91 和 GB/T 16157—1996 的规定设置便于永久采样的监测孔及其相关设施，自本标准实施之日起，新建成使用（含扩建、改造）单台容量≥14MW（20t/h）的锅炉，必须安装固定的连续监测烟气中烟尘、SO_2 排放浓度的仪器。

5　监测

5.1　监测锅炉烟尘、二氧化硫、氮氧化物排放浓度的采样方法应按 GB/T 16157—1996 的规定执行。二氧化硫、氮氧化物的分析方法按国家环境保护总局的规定执行。（在国家颁布相应标准前，暂时采用由中国环境科学出版社出版的《空气与废气监测分析方法》）。

5.2　实测的锅炉烟尘、二氧化硫、氮氧化物排放浓度，应按表 5 中规定的过量空气系数 α 进行折算。

6　标准实施

6.1　位于两控区内的锅炉，二氧化硫排放除执行本标准外，还应执行所在区域控制规定的总量标准。

表 5　各种锅炉过量空气系数折算值

锅炉类型	折算项目	过量空气系数 α
燃煤锅炉	烟尘初始排放浓度	1.7
	烟尘、二氧化硫排放浓度	1.8
燃油、燃气锅炉	烟尘、二氧化硫、氮氧化物排放浓度	1.2

6.2　本标准由县级以上人民政府环境保护主管部门负责监督实施。